Alternatives to Animal Research & Frontiers in Health Technology Assessment

替代动物研究与
卫生技术评估前沿

主　　编　卫茂玲　李为民

副主编　李　岭　程树军　李　妮　黄玉珊

编　　委（以姓氏笔画为序）

Prof. Dr. med. Horst Spielmann（德国柏
　　　　林自由大学）

卫茂玲（四川大学华西医院）

王红静（四川大学华西第二医院）

方骥帆（四川大学华西医院）

田卫东（四川大学华西口腔医院）

田金徽（兰州大学基础医学院）

田贵华（北京中医药大学东直门医院）

李　岭（四川大学华西第二医院）

李　妮（四川大学华西医院）

李为民（四川大学华西医院）

李　薇（四川大学华西医院）

刘　波（成都蓉生药业有限责任公司）

刘瀚旻（四川大学华西第二医院）

宋海波（四川大学华西医院）

肖　月（四川大学华西医院）

汪　盛（四川大学华西医院）

罗双红（四川大学华西第二医院）

姜　晨（北京农业职业学院）

徐维平（中国科学技术大学附属第一
　　　　医院）

唐　琦（四川大学华西第四医院）

袁　爽（四川大学华西第二医院）

黄玉珊（赣南医学院第一附属医院）

梁娟芳（山西医科大学）

程树军（上海交通大学医学院）

黎静宜（四川大学华西医院）

魏　艳（复旦大学公共卫生学院）

编写秘书　牟　鑫　方骥帆

四川大学出版社
SICHUAN UNIVERSITY PRESS

图书在版编目（CIP）数据

替代动物研究与卫生技术评估前沿 / 卫茂玲，李为
民主编 . — 成都：四川大学出版社，2022.5
ISBN 978-7-5690-5460-6

Ⅰ．①替… Ⅱ．①卫… ②李… Ⅲ．①实验动物—研
究 Ⅳ．① Q95-33

中国版本图书馆 CIP 数据核字（2022）第 081919 号

书　　名：替代动物研究与卫生技术评估前沿
　　　　　Tidai Dongwu Yanjiu yu Weisheng Jishu Pinggu Qianyan
主　　编：卫茂玲　李为民

选题策划：许　奕
责任编辑：许　奕
责任校对：蒋　玙
装帧设计：胜翔设计
责任印制：王　炜

出版发行：四川大学出版社有限责任公司
　　　　　地址：成都市一环路南一段 24 号（610065）
　　　　　电话：（028）85408311（发行部）、85400276（总编室）
　　　　　电子邮箱：scupress@vip.163.com
　　　　　网址：https://press.scu.edu.cn
印前制作：四川胜翔数码印务设计有限公司
印刷装订：四川盛图彩色印刷有限公司

成品尺寸：185mm×260mm
印　　张：12.25
插　　页：1
字　　数：290 千字

版　　次：2022 年 6 月 第 1 版
印　　次：2022 年 6 月 第 1 次印刷
定　　价：49.00 元

四川大学出版社
微信公众号

卫茂玲　四川大学华西医院高级实验师，循证医学教育部网上合作研究中心协调员，中国循证医学/Cochrane 中心的早期拓荒者之一，任国际卫生技术评估协会（HTAi）早期职业发展组共同主席，中华医学会临床流行病与循证医学专委会健康决策学组（筹）委员，中国中医药信息研究会临床研究分会理事，四川省医学会循证医学专委会常委兼秘书长等。2019 年起，率先为四川大学本科生开设选修课程"生命医学替代动物研究与卫生技术评估前沿"。

李为民　四川大学华西医院/华西临床医学院院长，国家精准医学产业创新中心主任，教育部疾病分子网络前沿科学中心主任，四川大学华西医院呼吸健康研究所所长，教授，博士生导师。担任中华医学会副会长，中国医师协会副会长，中华医学会呼吸病学分会副主任委员，四川省医学会呼吸专委会主任委员等。担任"十三五"规划临床医学专业第二轮器官－系统整合教材《呼吸系统与疾病》第一主编，*Precision Clinical Medicine* 主编，*Signal Transduction and Targeted Therapy* 副主编，《华西医学》主编，《中华结核与呼吸杂志》编委。

前言

　　未来医学教育强调卫生体系的整合能力和责任。在医疗技术高度发展的 21 世纪，有众多高新技术和干预手段可供选择，卫生保健医疗实践更加强调兼具科学、人文、伦理、道德和负担得起的医学。越来越多的学者发现借用某一物种提供他物种信息的不良后果，而且几乎没有证据表明基于动物模型的实验能充分反映人类潜在的疾病。为此，有必要培养学生系统性的批判性思辨创新精神与人性化医学价值观，重新审视当今医学科技进步与社会发展的突出问题，合理使用有限卫生医疗资源，提升人类健康与动物福祉，促进社会生态可持续发展。

　　本书旨在介绍替代动物研究教育与卫生技术评估方法，使学生掌握科学有效、经济、实用、符合社会伦理规范化发展需求的技术手段，避免不必要的医学教育研究资源浪费。

　　本书编写团队包括四川大学选修课"替代医学动物研究与卫生技术评估前沿"主讲专家，长期在相关领域默默耕耘、积极拓展的多学科专家。本书是作者理论认识、实践经验及思考体会的总结。

　　本书共 14 章，前 7 章主要介绍替代动物研究的基本知识、方法、原则、研究教育与实践探索，第 8 至 14 章介绍卫生技术评估的基本知识、方法、研究与实践发展，侧重于妇幼疾病、口腔疾病、罕见病以及需要关注的前沿领域，包括但不限于诊断试验和医疗设备等。希望本书能为读者提供替代医学动物研究与卫生技术评估入门知识、发展趋势和内容框架，促使人们科学合理地使用可得技术与资源，为读者尤其是有志于开拓创新仁慈医学技术的读者带来启迪，发挥抛砖引玉的作用。为方便进一步深入、扩展学习，本书在书后附了相关信息资源。由于替代医学动物研究与卫生技术评估前沿发展是动态的，对其准确认识、落地实践需待以时日。因此，书中作者表达的认识和观点仅代表作者本人。欢迎大家在实践中不断探索、讨论和完善，共同为人类健康、动物福祉与社会生态可持续健康发展做出贡献。

衷心感谢本书编写团队所有成员的辛勤付出！对北京大学刘国恩教授、成都医学院樊均明教授、西安交通大学王聪霞教授、上海复旦大学陈英耀教授、四川大学华西口腔医院史宗道教授、四川大学华西第二医院万朝敏教授、四川大学华西医院商慧芳教授及四川大学出版社团队等给予的无私帮助和宝贵建议表示诚挚的谢意！特别感谢刘波、姜晨、牟鑫、方骥帆及卫思翼等师生在本书编辑、审阅、排版、校对、信息资源收集过程中所做的大量细致工作和辛勤劳动。

相信本书对读者了解替代动物研究与卫生技术评估的发展现状和未来有所裨益。但由于时间和个人水平所限，此版可能并不成熟，疏漏、错误和偏见在所难免。我们殷切希望得到广大读者的反馈和宝贵建议，以便再版时予以纠正和完善。

卫茂玲　李为民

2022 年 1 月

目录

第一章 替代动物研究概述

第一节 替代动物研究的起源与发展

一、国际替代动物研究的起源与发展

医学是研究人类生命与健康的科学，具有专业性强、实践性强、时间投入长、社会期望值高等特点，大多数治疗具有试验性。医学的进步离不开批判的思维、敏锐的洞察力、积极的实践、挑战传统的勇气与坚持不懈的奋斗精神。

医学始于术，而又不限于术。实验动物作为人类替身，为医学发展和科技进步起到了重要作用。然而，由于医学、生命科学等研究实验动物用量剧增，实验动物的痛苦、权利及相关实验的科学性、经济性和法律监管等问题引起了公众的极大关注。目前，动物广泛用于药物开发、动物临床前疗效和安全性测试程序。没有证据表明，动物身上无明显毒性的药物对人类就没有毒性。而动物实验缺乏疗效或因毒性大而被拒绝的药物可能对人体有效。越来越多的学者发现借用某一物种提供他物种信息的不良后果。自1959年至今，替代动物研究已有60余年的发展历史。在全球各"3Rs"中心的推动下，替代动物研究相关信息的传播、教育、实施、科学质量、转化和伦理法规不断发展。欧洲各国普遍推动了相关的立法实践。美国虽未将"3Rs"原则纳入立法，但也专注于开发监管目的的动物实验替代品。目前，替代方法主要用于健康风险相对小的化妆品研究，而药品、生物制品、化学品、农药等的替代研究相对缓慢。

（一）发展历程

替代动物研究起源于英国。第二次世界大战后，生物医学研究投入和实验动物数量剧增，英国动物福利大学联合会对此展开了调查。1957年，英国动物学家威廉·罗素（William Russell）在战后英国内务部组织的实验动物资源和使用情况调查报告的基础上发表了《强化人性化实验》（"The Increase of Humanity in Experimentation"），提出人性化实验技术的必要性。1959年，罗素和微生物学家雷克斯·伯奇（Rex Burch）在其公开发表的文章中首次系统提出人性化实验技术的"3Rs"理论。20世纪六七十年代，人们很少关注"3Rs"理论。1978年，英国生理学家戴维·史密斯（David Smyth）发表了《动物实验的替代方法》（"Alternatives to Animal Experiments"），其对替代动物研究的定义得到了许多学者的认同。20世纪80年代，替代动物研究呈现出积极的发展态势，"3Rs"概念对欧洲教育、研究和测试中使用实验动物的态度、法律和实践产

生了深远的影响。1986 年，欧洲通过了《动物保护法》，使"3Rs"理论更加具体化。替代动物研究的概念被纳入所有涉及实验动物的欧洲立法中。迄今为止，美国、英国、德国、意大利、荷兰、澳大利亚和新西兰等国家均成立了替代动物实验方法验证中心、基金会、信息中心、网站和机构。2013 年，在英国倡导下，全球首个教育和研究协作组启动，呼吁全球科学家共同去发现、使用替代动物研究方法，寻求更符合伦理、与人类相关的替代动物研究方法。

（二）替代动物研究组织和验证机构建设

1. 替代动物实验研究技术信息机构

全球 47 个"3Rs"中心有 37 个在欧洲，主要由政府部门参与的国家级替代方法共识平台，研究机构和大学内的替代动物实验方法研究、评价、信息中心，利益相关方（政府、动物福利组织、学术机构和行业代表）等组成。主要任务是制定替代动物实验方法的发展规划，研究和推动实施替代方法，解决动物实验和动物福利问题，提供替代动物实验的方法、数据、宣传、教育、技术培训、信息共享与交流等。

2. 替代动物实验方法验证机构

为推动替代动物实验方法与技术的全球化发展，协调各方利益，英国、欧盟、美国、日本等先后成立了替代动物实验方法验证机构，主要有美国约翰霍普金斯大学替代动物实验方法研究中心（The Johns Hopkins Center for Alternatives to Animal Testing，CAAT，1981 年）、德国动物实验替代方法文献和评估中心（Centre for Documentation and Evaluation of Alternative Methods to Animal Experiments，ZEBET，1989 年）和欧洲替代方法验证中心（European Center for Validation of Alternative Methods，ECVAM，1993 年；2011 年更名为 EURL－ECVAM）。其中，CAAT 主任托马斯·哈通（Thomas Hartung）博士还将循证医学理念应用到毒理学，演绎为循证毒理学（Evidence－based Toxicology，EBT）。

3. 动物福利保护和研究机构

动物福利保护和研究机构通过各类培训教育提升动物福利，支持科技发展，推广关爱动物知识，提供专家意见，参与法规修订，为动物饲养员、科学家、兽医、律师和关心动物人士提供咨询与支持。2015 年，德国实验动物保护中心（German Centre for the Protection of Laboratory Animals）成立，作为德国联邦风险评估研究所的重要组成部分，协调全德动物实验减少到最低限度，同时资助多个替代动物实验项目，设立动物保护研究奖。

4. 非政府组织基金会

在推动替代动物研究发展，鼓励并资助开展替代动物研究，发展新的有效方法来替代医学、科研、教育、检验检测实验室等对动物的需求方面，基金会起到了不可或缺的作用。其中动物保护组织基金会和实验动物替代基金会共同资助保护动物，发展有效的替代方法，减少医学教、研、学以及产品检验中对实验动物的使用量；鼓励优化实验方案和技术，避免或减少动物的痛苦。代表性机构为多萝西·赫加蒂（Dorothy Hegarty）教授于 20 世纪 70 年代初在英国注册成立的替代医学实验动物慈善基金会（Fund for Replacement Animal in Medical Experiments，FRAME）。

（三）法规和验证认可

法规和验证认可机制对推动替代动物研究具有引领和规范指导作用。30 多年来，欧洲一直在其立法中实施"3Rs"原则，以减少、替代和改进实验动物的使用。1986 年起，欧盟通过动物福利指导原则，推动药品、生物制品、化学品、化妆品等领域体外实验研究计划。2002 年，欧盟改进化妆品修正案，同年引入食品安全立法，包括对食品和饲料安全有直接或间接影响的所有事项，如动物健康福利、植物保护、植物健康和营养。2004 年和 2013 年对成品化妆品实施动物实验的"实验禁令"和"销售禁令"。2007 年 6 月 1 日起实施有关"化学品注册、评估、授权和限制"（Registration，Evaluation，Authorization and Restriction of Chemicals，REACH）制度，成为全球第一个实现禁止化妆品动物实验立法的地区。2010 年，欧盟立法中首次明确提及"3Rs"原则"用于科学目的的动物保护"。

国际组织和美国、日本等国也就替代动物实验研究的指南和法规进行了系列实践。如经济合作与发展组织（Organization for Economic Cooperation and Development，OECD）自 1994 年开始编制替代动物实验方法的验证指南。美国国家研究委员会于 2007 年发布《21 世纪毒性测试：愿景与策略》，建议在未来所有的常规测试均采用人体细胞或细胞株进行。美国、欧盟和中国一致认同该战略，并承诺将优先考虑实现这一愿景所需的项目。

（四）教育与人才培养

人才培养为替代动物研究可持续发展提供了支持。1988 年，欧洲人性化教育网络（EuroNICHE）成立，2000 年更名为国际人性化教育网络（The International Network for Humane Education，InterNICHE），倡导并推动全球学生、教师和动物运动者致力于生物科学、医学和兽医学教育中使用替代动物实验方法。如今，美国医学会已不再推荐解剖课作为医学教育的一部分，许多私立学校也不再使用活体动物来教育未来的医生，取而代之的是人体相关的现代实验技术。我国部分学者也在替代动物教育改革与实践方面进行了积极探索，具体信息请参见本书第五章。

（五）传播普及

全球替代动物研究相关机构、会议、网站和杂志均为替代动物研究技术和方法的知识共享、传播普及搭建了很好的平台。替代动物研究方法学术期刊有 10 余本，为国际同行提供了知识交流平台，对促进"3Rs"原则的发展应用、信息传播、替代方案实施、医药产品研发、产品安全性检测、人性化医学教育等起到了重要作用。

二、我国替代动物研究的起源与发展

我国部分实验室和研究人员在生物制品和医疗器械的安全性评价、化妆品安全性检测、体外毒性测试等方面进行了系列研究，目前多集中在药品和化妆品质量检定检测领域。1988 年 11 月，我国国家科学技术委员会发布《实验动物管理条例》，提出动物实验应遵循"3Rs"原则。1997 年，国家科技部、卫生部、农业部等联合发布《关于"九五"期间实验动物发展的若干意见》，首次把"3Rs"原则的基本含义完整地写入文件，并启动支持替代动物研究。2001 年，国家科技部发布《科研条件建设"十五"发展纲要》，明确提出推动建立与国际接轨的动物福利保障制度。2006 年，国家科技部发布《关于善待实验动物的指导性意见》，强调善待动物的基本原则和措施。同年，广东省检验检疫局率先成立中国替代方法研究评价中心（Chinese Center for Alternative Research and Evaluation，CCARE），以应对出入境商品检验检疫日趋高涨的动物福利与技术壁垒，为我国替代动物研究的标准、方法、技术提供信息交流、法规介绍和技术服务。2008 年，卫生部印发了《世界卫生组织人体细胞、组织和器官移植指导原则（草案）》，为以治疗为目的的人体细胞、组织和器官获得与移植提供了一个有序、符合伦理标准且可接受的框架性原则。2010 年，国家认证认可监督管理委员会（Certification and Accreditation Administration of the People's Republic of China，CNCA）批准了检验检疫行业标准，其中包括首批化妆品动物实验的替代方法标准。国家药品监督管理局（National Medical Products Administration，NMPA）颁布《关于调整化妆品注册备案管理有关事宜的通告》，规定自 2014 年 6 月 30 日起，对国产"非特殊用途"化妆品不再强制要求进行动物实验。与国外替代方法的发展相比，我国相关研究的数量、内容、方法和范围有限，验证程序尚处于探索阶段，在立法体系、人性化教育和替代方法研究等方面发展相对滞后。

第二节　替代动物研究的原则、概念、主要内容与方法

一、替代动物研究的"3Rs"原则

经典替代动物研究原则源于英国动物学家罗素和微生物学家伯奇在 1959 年出版的著作《3R 和仁慈准则：仁慈试验技术原理（精简版）》，该书首次提出人性化实验技术减少（Reduction）、优化（Refinement）、替代（Replacement），简称"3Rs"原则。之后，有学者在此基础上增加了责任（Responsibility），发展为"4Rs"原则。

经典"3Rs"原则的主要内容如下。①减少：通过科学合理设计、实验方案优化、调整结果观测指标，尽量减少使用动物的数量和时间。②优化：优化实验方法和程序，以减轻或消除给动物带来的疼痛和不适，如采用系统发生学上较低等或知觉有限的生物替代脊椎动物进行实验；通过优化实验程序，改良处死动物的方法，减少使用动物的数量和时间，减轻动物的痛苦和应激反应，同时得到科学可信的结果。③替代：以非动物的系统研究或程序来替代活体动物模型，尽量实施与人类相关的研究。可用体外实验替代整体动物实验，如体外培养的动物或人源细胞、组织和器官等，应用数理技术、计算机模型模拟、图像分析、生物医学工程等非生物手段预测化合物潜在的生物学效应等。

二、替代动物研究的概念

（一）概念

替代动物研究（Nonanimal Alternatives），也叫非动物研究（Nonanimal Research）（简称替代研究），是指利用部分或全部替代活体动物的方法、程序、手段，实现医学或生命科学等相关研究和实验目的。

鉴于人类健康和生命安全实验的潜在风险较高，现阶段替代动物研究包含替代、减少、优化及其组合的多重概念。

（二）分类

替代动物研究的分类方法较多：①按替代动物研究的内容分为替代动物的检测和替代动物的使用。②按替代动物研究程度分为部分替代和完全替代。前者指利用其他实验手段代替动物实验中的一部分，后者指用新的非动物实验取代传统的动物实验。③根据是否使用动物或动物组织分为相对替代和绝对替代。前者指采用人道处死的动物细胞、组织及器官进行体外研究，后者则完全不用动物。

三、替代动物研究的主要内容

在医学常用的公共数据库 PubMed 中，与替代动物研究相关的主题词主要有替代动物的检测（Animal Testing Alternatives）和替代动物的使用（Animal Use Alternatives）。

（一）替代动物的检测

替代动物的检测侧重于检测程序方面，以体外实验来替代动物的整体检测，达到研究目的。例如，在医学研究或实验室诊断中，借助细胞培养技术、计算机模型等方法，达到同样的研究目的。

（二）替代动物的使用

替代动物的使用主要是指在研究、检验检测与教育方面，以非动物的模型，或用系统发育较低等物种替换较高等物种，或通过合理设计实验方案与科学统计分析结果，尽可能减少实验动物的使用数量与时间，以人性化方式对待实验动物。常用的方法和模型包括人体细胞和组织培养、计算机模拟、基因检测、非侵入性影像诊断技术和监控设备等。

四、替代动物研究的方法

一般来说，替代动物研究方法的建立要素包括方法原理、实验系统、实验过程、参数及测试方法、预测模型和适用范围。由于产品的特殊性和生产的复杂性，通常单一的替代动物研究方法无法解决复杂问题，需联合使用，合理组合不同适用范围的替代动物研究方法，才能建立人体健康效应更好的预测模型。新的替代动物实验需经过实验方法开发、前验证、优化、验证、独立评价和法规认可等严格程序。

第三节　替代动物研究的意义与展望

一、替代动物研究的意义

替代动物研究的意义主要体现在：①唤醒意识，培养学生的全球健康视野和批判性系统思维，倡导科学仁慈的医学教育价值观，促进国际协同行动。②推动多学科交叉融合发展，开展与人类相关的生命医学研究，并坚持最高的科学与伦理标准。③优化科研设计和卫生技术评估方法，减少不必要的动物研究投资与浪费，提高临床诊治与预防水平。④改变生物医药监管法规和毒性测试指南体系。替代动物研究策略已成为全球科学、政治决策努力的目标，是世界各国法规修订的基本原则。⑤促进新兴技术成果转化，为新方法的适用性和可预测性提供准确的评估结果，缩短医药生物产品研发时间，降低监管评估新产品的成本，保障人类、动物与社会环境的共同健康。

二、替代动物研究的展望

替代动物研究属于多学科交叉的科技与社会学研究，致力于生态环境与人类健康。研究内容包含但不限于体外实验，不仅涉及医学、生命科学，还包括工业产品、农业农药、食品添加剂、动物保护、植物营养、生态环境、健康领域、转化、经济等方面，侧重于人、动物与生态环境的共同健康（全健康，One Health）。

替代动物研究的"3Rs"原则从理念、理论提出，到科学技术体系的形成已有60余年，深刻地影响着科技、工业、生命科学、医学等的发展和应用。由替代动物研究方法技术、验证、信息机构，动物福利保护机构，非政府组织基金会等组成的多层次、多方位的立体网络系统，对"3Rs"原则研究成果的推广和应用起着重要的作用。目前，国内外半数以上的替代动物研究集中在药品和化妆品质量检定检测领域。我国发布的替代动物研究方法标准大多涉及健康风险相对较小的化妆品和眼科研究，而在药品、生物制品、化学药品等行业的研究与推广步伐缓慢。其主要原因包括观念滞后、从业者缺乏、替代动物研究法律规范指引不够、经费支持不足、替代动物研究方法开发不易、可供选择的替代资源不多等。

近年来，全球气候变化、生态环境退化和生物多样性破坏等问题日益凸显，迫切需要各方协同行动，共同应对人类生存发展面临的严峻挑战。我国的医药科技正处于加速发展期，卫生与健康领域的新技术、新产品和新管理模式不断涌现。然而，它们在提高医疗服务能力和诊疗率、改善群众健康的同时，也造成了医药费的快速增长、伦理公平性问题和安全隐患。

用替代、减少或优化使用动物的策略与方法，实现科学仁慈的医学教育研究宗旨，行之有效且潜力巨大。例如，体外实验、类器官模型等为在药物开发和毒理学测试中减少和废除动物实验提供了手段，具有系统整体性特点的网络药理学已为中药复杂体系研究提供了新思路，可应用药物基因组学原理对抗栓药物进行精准治疗管理。因此，开展替代动物研究，有助于培养学生的全球健康视野、系统性批判思维和人性化的医学价值观，造就勇于反思传统医学教育缺陷、富于思辨创新精神的跨学科健康科技工作者，减少不必要的动物资源浪费，合理使用有限的医疗卫生资源。

开展替代动物研究，有助于降低动物消耗量，推动人类慢性病的防治变革，实现健康中国目标，提升人类健康与动物福祉，促进社会生态环境持续健康发展。

（卫茂玲　李岭　李为民）

【主要参考资料】

[1] The Three Rs（animals）[EB/OL]. http://en. wikipedia. org/wiki/The_Three_Rs_（animals）. Access at January 20，2013.

[2] Andersen M E，Krewski D. Toxicity testing in the 21st century：bringing the vision to life [J]. Toxicol Sci，2009，107（2）：324-330.

[3] Barnard N D，Stolz J，Baron L. Use of and alternatives to animals in laboratory courses at U. S. medical schools [J]. Journal of Medical Education，1988，63（9）：720-22.

[4] Zurlo J，Rudacille D，Goldberg A M. The Three R：the way forward [J]. Environ Health Perspect，1996，104（8）：878-880.

[5] Alternatives Overview [EB/OL]. https://www. neavs. org/alternatives/overview Access at Nov 12，2012.

[6] Humane Research 2012 [EB/OL]. https://www. vivisectioninfo. org/humane_research. html Access at Nov 20，2012.

[7] CAAT History [EB/OL]. https://caat. jhsph. edu/about/history. html Access at Dec 14，2021.

[8] 卫茂玲. 医学动物替代研究发展现状研究 [J]. 中国医学伦理学，2016，29（2）：304-307.

[9] 卫茂玲，史宗道. 知识转化 [M] //史宗道等. 循证口腔医学（第 3 版）. 北京：人民卫生出版社，2020.

[10] 孟庆跃. 卫生体系研究及其方法学问题 [J]. 中国卫生政策研究，2011，4（8）：8-10.

[11] 卫茂玲，康德英. Meta 分析的基本原理 [M] //詹思延. 系统综述与 Meta 分析. 北京：人民卫生出版社，2019.

[12] 卫茂玲，苏维，李幼平，等. 医患沟通系统评价证据的循证分析 [J]. 中国循证医学杂志，2008，8（12）：1100-1104.

[13] Wei M L，Wang D R，Kang D Y，et al. Overview of Cochrane reviews on Chinese herbal medicine for stroke [J]. Integrative Medicine Research，2020，9（1）：5-9.

[14] Chalmers I，Glasziou P. Avoidable waste in the production and reporting of research evidence [J]. The Lancet，2009，374（9683）：86-89.

[15] Macleod M R，O'Collins T，Horky L L，et al. Systematic review and meta-analysis of the efficacy of FK506 in experimental stroke [J]. Journal of Cerebral

Blood Flow and Metabolism，2005（25）：713－721.

[16] Pound P，Ebrahim S，Sandercock P，et al. Where is the evidence that animal research benefits humans [J]. British Medical Journal，2004（328）：514－517.

[17] Knight A. Systematic reviews of animal experiments demonstrate poor human utility [J]. Alternatives to Laboratory Animals，2007，35（6）：641－659.

[18] Stebbings R，Findlay L，Edwards C，et al. "Cytokine Storm" in the phase Ⅰ trial of monoclonal antibody TGN1412：better understanding the causes to improve preclinical testing of immunotherapeutics [J]. Journal of Immunology，2007，179 (5)：3325－3331.

[19] FRAME 2013 [EB/OL]. https：//www. frame. org. uk.

[20] CAAT 2013 [EB/OL]. https：//About Us：Center for Alternatives to Animal Testing. caat. jhsph. edu/about/index. html.

[21] InterNICHE 2013 [EB/OL]. http：//www. interniche. org/en/about.

[22] Memon M A，Sprunger L K. Survey of colleges and schools of veterinary medicine regarding education in complementary and alternative veterinary medicine [J]. Journal of the American Veterinary Medical Association，2011，239（5）：619－623.

[23] 陈伟伟，高润霖，刘力生，等. 中国心血管病报告 2017 概要 [J]. 中国循环杂志，2018，33（1）：1－8.

[24] Michael Balls. 3R 和仁慈准则：仁慈试验技术原理（精简版）[M]. 程树军，译. 北京：科学出版社，2014.

[25] Greenhouse Gas Emissions：Cattle vs. Automobiles [EB/OL]. https：// bcfarmsandfood. com/oregano－can－help－fight－global－warming. Access at Feb. 10，2022.

第二章　人性化实验技术"3Rs"原则的内容及其影响（The Introduction and Influence of the 3Rs Concept of Humane Experimental Technique）

Among the complex ethical, social, logistical and scientific issues in relationships between humans and other animals, some of the most contentious, divisive and least resolved are those concerning the use of laboratory animals in research and testing procedures that would not be acceptable with human patients. After World War II, a major increase in biomedical research resulted in a dramatic increase in the numbers of animals used in experiments and as a consequence in Great Britain (UK) the Universities Federation for Animal Welfare (UFAW) conducted an investigation on this topic. This resulted in the publication of the book *The Principles of Humane Experimental Technique* (hereafter referred to as *The Principles*) in 1959, in which William Russell and Rex Burch introduced "Three Rs" (3Rs) as a scientific concept to solve the scientific and ethical issues involved

a. reduction in the numbers of animals used;

b. refinement of the procedures applied, in order to minimize animal suffering; and

c. replacement with procedures which do not use conscious living vertebrates.

When applying the 3Rs concept, it is crucial to consider not only the context of the experiments themselves but also many other factors that affect animal welfare, including breeding, transportation, feeding, housing, and handling. The quality of these factors and especially the ability of animals to satisfy their species-specific needs can usually be improved.

Europe implemented the "3Rs" in its legislation for safety testing of cosmetics, chemicals and food

Little attention was paid to *The Principles* during the 1960s and 1970s, but there were positive developments in the 1980s. In 1986 legislation both in the UK (Animals Scientific Procedures Act) and in Europe (EU Directive 86/609/EEC) had the 3Rs as their basis, since they required "that non-animal replacement procedures should be used instead of animals, when they were reasonably and practicably available". Since 1986 this concept is included in all European legislation concerning the use of experimental animals.

Thus, in Europe the concept of the 3Rs has a profound effect on attitudes, laws and practices related to the use of laboratory animals in education, research and testing. The search for more relevant and more reliable non-animal alternative procedures for predicting the potential hazards to humans represented by chemicals and cosmetics, pharmaceuticals and other products gained momentum in the 1970s, initially led by the Fund for the Replacement of Animals in Medical Experiments (FRAME) in the UK, later in 1981 joined by the Center for Alternatives to Animal Testing (CAAT) in the USA, in 1989 by the Center for Documentation and Evaluation of Alternative Methods to Animal Experiments (ZEBET) in Germany, and in 1993 by the European Centre for the Validation of Alternative Methods (ECVAM, today EURL−ECVAM) in Italy. Meanwhile the replacement of animal tests by alternative procedures and testing strategies is a common goal of scientific, political and administrative efforts throughout the world.

In 1996 Europe took the lead by taking into account the strong public criticism of cosmetics testing in animals and introduced into EU legislation marketing bans for cosmetic products and their ingredients tested on animals with the EU Cosmetics Directive 76/768/EEC, which was in 2002 improved by the 7th amendment into EU Regulation 1223/2009 on Cosmetics Products. As a consequence, animal testing of finished cosmetic products in Europe has been prohibited since 2004 (testing ban) and since 11 March 2013 it is also prohibited to market in the Union cosmetic products and their ingredients, which have been tested on animals (marketing ban). This European initiative was welcomed all around the world, since consumers in all continents also refused to buy cosmetic products that were tested in animals. The European Commission had funded research to develop and validate alternative methods for the safety testing of cosmetics with around 250 million Euro over a period of 15 years through the 5th−7th Framework Programs for research and technological development (RTD) activities.

In 2002, the EU introduced legislation for food safety, which covers all matters with a direct or indirect impact on food and feed safety, including animal health and welfare, plant protection and plant health and nutrition. For governments food safety must have the highest priority and, therefore, safety test in animals are mandatory in a wide spectrum of species, since food may be contaminated during production and contain traces of antibiotics, biocides, herbicides, hormones and pesticides. As far as the 3Rs are concerned, EFSA, the European Food Safety Agency decided to adopt a pro-active animal welfare approach summarized as follows: "While recognizing that animal testing cannot be eliminated at present, EFSA could make every effort to stimulate, and participate in the development of new food and feed assessment approaches that would minimize the use of experimental animals and would reduce, to the extent possible, the level of suffering of animals."

As the next step in 2006 the EU directive for the safety testing of chemicals "REACH" (Registration, Evaluation, Authorization and Restriction of Chemicals, EG 1907/2006) also took into account the welfare of test animals according to the 3Rs, since in addition to the protection of human health and the environment, it includes "the promotion of alternative methods for assessment of hazards of substances". This led to tension between the legal requirements for conducting toxicity test in animals and for protecting them according to the 3Rs.

Finally, in 2010, for the first time, the 3Rs were specifically mentioned in EU legislation in EU Directive 2010/63 "on the protection of animals used for scientific purposes", although the Council of Europe Convention ETS 123 of 1986, which came into effect on 1 January 1991, mentions the same principles but not explicitly in the European Convention for the Protection of Vertebrate Animals Used for Experimental and Other Scientific Purposes and many European countries began to implement the 3Rs in their national legislation.

In the USA research on 3Rs and NAM（New Approach Methodologies）is driven by regulatory safety testing

As illustrated above, for more than 30 years, Europe has continuously implemented the 3Rs approach into its legislation to reduce, replace and refine the use of experimental animals and many countries have followed this example. However, the 3Rs concept is still relying on the use of animals and has, therefore, continuously been criticized by animal welfare organizations.

In contrast to Europe, US legislators and regulatory agencies did not yet implement the 3Rs into their legislation but instead concentrated on research to develop alternatives to animal testing, which are used for regulatory purposes. This activity was started in 2016 by the US EPA (Environment Protection Agency), when TSCA (the Toxic Substances Control Act) was replaced by the Frank A. Lautenberg Chemical Safety for the 21st Century Act (Tox21), which contains a special section on the reduction of testing on vertebrates and on the implementation of alternative testing methods. The Tox21 regulation demands "to develop a strategic plan to promote the development and implementation of alternative test methods and strategies to reduce, refine, or replace vertebrate animal testing and provide information of equivalent or better scientific quality". This is an explicit reference to the 3Rs.

To implement the Tox21 program, in 2018 ICCVAM (the Interagency Coordinating Committee on the Validation of Alternative Methods) of the NIH (National Institute of Health) published a Strategic Roadmap for Establishing New Approaches to Evaluate the Safety of Chemicals and Medical Products in the United

States, in which, the term NAM was defined in the following manner: "... alternative test methods and strategies fit into a new term—new approach methodologies (NAM)." This phrase has been adopted as a broadly descriptive reference to any technology, methodology, approach [including computational/in silico models (i. e., QSARs)], or combination thereof that can be used to provide information on chemical hazard and risk assessment that avoids the use of intact animals.

In 2018, the EPA published the strategic plan to promote the development and implementation of alternative methods within the TSCA program. EPA's long-term goal is to move towards making TSCA decisions with NAMs in order to reduce, refine or replace vertebrate animal testing. The first step in the EPA strategic plan development of NAMs and their integration was to address the broad array of endpoints and chemicals regulated under TSCA. The TSCA-related NAMs generally fall into four categories: chemical characterization, hazard identification and characterization, dosimetry and in vitro—in vivo extrapolation and exposure.

As scheduled in the Tox21 regulation, in 2021, the EPA published an extensive New Approach Methods Work Plan, which outlines research on deuelopment and application of NAMs. In the transition from the reliance on the vertebrate animal tests to the application of the NAMs across the range of decisions, EPA is continually building more scientific confidence in chemical hazard assessment information from NAMs while also establishing the appropriate expectations for their performance and demonstrating their application to regulatory decisions. The EPA has also funded research for the development of NAMs by awarding $4.25 million to external institutions to reduce, refine, and/or replace vertebrate animal testing in chemical hazard assessment.

The other Federal Agency in the USA, which predominantly relys on data from animal experiments is the FDA (Food and Drug Administration). It has in 2021 published its novel scientific strategy Advancing Regulatory Science at FDA: Focus Areas of Regulatory Science (FARS). The FDA is working to replace, reduce, and refine (the 3Rs) dependence on animal studies by advancing development of, and evaluating new, fit-for-purpose non-clinical tools, standards, and approaches that may someday improve predictivity. In some cases, in silico modeling, such as using available information in computational science approaches to predict safety issues, can be used to supplement and may potentially replace risk analyses that are currently based on animal data. The FDA admits that sometimes clinical studies in humans identify risk and safety concerns that were not predicted by animal studies. Therefore, the FDA is developing tools with improved predictive value for humans and will provide more reliable data for drugs and other products such as food, cosmetics, and tobacco.

The development and eventual availability of new alternative methods that more accurately identify, predict, evaluate and reduce the degree and likelihood of risks will likely provide enhanced prediction of the risk and/or safety outcomes. In addition to enhancing safety, this could also help speed development and reduce costs in assessing new FDA-regulated products, leading to improved health outcomes. Systematically assessing and comparing the information from alternative methods with traditional methods offers an opportunity to evaluate the applicability and predictability of the new approaches and their ability to support FDA's regulatory mission of safeguarding public health.

3Rs centers and networks in Europe

The 3Rs concept had profound effects on attitudes, laws and practices of using experimental animals in education, research and testing. As outlined above, the search for more relevant and reliable non-animal alternative procedures for predicting the potential hazards to humans gained momentum in the 1970s and was promoted by 3Rs centers, e. g., FRAME in the UK, CAAT in the USA, ZEBET in Germany and the EU Center EURL-ECVAM in Italy. Today the replacement of animal tests by alternative non-animal procedures and testing strategies has reached the forefront of international scientific, political and administrative initiatives.

In particular EU Directive 2010/63 on the protection of animals used for scientific purposes has initiated the formation of 3Rs centres and platforms in EU members countries. Depending on the experience of national and local experts, these centers focused their activities usually only on 1 or 2 of the 3Rs, preferably on refinement and reduction, and these activities were quite diverse focusing on education in breeding, housing and handling of experimental animals and their use in academic institutions, on the ethics of research involving animals or on using animals in pharmacology and toxicology by industry and regulatory agencies. Since most EU member countries did not have national censensus platforms, in which the main stakeholders were represented, in particular government, animal welfare organisations, academic institutions and industry. Engaged scientists attempted to network the 3Rs centres and platforms at the European level. Important networking events were organised by the EU 3Rs center EURL-ECVAM. However, usually only the national 3Rs centers were included, while smaller centers were left out, which had been established by universities or private foundations.

The diversity of 3Rs centers is best illustrated on the "3Rs Centers Map" developed by the Norwegian Center NORICOPA and the List of Global 3Rs Centers which shows 37 European 3Rs centers among a total of 47 international 3Rs centers.

In 2018, the first specific meeting of more than 20 3Rs centres and platforms was held during the annual EUSAAT (European Society for Alternatives to Animal Testing) congress in Linz, Austria, followed by meetings in Berlin, Germany, at the

Berlin-Brandenburg 3Rs Center BB3R，at the FELASA（Federation for Laboratory Animal Science Associations）congress in Prague，Czech Republic，and again in Linz，Austria，at the EUSAAT 2019 congress.

During these meetings the foundation were laid for ER3Rnet，the European Network of 3R Centers，and five main areas of activities were defined：dissemination of information，education，implementation on alternatives，scientific quality and translatability and ethics. A consensus statement from EU3Rnet，signed by 25 centers has recently been published. The rapid development and rise of 3Rs centres and platforms is evident from the number of new 3Rs centres and platforms on the "3Rs Centers Map"，which clearly shows a significant increase in the number of European 3Rs centres and platforms since the adoption of the Directive 2010/63/EU and its transposition into national law in 2013. The "3Rs Centers Map" also shows the 3Rs centers in all continents. Unfortunately，3Rs centers in China and Japan are not included，e. g. CCARE，the Chinese Center for Alternatives Research and Evaluation in Shanghai，and JaCVAM，the Japanese Center for the Validation of Alternative Methods in Tokyo.

Drug development is still dominated by the use of experimental animals

One matter of great concern is that，while animals are still widely used in drug development and in preclinical efficacy and safety testing in animals，less than 10% of new drugs progress from the first clinical trials in humans to regulatory approval for clinical use，and sometimes，drugs even have to be withdrawn after approval for use in human patients，because of their lack of efficacy and/or unexpected and serious adverse side-effects，which had not been identified in preclinical testing in animals. It must also be recognized that some of the drugs，which were rejected because of lack of efficacy or toxicity in animal tests，might have been effective and safe for humans. One reason for this lack of predictability of animal studies is that the most important enzymes involved in drug metabolism are quite different between humans and most laboratory animal species.

This was in 2006 confirmed when a terrible accident occurred with a new drug，which was found safe and efficacious in preclinical animal studies，when it was for the first time applied to six healthy human volunteers in the first clinical study conducted with the CD28 super-agonist antibody. During the very first infusion of a dose 500-times smaller than that found safe in animal studies，all six human volunteers developed life-threatening multi-organ failure and had to be moved to intensive care units. After this particular incident，the way in which the first studies in human patients are conducted was considerably changed by regulatory authorities. Hence，although TGN1412 proved to be safe and efficacious and passed a variety of conventional preclinical safety tests including non-human primates and was approved by UK and

German regulatory authorities. This new drug failed in humans, since it had a novel unusual mode of action, which is not occurring in any laboratory animal species.

As a consequence, drug development studies in animals were critically reviewed. A recent systematic review on the performance of preclinical models to predict drug-induced liver injury in humans found that animal trials failed to predict the potential of two anti-diabetic drugs to cause severe liver injury in a wider patient population, while in vitro studies on human cells and tissues showed marked differences of the two drugs on liver activities. This investigation concludes that death and disability due to adverse drug reactions may be prevented, if mechanistic studies are conducted at early stages of drug development by pharmaceutical companies and should be an essential regulatory requirement.

Even after several decades of human drug development, there remains an absence of published, substantial, comprehensive data to validate the use of animals in preclinical drug testing, and their predictive nature for human safety/toxicity and efficacy. In fact, all recent reviews support the conclusion that tests on rodents, dogs and monkeys provide no evidential weight to the probability of there being a lack of human toxicity, when there is no apparent toxicity in the animals. It is now the duty and a challenge for the drug industry to conduct studies to prove the value of preclinical studies in laboratory animals for developing effective drugs for human patients.

Finally, the most striking example to prove that effective medicines can be developed without any previous testing in animals is the development of several effective mRNA-based vaccines against COVID-19 virus infection, e. g. the BioNTech/Pfizer and the Moderna vaccines, which were only used in humans and never applied to animals. A closer analysis reveals that this success was due to recent advances in human molecular medicinal biology and biotechnology and not at all by 3Rs research to develop alternatives to animal experiments. The mRNA vaccine was developed in human cells rather than in animals or animal cells. This again proves that applying the best science also is the most humane science as proposed by Russell and Burch.

The 3Rs today: an evaluation after more than 60 years

It is quite encouraging that the 3Rs concept is the established scientific approach for protecting experimental animals, which still have to be used in some instances. There is also an international agreement that scientists are obliged to take into account the 3Rs, when they are planning experiments. Regulatory agencies are today controlling how animal experiments are being conducted and they are ensuring that the 3Rs are being implemented. Thus, from the ethical point of view the Principles of Humane Experimental Technique have significantly improved the conditions for experimental animals.

It is also quite encouraging that scientists, animal welfare organizations, and government agencies in many countries have recently established 3Rs centers. They are communicating via 3Rs networks to spread new ideas of implementing the 3Rs in research, and academia, education to improve the conditions for animals which are our sentient companions.

Prioritizing replacement in 21st century technology is simply an extension of Russell and Burch's thinking that reduction and refinement are interim steps on the path towards replacement. The potential of the 3Rs is far from being exhausted and there is a moral imperative to develop as a priority scientifically rigorous and validated alternative methods for those areas, in which replacements methods do currently not exist. It is equally important to devise mechanisms that help in the practical implementation of available validated methods.

(Horst Spielman)

References

[1] Balls M. The origins and early days of the Three Rs concept [J]. Alternatives to Laboratory Animals, 2009 (37): 255-265.

[2] Balls M, Parascandola J. The emergence and early fate of the three Rs concept [J]. Alternatives to Laboratory Animals, 2019 (47): 214-220.

[3] Russell S, Burch L. The Principles of Humane Experimental Technique [M]. London: Methuen, 1959.

[4] Animals Scientific Procedures Act 1986 [S]. 1986.

[5] Anon. Council Directive 86/609/EEC of 24 November 1986 on the approximation of laws, regulations and administrative provisions of the Member States regarding the protection of animals used for experimental and other scientific purposes [J]. EU Official Journal, 1986 (358): 1-28.

[6] Anon. Council Directive 76/768/EEC of 27 July 1976 on the approximation of the laws of the Member States relating to cosmetic products [J]. EU Official Journal, 1976 (262): 169-200.

[7] Anon. Regulation (EC) 1223/2009 of the European Parliament and of the Council of 30 November 2009 on cosmetic products [J]. EU Official Journal, 2009 (342): 59.

[8] Anon. Regulation (EC) 178/2002 of the European Parliament and of the Council of 28 January 2002 laying down the general principles and requirements of food law, establishing the European food safety authority and laying down procedures in matters of food safety [J]. EU Official Journal, 2002 (31): 1-24.

[9] Maurici D, Barlow S, Benford D, et al. Overview of the test requirements in the area of food and feed safety [J]. Alternatives to Animal Testing and Experimentation, 2008 (14): 779-783.

[10] Anon. Regulation (EC) 1907/2006 of the European Parliament and of the

Council of 18 December 2006 concerning the Registration, Evaluation, Authorization and Restriction of Chemicals（REACH），establishing a European Chemicals Agency，amending Directive 1999/45/EC and repealing Council Regulation（EEC）No 793/93 and Commission Regulation（EC）No 1488/94 as well as Council Directive 76/769/EEC and Commission Directives 91/155/EEC，93/67/EEC，93/105/EC and 2000/21/EC［J］. EU Official Journal，2006（396）：1－848.

［11］Anon. Directive 2010/63/EU of the European Parliament and of the Council of 22 September 2010 on the protection of animals used for scientific purposes［J］. EU Official Journal，2010（276）：33－79.

［12］Council of Europe. European Convention for the Protection of Vertebrate Animals Used for Experimental and Other Scientific Purposes［R］. 1986.

［13］Lautenberg A，Frank A. Lautenberg Chemical Safety for the 21ˢᵗ Century Act［EB/OL］. https：//www. epa. gov/assessing － and － managing － chemicals － under－tsca/frank－r－lautenberg－chemical－safety－21st－century－act.

［14］Interagency Coordinating Committee on the Validation of Alternative Methods（ICCVAM）. A strategic roadmap for establishing new approaches to evaluate the safety of chemicals and medical products in the United States［EB/OL］. https：//ntp. niehs. nih. gov/iccvam/docs/roadmap/iccvam _ strategicroadmap _ january2018 _ document _ 508. pdf.

［15］Anon. Strategic plan to promote the development and implementation of alternative methods within the TSCA program［EB/OL］. https：//www. epa. gov/sites/default/files/2018－06/documents/epa _ alt _ strat _ plan _ 6－20－18 _ clean _ final. pdf.

［16］US-EPA. New approach methods work plan（v2）. U. S. EPA［EB/OL］. https：//www. epa. gov/system/files/documents/2021－11/nams－work－plan _ 11 _ 15 _ 21 _ 508－tagged. pdf.

［17］US-FDA. Advancing regulatory science at FDA：focus areas of regulatory science［EB/OL］. https：//www. fda. gov/media/145001/download.

［18］Neuhaus W. Consensus statement from the European network of 3R centres（EU3Rnet）［J］. Alternatives to Animal Experimentation，2021（38）：138－139.

［19］Kola I，Landis J. Can the pharmaceutical industry reduce attrition rates？［J］. Nature Reviews Drug Discovery，2004（3）：711－715.

［20］Hay T，Craighead J L，Economides C，et al. Clinical development success rates for investigational drugs［J］. Nature Biotechnology，2014（32）：40－51.

［21］Suntharalingam G，Perry M R，Ward S，et al. Cytokine storm in a phase 1trial of the anti-CD28 monoclonal antibody TGN1412［J］. The New England Journal of Medicine，2006（355）：1018－1028.

17

［22］ Bailey J，Balls M. Recent efforts to elucidate the scientific validity of animal-based drug tests by the pharmaceutical industry，pro-testing lobby groups，and animal welfare organizations ［J］. Biomedcentral （BMC） Medical Ethics，2019 （20）：16.

第三章　替代动物研究的相关内容

第一节　概述

一、人性化实验技术的验证和标准化发展

（一）验证概述

自 1959 年动物实验的"3Rs"原则提出以来，体外实验经历替代动物方法（Alternative to Animal Testing，AAT）、非测试方法（Non Testing Method，NTM）和新技术方法（New Approaches Method，NAM）的变更，覆盖范围不断扩大，从最早的传统替代动物实验方法，拓展到所有新开发的非临床测试技术工具。新型实验技术和研究手段不断丰富，如 AI 机器学习和数字技术、类器官模型和人体芯片、高通量、单细胞组学技术等。然而，不管是传统动物实验的替代模式还是新技术方法的开发，都需经过严格的验证和认可程序。

验证是指为明确目的，对特定试验、方法、程序或评价的相关性和可靠性建立程序的过程。可靠性（Reliability）是指采用相同标准化的试验规程，某方法在实验室内和实验室间实验结果的可重复程度，评价指标是实验室内和实验室间的再现性和重复性。相关性（Relevance）是指在确定适用范围情况下，试验方法及其所获结果与目标物种效应之间的关系，以及为达成特定目的该试验方法是否有意义和可用。

一项新的替代动物实验方法从提出概念、研究开发到最终被法规认可通常要经过五个主要阶段，即实验方法开发、前验证、验证、独立评价和法规认可。这几个阶段紧密相连，下一阶段的设计和运行建立在上一阶段的基础上。严格来说，只有完成了正式验证程序的实验方法才能被评估并纳入法规管理程序。完整的验证结果应当用一些参数进行评价，参数之间的关系可用 2×2 表（表 3-1）来表示。

表 3-1　实验验证参数计算

实验结果	参考受试物质		合计
	阳性	阴性	
阳性	a	b	$a+b$
阴性	c	d	$c+d$
合计	$a+c$	$b+d$	$a+b+c+d$

注：a—阳性物质实验结果为真阳性；b—阴性物质实验结果为假阳性；c—阳性物质实验结果为假阴性；d—阴性物质实验结果为真阴性；$a+c$—检测的阳性物质；$b+d$—检测的阴性物质；$a+b$—检测结果为阳性；$c+d$—检测结果为阴性；$a+c+b+d$—所有测试物（结果）。

从表 3-1 可以计算验证的各项参数：敏感度是指阳性物质的正确确认率，敏感度 $=a/(a+c)$。特异度是指阴性物质的正确确认率，特异度 $=d/(b+d)$。阳性预测值是指阳性结果中阳性物质所占的比例，即阳性的正确率，阳性预测值 $=a/(a+b)$。阴性预测值是指阴性结果中阴性物质所占的比例，即阴性的正确率，阴性预测值 $=d/(c+d)$。假阳性率是指阴性物质误定为阳性结果的比率，假阳性率 $=b/(b+d)$。假阴性率是指阳性物质误定为阴性结果的比率，假阴性率 $=c/(a+c)$。准确度是指全部正确结果所占的比例，准确度 $=(a+d)/(a+b+c+d)$。混合率是指已知阳性物质的占比，混合率 $=(a+c)/(a+b+c+d)$。

（二）规定性方法和判断性方法

实际开展体外实验时，如进行化学品的整合测试评估，通常选择两类方法：①基于规定的方法进行预测，称为规定性方法（Define Approaches，DA），由一组固定来源的数据和信息（数据类型）加上解释数据的算法（数据解释过程）组成，该方法组成元素原则上可被验证和标准化。②基于灵活判断方法得到安全性的结论，称为测试和评估的判断性方法（Judged Based Approaches，JBA），其组成元素需依靠专家判断，只能部分协调一致，如交叉参照方法。

简而言之，被监管机构认可为测试指南的方法通常是规定性方法。其目标是获得相当于动物研究的信息，使之可用于化学品的风险识别和效力分类。规定性方法生成的预测是基于规则的，可在其适用范围内单独使用，也可与其他来源信息组合使用。

（三）性能和实施标准

随着体外实验的推广和全球化应用，人们尝试在原有方法的基础上进行优化或建立与原方法类似的方法。从验证和监管角度看，有必要对规定性方法建立性能标准，既能指导体外实验的科学有效运行（也称为 Me Too），又能鼓励在原有标准的基础上实现方法（结构和功能）相似性的创新（也称为 Me Better）。经济合作与发展组织（Organization for Economic Cooperation and Development，OECD）给出体外实验性能标准的三个要素：方法的基本组成、参考物质列表、准确度和可靠运行的值。表 3-2 是 OECD 发布的多项体外实验的性能文件。

表 3-2　OECD 体外实验性能文件

文件序列	名称
No. 222	重建人体雌激素受体结合试验实施标准
No. 34	关于验证和国际接受新的或改进用于危害评价试验方法导则
No. 286	良好体外实验规范（Good In Vitro Method Practices，GIVIMP）导则
No. 311	建立用于化学品评估的证据权重的指导原则和关键要素
No. 220	推荐相似或修改用于皮肤刺激性试验的体外重建人类表皮模型试验方法（TG 439）的实施指南
No. 219	推荐相似或修改用于皮肤腐蚀性试验的体外重建表皮模型试验方法（TG 431）的实施指南
No. 218	推荐相似或修改的体外大鼠皮肤电阻试验（TG 430）标准的实施指南
No. 216	推荐相似或修改用于眼危害识别的体外重建角膜样上皮试验方法（TG 494）的实施指南
No. 213	推荐相似或修改的体外皮肤致敏的 ARE-NRF2 荧光素酶试验方法（TG 442E）的实施指南
No. 174	稳定转染转录活化检测雌激素受体拮抗剂的体外实验实施指南（第二版）
No. 173	稳定转染转录活化检测雌激素受体拮抗剂的体外实验（TG 455）的实施指南

总之，目前公认的验证基本原则和程序适用于大多数的体外实验，也适合用于组合或分层实验。然而，随着计算机模型、基因组、蛋白质组、高通量和其他新技术的加入，实验方法所涉及的实验系统、测试参数、信息量等均发生了很大变化，参与验证的实验室数量和水平、验证模式和组织方式也需要做出相应的调整。因此，在进行实验方法验证前，应对验证活动的设计和实施进行充分策划，再逐项实施各个要素。

二、新的策略方法

新的策略方法（New Approach Method，NAM）被定义为可通过避免使用完整的动物进行测试，提供化学品危害和风险评估信息的任何技术、方法或其组合。NAM 是系统生物学、计算机和人工智能技术发展的结果，包括计算机模拟评价（In Silico）、体外化学分析法（In Chemico）和体外实验（In Vitro）方法以及各种新的测试工具，如高通量、基因组学、蛋白质组学和代谢组学等。目前，NAM 已被欧美国家的管理部门纳入化学品危害评估、风险评估和管理决策中。

（一）计算机模拟

计算机已应用于生命科学的诸多领域，借助数学模型、人工智能等，可以预测某化合物引起的某种生物体效应。计算机模拟充分利用化学物结构及与其相关的大量数据信息，推论化学结构、理化特性和生物学过程之间的相互作用。这些方法与传统毒理学方法完全不同，不需通过动物实验产生新的数据，主要基于现有资料。基于计算机的方法包括数据库、QSAR 方法、同源性模型、分子建模、机器学习、数据挖掘、网络分析和人工智能等。

（二）构效关系和定量构效关系

构效关系（Structure-activity Relationship，SAR）描述化合物的化学结构与相应性质或活性之间的关系是否存在。

定量构效关系（Quantitative Structure-activity Relationship，QSAR），指采用定性或定量方法，基于化合物的化学结构预测其理化性质、生物学活性、毒理学效应、环境行为等特性的数学模型。它描述化合物化学结构相关的一种或多种定量参数与其相应的性质或活性定量特征（如健康毒理学和生态毒理学终点）之间的相互关系。QSAR的开发及应用基于相似性原则，即假设相似的化合物具有相似的生物活性。常见QSAR模型有 TOPKA、Toxtree BfR 规则库、OECD QSAR Toolbox、BfR 规则库和 Derek Nexus 等。

（三）物质分组和交叉参照

交叉参照可理解为由一个（或多个）化合物（源物质）的终点信息预测另一个（或多个）具有相似特性的化合物（目标物质）的同一终点信息，从而避免对每种物质进行测试以获得数据的方法。交叉参照包括类似物法（Analogue Approach）和分组法（Grouping/Category Approach），二者的区别在于物质的数量和特性趋势。类似物法参照的物质数量不多，且特性趋势不显著；而分组法中有多个物质存在，物质越多，特性趋势越显著，分组假说的准确度越高。

交叉参照的前提是化学结构的相似性或机制（生物活性）的相似性，即建立科学合理的相似性假说。2005 年，欧盟委员会联合研究中心（Joint Research Centre，JRC）首次正式发布了交叉参照相关指南文件。目前，交叉参照在数据缺口方面的应用已被工业化学品、化妆品、食品添加剂、农药和生物杀灭剂等行业法规认可。作为工业化学品毒性预测非测试方法的重要一员已被欧盟各国、美国、加拿大、日本和中国等国家的管理机构认可。

（四）毒理学关注阈值

毒理学关注阈值（Threshold of Toxicological Concern，TTC）这一概念源于美国食品药品监督管理局（FDA）为食品非直接添加剂制订的"1995 法规阈值"。TTC 的原理是可以对一般化学物质建立一个通用的暴露阈值（该阈值与化学物质结构有关），当化学物质的人体暴露剂量低于该阈值时，该化学物质对人体健康造成负面影响的可能性很小（即使没有该化学物质的毒性数据）。TTC 是一种风险评估工具，主要用于对缺乏毒理学数据的低浓度物质进行安全评价，前提是暴露评估较为完善。目前，该方法已用于食品接触材料、香精香料、化学原料及产品中杂质或微量添加物的风险评估。其他领域也在尝试应用此方法，如医疗器械、工业化学品、环境化学物质、农药和兽药等领域。

在使用 TTC 前，首先要确定该方法是否适用于目标物质的评估（TTC 不适用于无机物、有生物蓄积性的物质和纳米材料等）。然后根据 Cramer 决策树确定 Cramer 结构分类并选取如下暴露阈值用于风险评估（假设人均体重 60kg）。

Cramer Ⅰ 类：30μg/kg · bw/d；Cramer Ⅱ 类：9μg/kg · bw/d；Cramer Ⅲ 类：

1.5μg/kg・bw/d；有机磷酸酯类：0.3μg/kg・bw/d；对于有遗传毒性预警的物质：0.15μg/kg・bw/d。

可以协助判断 Cramer 结构类别的软件有 ToxTree 和 OECD QSAR Toolbox 等。

三、人性化实验技术的趋势

（一）整合评估和测试方法

整合评估和测试方法（Integrated Assessment and Testing Approaches，IATA）是根据多种来源信息用于化学品危害识别、危害特征描述和安全性评估的方法。IATA 整合所有相关证据权重，并根据需要指导产生新数据，以指导关于潜在危害和风险的法规决策制定。IATA 对来自不同信息源的数据，如理化特征、计算机模型、分类方法和交叉参照、体外实验、体内试验和人的数据，进行评估和整合，从而得出关于化学品危害和风险的结论。IATA 包括 DA 方法的组合，旨在克服单个方法、独立方法的某些局限性，从而增加对整体结果的信心。

IATA 旨在评估化学品暴露对人类健康和环境的风险。IATA 是一个过程，运用全面的证据权重，以权衡和集成可用到的化学品危害和暴露信息以及经验性数据。根据评估问题（急性刺激性还是慢性经口毒性）和保护目标（健康或环境），IATA 的构建模块，即 DA 或 JBA 作为组件，可以组装成不同的方式。因此，构建和使用 IATA 首先需明确目标和使用场景，这些因素将决定构成 IATA 不确定性的可接受水平、组件选择和证据集成方式。

IATA 中最重要的原则是证据权重原则。证据权重是指采取综合的方法，解释和权衡源于 IATA 组件的多个证据链，其结果得出的结论可用于决策。证据链的组成包括现有的信息和由测试策略新生成的信息。新数据的产生和证据权重的应用是一个逐层迭代的过程，直到得出达到预期的有害效应的清晰描述。如果是基于有害结局通路（Adverse Outcome Pathway，AOP）原理开发 IATA，还应提供关于分子起始事件、关键事件和关键事件关系的机制性信息，毒性动力学信息应包括体外实验及计算方法，如构效关系和生理药代动力学（Physiologically Based Pharmacokinetic，PBPK）模型。OECD 发布的 IATA 文件见表 3-3。

表 3-3　OECD 发布的 IATA 文件

序号	OECD GD 编号	内容	发布时间
1	203	皮肤腐蚀性和刺激性的 IATA 导则文件	2014
2	250	来自 IATA 案例研究的报告：分类法作为 IATA 的组成部分	2017
3	263	严重眼损伤和眼刺激性的 IATA 导则文件（第二版）	2019
4	260	使用 AOP 开发 IATA 的导则文件	—
5	256	报告规定性方法和个性化信息用于皮肤致敏的 IATA 导则文件	2017

（二）有害结局通路

过去 20 多年来，基于毒性作用机制的概念和理论已成为化学物质风险评估的重要方面，也推动了毒性预测和人性化测试技术的进步。从美国环保署（Environmental Protection Agency，EPA）最早使用作用模式（Mode-of-action，MOA）的概念，到2007 年美国国家研究委员会发布《21 世纪毒性测试：愿景与策略》，人性化测试和有害结局通路被放在了重要位置。学者指出，未来毒性测试和风险评价策略应以有害结局通路为基础，通过使用计算生物学新方法和以人类生物学为基础的体外实验组合评价关键有害结局通路中有显著生物学意义的干扰。毒性测试目标是当关键路径受到干扰而导致不良健康结局时能够及时识别，并对宿主易感性进行评估，以了解干扰对人群健康产生的影响。

AOP 的概念从提出开始就覆盖生态毒理学领域，不限于健康领域。AOP 是一个概念框架，用于描述直接的分子起始事件（Molecular Initiating Event，MIE）（如外源化合物与特定生物大分子的相互作用）与在生物不同组织结构层次（如细胞、器官、机体、群体）所出现的与风险评估相关的"有害结局"（Adverse Outcome，AO）之间的相互联系。与作用方式相比，AOP 范围更广，因为它可以扩展到人群甚至生态水平。此外，作用方式往往是化学特异的，并考虑动力学方面的因素（如新陈代谢），但 AOP 是化学非特异的，这样才能从纯粹的动力学和生物学视角描述毒理学过程。

AOP 概念将现有方法与系统生物学联系起来，收集和评估相关化学、生物学和毒理学信息，为化学物毒性预测和法规决策提供一个框架。因而，AOP 可以有效地整合多学科最新技术，发掘毒性作用下更深层次的作用机制，开发新型的基于人体生命科学的人性化测试方法，实现减少或不使用动物的目标。

2012 年，OECD 启动了 AOP 发展计划（AOP Development Program），并发布了首个报告《由共价结合蛋白质启动皮肤致敏作用的有害结局通路》。2013 年，OECD 发布了《有害结局通路研发和评估指导文件》，之后发布了一系列指导文件。OECD 发布的 AOP 相关文件见表 3-4。

表 3-4　OECD 发布的 AOP 相关文件

类别	年份	内容
测试和评价系列	2012	由共价结合蛋白质启动皮肤致敏作用的有害结局通路（测试评估系列 No.168）
	2013	开发和评价有害结局通路导则文件（测试评估系列 No.184）
OECD series on AOPs No.1	2016	补充开发和评估有害结局通路导则文件的用户手册
OECD series on AOPs No.2	2016	蛋白烷基化导致肝纤维化的有害结局通路
OECD series on AOPs No.3	2016	减数分裂前的雄性生殖细胞 DNA 的烷基化导致可遗传的变异的有害结局通路

类别	年份	内容
OECD series on AOPs No. 4	2016	芳香化酶抑制导致鱼类生殖功能障碍的有害结局通路
OECD series on AOPs No. 5	2016	大脑发育过程中长期使用N-甲基-D-天冬氨酸受体拮抗剂诱发学习和记忆障碍的有害结局通路
OECD series on AOPs No. 6	2016	成人大脑离子型谷氨酸受体激动剂的使用导致兴奋性毒性介导神经细胞死亡，导致学习和记忆障碍的有害结局通路
OECD series on AOPs No. 7	2016	抑制黑纹状体神经元线粒体复合物Ⅰ导致帕金森运动障碍的有害结局通路
OECD series on AOPs No. 8	2019	大脑发育过程中长期使用N-甲基-D-天冬氨酸受体拮抗剂导致衰老中神经退化和学习记忆受损的有害结局通路
OECD series on AOPs No. 9	2019	雄激素受体激动导致生殖功能障碍的有害结局通路（重复产卵的鱼类）
OECD series on AOPs No. 10	2019	拮抗剂结合PPARα导致体重降低的有害结局通路
OECD series on AOPs No. 11	2019	结合离子型GABA受体印防己毒素位点导致成人癫痫发作的有害结局通路
OECD series on AOPs No. 12	2019	芳基碳氢化合物受体激活通过增加Cox-2导致生命早期阶段死亡的有害结局通路
OECD series on AOPs No. 13	2019	抑制哺乳动物甲状腺过氧化物酶和随后的神经发育的有害结局通路
OECD series on AOPs No. 14	2019	抑制Na^+/I^-同向转运（NIS）导致学习和记忆障碍的有害结局通路
OECD series on AOPs No. 15	2019	结果通路芳基碳氢化合物受体激活导致尿卟啉症的有害结局通路

为促进对AOP研究的统一协调、优势互补、信息共享，2014年9月OECD发布了AOP知识库（AOP Knowledge Database，AOP-KB）。AOP-KB由OECD、美国环保署、欧洲委员会联合研究中心（European Commission Joint Research Center）、美国陆军工程师团研究和发展中心（US Army Engineer Research and Development Center）联合创建。AOP-KB提供了一个技术性平台，研究者可通过该平台将MIE、关键事件（KEs）、有害结局以及化学引发剂构建为一个AOP，并使研究工作得到专家团队反馈。

目前，AOP Wiki收录380多个健康毒理和生态毒理终点相关AOP、超过400个压力源或启动事件、超过2200个关键事件和2800多个关键事件关系。

AOP开发遵循以下原则：①AOP不是化学特异性的。与化学物质的相互作用一般只发生在分子起始事件，并非关键事件或有害结局。因此，如果任何化学物质可引起一个特定的MIE，就可以假定它将通过AOP导致AO。如果在某种情况下，一个MIE依赖具体化学物质，那么这个AOP的用途是有限的。②AOP由模块组成。为将AOP应用于风险评估，AOP应该明确、易于理解和应用、具有灵活而广泛的适用性。关键事件和关键事件关系（KERs）是生物学现象，可能在多个 AOP 中出现，而非一个。因此，需建立 KEs 和 KERs，促进在 AOP 中开发组合适当的 KEs 和 KERs，以更有效的方式开发 AOP。③实践中 AOP 网络是一个功能单位。即使是最简单的 AOP，化学物质只产生一个 MIE 也属罕见。因此，需链接各种 AOP 形成 AOP 网络共享相同的 KEs 和 KERs，以更好地预测化学品的总体毒性作用。AOP 验证也是一个逐渐发展的过程，遵循与传统体外实验相似的原则。关注要点：分析 AOP 中不同元素的定性和定量关系，包括剂量反应关系，KEs 和 AO 之间、AO 和 MIE 之间联系的强度以及经验性证据的生物合理性和不确定性。最后，AOP 的可靠性建立在对生物学过程机制性理解、化学品和生物系统间相互作用本质通用性的基础上。

四、实验系统的迭代

（一）体外实验系统概述

体外实验系统范围非常广泛，根据与体内生理系统接近程度，权重由低到高可分为无细胞系统、二维细胞系统、三维重建系统和微生理系统。体外实验系统的重要性表现在：①为外源化学物的一系列毒理学终点提供快速有效的筛查和分级方法；②可开展以机制为驱动的评估；③提供在细胞和分子水平对化学物有害效应认识的重要工具；④是连接动物实验与人体试验的桥梁；⑤是详细了解种属差异的必要基础；⑥提供稳定明确的实验系统来研究化学物质结构与活性之间的关系。

体外实验系统的特点表现在：①毒性动力学，体外毒性实验通常是细胞事件，体内试验与体外实验在药物暴露时间、浓度、浓度的变化速率、新陈代谢、组织渗透、清除和排泄方面常常有明显的差异。尽管人们尽可能对这些参数进行模拟，但基于重复性、简单性和标准化等方面的考虑，多数研究仍着眼于直接的细胞反应。②新陈代谢，很多无毒或低毒性物质在通过肝脏代谢后有毒性或毒性增强，许多在体外有毒性的物质可能被肝脏酶类解毒。因此，将体外实验开发为动物实验的替代方法时，应证明作用于细胞的毒性物质在体内和体外是相同的。常用方法是对测试物质进行预处理，如制备肝脏微粒体酶类，与活化肝细胞共培养或导入在可调控启动子调节下的代谢酶类的基因对靶细胞进行遗传学修饰。③组织和全身反应，体外毒性反应可用细胞活性或代谢的变化直接测定，而体内试验主要观察组织应答或系统应答，因此体外实验更为有效。

体外实验方法被广泛应用于细胞和组织层面，用于研究生理、生物以及药理活性。此外，体外实验方法在生产生物成分（如激素和疫苗）中所起的作用也越来越重要。细胞培养不仅扩大了细胞生物学和癌症治疗的研究范畴，而且不断发现体外培养的细胞也能特征性地保持原代细胞性能，并且向三维重建方向发展。如今体外培养技术已从二维细胞培养和离体组织维持培养阶段进入三维重建组织培养和模拟复杂生理功能的多器官系统阶段，类器官模型和器官芯片等技术取得突破性进展。细胞培养及其应用于体外毒性和生物学研究的方法，已成为解决生物医学科学领域问题的重要工具。

（二）三维组织工程模型构建

1. 基本原理

组织工程构建的三大要素是细胞、支架和构建方式。大多数组织工程器官使用从人体分离的活细胞，因此，大量可靠地获得这些细胞至关重要。细胞通常直接从供体组织分离获得，或从干细胞诱导获得。干细胞的多潜能性使其可以分化成所需要的不同类型细胞，是一种可行选择。通过合理设计组织培养和构建平台，精细化调节机械和化学要素，可以实现在受控的体外条件下重建体内环境，提高细胞生长、增殖、分化和成熟的能力。合理使用支架材料重建体内微环境，不仅能提供机械刚性或柔韧性支持，允许营养物质、氧气和废物扩散，而且能支持细胞附着和迁移，并保留和呈递细胞活性因子。应用于组织工程的支架包括合成支架和天然支架两大类。天然支架材料来源于原生材料的修饰或改造，例如，细胞外基质（Extracellular Matrix，ECM）的生物聚合物、基于蛋白质的材料（胶原、纤维蛋白和明胶）和基于多糖的材料（如壳聚糖、藻酸盐、糖胺聚糖、透明质酸和甲基丙烯酸酯）。辅助使用交联剂（如戊二醛和水溶性碳二亚胺）可以降低支架材料的降解速率。支架材料结合化学信号和生长因子可有效刺激组织形成。通常使用的生长因子包括骨形态发生蛋白（BMP）、碱性成纤维细胞生长因子（bFGF或FGF-2）、血管内皮生长因子（VEGF）和转化生长因子-β（TGF-β）等。这些生长因子通常由植入的细胞产生一部分，更常见的是在体外组织建立期间加入或掺入支架内部。

一旦确定了合适的支架，下一步通常是将活细胞与天然支架或合成支架聚合物组合以完成构建过程，实现在机械和功能上代表天然组织的三维模型的效果。所需细胞完全接种支架后，需要一定的时间使细胞成熟并具有特定功能。构建时间取决于预期目标和构建方式，如细胞类型、营养物可用性以及支架与所用细胞的相容性。同时，还应考虑构建好的工程化组织可能用于特定研究目的，为后续化合物暴露和检测提前做好准备。

2. 体外重建皮肤模型

以体外重建皮肤模型为例，起源于外科覆盖皮肤缺损创面的人工皮肤，开始向标准化体外毒性实验系统发展，推动了化学品（化妆品）毒性测试的变革。目前，商品化的体外重建皮肤模型已被广泛应用于化妆品安全性和功效的评价。在安全性方面，主要使用重建表皮模型测试皮肤刺激性和腐蚀性、皮肤致敏性、皮肤光毒性和皮肤吸收等。在功效性方面，使用重建的含黑色素、真皮成纤维细胞，血管化和具备免疫能力的皮肤模型，可用于美白、防晒、修复、抗皱等功能的实验室测试和研究。三维器官模型可用于研究皮肤生物学的许多方面。例如，全层皮肤模型的构建用包含人真皮成纤维细胞的胶原底物构成真皮层，再在上面接种原代角质形成细胞，经过气-液界面培养，表皮发生分化和分层，同时与真皮成纤维细胞发生相互作用，最终形成全层皮肤。目前大多数体外重建的皮肤仅含有一种或两种细胞，缺乏皮肤附属物，仍不足以充分地模拟人体皮肤的复杂性。因此，更复杂的含有朗格汉斯细胞、真皮树突细胞和表皮神经纤维的人工皮肤等效物质仍在探索中。

（三）类器官模型与人体芯片

微生理系统（Microphysiological Systems，MPS）的快速进展，不仅得益于生物工程材料、微流控（Microfluidics）技术的进步，而且得益于人类原代、永生化、诱导性多能干细胞（Induced Pluripotent Stem Cells，iPSCs）技术的发展带来的细胞使用便利，成为近几年快速发展的一门前沿科学技术，也是生物技术中极具特色而富有活力的新兴领域。MPS 有时被称为器官芯片（Organs－on－a－chip，OC）或人体芯片（Human－on－a－chip，HOC），是一类在芯片上构建的器官生理微系统，以微流控芯片为核心，通过与细胞生物学、生物材料和工程学的多种方法相结合，能够在体外模拟构建包含多种活体细胞、功能组织界面、生物流体和机械力刺激等复杂因素的组织器官微环境，反映人体组织器官的主要结构和功能特征。这种微缩的组织器官模型不仅能够在体外接近真实地重现人体器官的生理和病理活动，还可能使研究人员以前所未有的方式见证和研究机体的各种生物学行为，预测人体对药物或外界刺激所产生的反应，因而在生命科学研究、疾病模拟和新药研发等领域具有广泛的应用价值。2015 年 Nature 杂志曾发表评论，称器官芯片是未来可能替代动物实验的革命性技术。

器官芯片实质上是一种多通道的装置，将一个或多个三维的微流控组织培养物整合在芯片上，在微流控通道中处理和控制物质，以模拟整个器官和系统的活动、结构以及生理反应。器官芯片是生物学微机电系统（Biology Micro－electro－mechanical Systems，bio－MEMS）发展的产物，融合了芯片上实验室（Labs－on－chips，LOCs）和细胞生物学两类技术，集成了微织造（Microfabrication）、微电子学（Microelectronics）和微流控等技术的成果，使得在保持器官特异性的情况下（包括体外多细胞的人体组织模型）研究人体生理学成为可能。在较小的范围内处理物质具有独特的优势，例如，可降低流体体积消耗（降低试剂成本和产生更少废物）、增加设备的便携性、控制反应过程（加快热－化学反应）和降低制造成本等。此外，微流控的流动完全没有振荡层流，几乎不会出现混合在一个中空通道中的情况。将微流控与细胞生物学相结合，有助于更好地研究复杂的细胞行为，如细胞对趋化反应的能动性、干细胞的分化、轴突导向、生物化学信号在细胞内的转导、胚胎发育等。器官芯片的日渐成熟，也为在药物开发和毒理学测试中减少和废除动物实验提供了新的工具。

微流控技术的发展，实现了在精确模拟的条件下重现复杂体内生理反应。采用微流控装置模拟的器官包括心、肝、肺、肾、动脉、骨、软骨和皮肤等。例如，微流控芯片可直接使用人源细胞，模拟类似免疫排斥，肝脏分级解毒，肾脏、呼吸道及消化道的多级吸收和排泄等需要多种细胞和器官联合完成的人体功能问题，有效克服了传统的毒理学动物实验成本高、通量低和代表性差的问题，以及现有的体外细胞二维培养的局限性。新一代微流控芯片将着力解决聚二甲基硅氧烷和聚碳酸酯芯片材料的渗透性和生物相容性问题，同时用人原代细胞和多能干细胞构建更接近人体的芯片系统。然而，芯片容量的微型化，也需要更敏感的检测方法和装置，融入电化学、光学和免疫学检测手段，以提高测试的敏感度和特异度。

在单器官、双器官芯片开发基础上，研究人员正努力构建一个多通道三维微流控细胞培养系统，划分出特定的微环境，可供细胞三维聚集培养，以模拟体内的多个器官乃至针对全身进行仿生。

大多数器官芯片模型仅能培养一种类型的细胞。因此，即使它们对研究整个器官的功能来说可能是有效的模型，但对于研究药物对整个人体系统的影响来说证据尚不充分。设计全身微生理装置最重要的限制之一是器官芯片中独立器官的制备。

一个完整的类器官模型，包括肺细胞、药物代谢作用的肝细胞和脂肪细胞。这些细胞被连接在一个二维流动的网络循环中，以培养基代替血液，因此有效提供营养运输系统，同时从细胞中带走废物。器官芯片奠定了药代动力学研究的基础，并提供了一个整合的仿生理模型，多种细胞培养系统是与体内情况接近的高保真系统。器官微流控人体芯片，组合了 4 种不同的细胞类型以模拟肝、肺、肾和脂肪。重点在于开发一个标准的无血清培养系统，使之适用于装置中的所有类型细胞。通用培养液可以灌注微流控装置中的所有细胞，保持细胞的功能水平，提高体外培养细胞的敏感度，确保装置的有效性，任何药物注入微通道都将刺激相同的生理和代谢反应。

人体芯片微流控装置的设计，主要是为了满足制药公司对药物研发过程中药理和毒理预测系统的需要。随着这些设备的制造越来越容易，其设计的复杂程度会成倍增长，整个系统对机械扰动、循环系统流体力学和精确控制的要求也会相应增加。

分子和细胞生物学技术的革新，给传统毒理学实验带来了变革的压力。进入 21 世纪，各国在科技政策的激励下，对毒性实验的革新明显加快。2004 年，美国提出了"21 世纪国家毒理学计划"（National Toxicology Program for the 21st Century），强调使用替代方法鉴别与疾病相关的关键信号通路和分子机制。2007 年，美国国家研究委员会（National Research Council，NRC）发布了《21 世纪毒性测试：愿景与策略》，明确表示面向未来的毒性实验革新已被广泛认同，呼吁开发和利用人类细胞的体外模型、基于自动化高通量筛查的毒理学反应方法以及基于通路与毒性和计算机模型相关的细胞检测方法。2008 年，美国国家毒理部（National Toxicology Program，NTP）联合国家卫生研究院（National Institute of Health，NIH）化学物基因组中心和美国环保署制定了"Tox21 协作计划"，以发挥各自在实验毒理学、体外实验和计算毒理学方面的优势，达到快速践行 NRC 理念的目的。涉及动物使用的科技规划和测试指南均遵循"3Rs"原则，延伸到科研计划、实验程序论证和审查、实施程序和过程监管整个过程。科研人员尽管有按照自己独特方法开展研究的权利，但只能在动物福利法规的框架范围内享有学术自由并最合理地使用动物。拟定和申请研究方案许可的整个过程已成为良好科研实践的重要组成部分。

第二节　毒性测试的常用方法与标准体系

截至 2021 年年底，OECD 及相关机构发布的人体健康毒理学试验方法超过 90 项，其中动物实验 45 项（优化减少替代方法 9 项），体外替代试验超过 50 项（含遗传毒性体外测试方法 11 项），参见表 3－5。

表3-5　OECD规定性方法清单

认可年度	OECD编号	指南名称
2021	497	皮肤致敏的定义性方法：3选2方法
2021	498	体外光毒性-重建人表皮光毒性试验方法
2021	494	眼刺激性测试的 Vitrigel 方法
2021	455	稳定转染雌激素受体拮抗剂和激动剂的体外实验
2021	439	体外皮肤刺激的人工皮肤模型试验
2021	442C	皮肤致敏的化学反应方法
2020	458	检测化学品雄激素激动剂和拮抗剂的稳定转染人雄激素受体活化的体外实验
2020	491	化学品短期暴露试验识别严重眼刺激性和无分类眼刺激性
2020	488	转基因大鼠体细胞和干细胞基因突变试验
2020	437	角膜混浊和渗透性试验
2019	496	眼刺激性的体外大分子试验
2019	495	光反应的活性氧簇试验
2019	431	体外皮肤腐蚀性的重建人表皮方法
2019	492	眼刺激性的重建人角膜方法
2019	432	体外 3T3 中性红摄取光毒性试验
2018	433	急性吸入毒性的固定浓度程序
2018	442E	体外皮肤致敏的关键事件三的人细胞活化试验
2018	442D	体外皮肤致敏的关键事件二的角质细胞氧化反应信号通路方法
2018	438	化学品严重眼刺激和无刺激性分类的离体鸡眼试验
2018	443	扩展一代生殖毒性试验
2018	442B	皮肤致敏的局部小鼠淋巴结试验：BrdU 酶联免疫法
2016	490	体外哺乳动物细胞 TK 基因突变试验
2016	489	哺乳动物碱性彗星试验
2016	487	体外哺乳动物细胞微核试验
2016	483	哺乳动物生精细胞染色体畸变试验
2016	476	体外哺乳动物细胞 $Hprt$ 和 $xprt$ 基因突变试验
2016	473	体外哺乳动物染色体畸变试验
2015	435	皮肤腐蚀的体外膜屏障试验
2015	430	体外皮肤腐蚀经皮电阻试验
2015	493	检测化学品雌激素受体亲和力的人重组雌激素受体体外试验的性能标准指南
2015	460	眼腐蚀性和严重刺激性的荧光素漏出试验
2017	457	雌激素受体激动和拮抗作用的 BG1Luc 雌激素受体转录活性试验
2010	442A	皮肤致敏局部淋巴结试验：LLNA-DA 法

续表3-5

认可年度	OECD 编号	指南名称
2011	456	甾体形成试验（H295R Steroidogenesis Assay）
2010	429	皮肤致敏局部淋巴结试验（Skin Sensitisation-LLNA）

一、皮肤腐蚀性和刺激性的替代方法

皮肤腐蚀性和刺激性的替代方法包括数学模型、生物模型、细胞模型、类器官模型等，许多方法尚在研发中。从技术发展趋势分析，非试验方法（QSAR、交叉参照、生物学模型）和类人体模型（3D皮肤模型和类皮肤芯片）是两大趋势（表3-6）。

表3-6　现行有效的皮肤刺激替代方法

名称	实验类型	实验目的	方法原理和系统	实验过程	其他应用	验证状态
皮肤腐蚀性Corrositex©测试	化学水平	腐蚀性测试	玻璃瓶装有测试化学溶液和特殊的可模拟腐蚀物对活性皮肤作用的生物膜	实验分3步：①定性测试以确保测试样品与CDS试剂相容。若观察到物理变化或颜色变化，样品被认为与检测溶液相容，可进行后续测试。②使用适当的指示溶液将测试样本分为Corrositex©类别1（常是强酸/碱）、Corrositex©类别2（常是弱酸/碱）。③把样品应用于生物膜屏障，当化学溶液渗透或破坏整个生物屏障时，会接触到CDS试剂，然后出现简单颜色变化，观察颜色变化并记录所需时间	操作简单，可用于全球化学品统一分类和标签制度（GHS）、包装分类、美国运输部（DOT）或美国环保署（EPA）合规测试、物质分类或市场宣传	OECD 435
真皮Irritection©测试	化学水平	刺激性测试	引起皮肤刺激的化学物质能够引起角蛋白、胶原蛋白和其他皮肤蛋白结构改变。真皮Irritection©测试系统模拟生化现象：经角蛋白、胶原蛋白和指示染料的混合液共价交联修饰的膜底物，一个由高度有序球蛋白/蛋白质大分子矩阵组成的试剂溶液	把刺激性化学物加到膜底物上，破坏角蛋白和胶原蛋白的有序结构，导致指示染料释放。此外，皮肤刺激引起试剂溶液中球蛋白构象变化。染料释放和蛋白质变性程度可通过检测试剂溶液450nm（OD450）处光密度变化进行定量检测	把结果与标准化学刺激物产生的光密度值进行比较，可计算刺激评分值，与测试材料潜在皮肤刺激性直接相关，与体内试验相比，结果准确、可靠、快速	—

名称	实验类型	实验目的	方法原理和系统	实验过程	其他应用	验证状态
3D 表皮模型腐蚀性测试	细胞水平	皮肤腐蚀性	利用体外重建人表皮模型进行化学物质局部暴露，检测暴露不同时间后的细胞活性，获得时间-反应关系信息	体外重建商品化的表皮模型，受试物分别暴露 3 分钟、1 小时和 4 小时，检测细胞活性。如果样品处理 3 分钟，组织活性＜35%，判定为 1A 类；如果样品处理 3 分钟，组织活性≥35%，同时处理 1 小时，活性＜35%，判定为 1B；如果样品处理 1 小时，组织活性≥35%，同时处理 4 小时，活性＜35%，判定为 1C；如果样品处理 4 小时，组织活性≥35%，判定为无腐蚀	—	OECD 431
3D 表皮模型刺激性测试	细胞水平	皮肤刺激性	利用体外重建人表皮模型进行化学物质局部暴露，检测后孵育组织活性和释放炎性介质水平	体外重建商品化的表皮模型，受试物暴露 15 分钟，后孵育 42 小时，检测细胞活性和培养基中炎性因子 IL-1α 的含量。如果样品处理组织活性≤50%，或组织活性＞50%，且 IL-1α≥50pg/mL，均判定为刺激性；如果组织活性＞50%，且 IL-1α＜50pg/mL，判定为无刺激性	结合 HPLC 可测试有颜色物质	OECD 431

二、皮肤致敏的替代方法

皮肤致敏的替代方法包括数学模型、化学反应模型、细胞模型、重建皮肤模型等。从技术发展趋势分析，非试验方法（QSAR、交叉参照、生物学模型）和细胞学模型（基于基因组的方法和基于 AOP 的组合方法）是发展趋势。

外源化合引起的皮肤过敏是一种细胞介导的免疫反应，基于 AOP 理论，皮肤致敏的诱导阶段 AOP 可分为一个起始事件和三个关键事件。分子起始事件：具有亲电作用的化学物质与表皮蛋白质的亲核位点共价结合，形成半抗原。角质细胞激活（KE1）：角质细胞对半抗原-蛋白质复合物的摄取，诱导炎性因子生成。树突状细胞（Dendritic Cell，DC）激活（KE2），DC 摄取和呈递抗原，未成熟的表皮 DC 识别半抗原-蛋白质复合物，表面特征性标志物表达上升，同时释放细胞因子，迁移至淋巴结，通过主要组织相容性复合物（Major Histocompatibility Complex，MHC）将半抗原-蛋白质复合物呈递给 T 细胞。T 细胞活化/增殖（KE3）：T 细胞识别细胞表面的 MHC 呈递的抗原肽被激活形成记忆 T 细胞，当皮肤再次接触致敏原时，这些记忆 T 细胞就会增殖，诱发有害结局。目前人性化方法基于上述原理开发。皮肤致敏的优化/替代方法见表 3-7。

表3-7　皮肤致敏的优化/替代方法

优化/替代方法	检测终点	"3Rs"原则和认可状态
计算机 QSAR 模型	—	替代，有限认可
小鼠淋巴结实验（LLNA）	同位素标记检测淋巴细胞增殖	优化，OECD429，EPA OPPTS 870.2600
小鼠淋巴结实验 DA 法（LLNA-DA）	化学发光法检测淋巴细胞增殖	优化，OECD 442A
小鼠淋巴结实验 BrdU-ELISA 法（LLNA-BrdU-ELISA）	BrdU-ELISA 法检测淋巴细胞增殖	优化，OECD 442B
直接多肽反应实验（DPRA）	蛋白/多肽结合	替代，OECD 442C
过氧化物酶肽反应实验（PPRA）	蛋白/多肽结合	替代，OECD 442C
基于氨基酸衍生物结合反应的实验（ADRA）	氨基酸结合	替代，OECD 442C
KeratinoSens™实验	荧光素酶表达	替代，OECD 442D
LuSens 实验	荧光素酶表达	替代，完成验证
人细胞系活化实验（h-CLAT）	细胞 CD86、CD54 表达	替代，OECD 442E
U937 细胞系活化实验（U-Sens）	细胞 CD86 表达	替代，OECD 442E
外周血单核细胞实验 PBMDC	细胞 CD86 表达	替代，有限验证
IL-8Luc assay	IL-8 相关基因实验	替代，OCED 442E
松配式共培养检测（LCSA）	细胞表面标志变化	替代，有限验证

三、皮肤光毒性的替代方法

光安全性（Photosafety）评估是化妆品和药物研发的基本组成部分。化学物接触紫外-可见光的光敏性是潜在风险之一。某些化合物（光感物质）在光照（主要是紫外线）的作用下由稳定态转化为激发态，进而对细胞组织产生有害作用。光安全性评估内容主要包括光毒性（光刺激性）、光变态反应性、光遗传毒性和光致癌性。化学物质中的沥青、煤焦油、燃料等，化妆品香料中的佛手柑精油、柠檬油、檀香油等，植物中的柠檬、橘子、柳橙、柚子、菠菜、苋菜、香菜等，中药中的补骨脂、白芷、防风、沙参、独活等，药物类的磺胺、四环素、灰黄霉素、氯丙嗪、水杨酸盐类及口服避孕药中的雌激素等，都是光感物质。

证明物质具有光毒性或光变态反应性，需满足如下条件：①在 290~700nm 波长下有吸收峰；②吸收紫外-可见光后产生活性氧簇；③充分分布在光暴露部位（如皮肤、眼）。如果一个或多个条件无法满足，那么该物质通常不考虑直接光毒性。但是，对光线具有较高敏感性的皮肤，可通过间接机制产生反应。皮肤光毒性的替代方法见表3-8。

表 3-8　皮肤光毒性的替代方法

实验终点	可行替代实验	体外实验终点	应用领域	验证认可
急性光毒性	3T3 中性红摄取光毒性测试（3T3 NRU PT）	光细胞毒性	常规筛查，相当低的 UVB 耐受，无法模拟皮肤局部应用测试物的生物利用度	B41，TG432
	红细胞光毒性实验（RBC-PT）	光溶血，血红蛋白氧化	可耐受高剂量 UVB，3T3 NRU PT 辅助实验，不推荐单独使用	通过验证
	光活性反应的活性氧自由基方法	活性氧自由基产生	可用于快速筛查能引起活性氧自由基产生的光毒性物质	OECD 495
	人体三维皮肤体外光毒性测试（H3D-PT）	皮肤细胞存在活力	皮肤生物利用，3T3 NRU PT 辅助实验	OECD 498
遗传光毒性	光-细菌反突变实验	基因位点突变	常规筛查，与染色体畸变等其他实验终点联合使用	无，被一些机构认可
	光-哺乳动物细胞基因突变实验（P-HPRTA 和 P-MLA）	基因位点突变	常规筛查，较少使用，可作为细菌突变的附加实验	无，被一些机构认可
	光-染色体畸变实验（P-CAT）	染色体畸变	常规和筛查，与基因突变等其他实验终点联合使用，作为组合实验的一部分。	无，被一些机构认可
	光-微核实验（P-MNT）	染色体畸变（包括数量畸变）	与基因突变等其他实验终点联合使用，作为组合实验的一部分代替 P-CAT 实验。	完成验证（BfArM 和 ZEBET）
	光-彗星实验（P-Comet）	DNA 损伤	筛选目的和机制研究	完成验证（BfArM 和 ZEBET）
光变态反应（光敏性）	光-局部淋巴结实验（P-LLNA）	受累淋巴结淋巴细胞光化学性增生	常规	—

四、眼刺激性的替代方法

　　眼刺激性的替代方法包括数学模型、生物模型、细胞模型、重建角膜模型、低等生物模型、离体器官模型等（表 3-9）。从技术发展趋势分析，非试验方法（QSAR、交叉参照、生物学模型）和类器官模型（3D 角膜模型和离体角膜模型）十分重要。

表 3-9 标准化眼刺激性的替代方法

方法	特点	验证	认可
牛角膜通透性和渗透性试验（BCOP）	利用离体牛角膜的完整性，测试刺激物可能引起的屏障功能变化（荧光素漏出）和基质蛋白变性（浊度变化），通过预测模型公式计算刺激评分，判断有无眼刺激性和腐蚀性	完成欧洲组织的验证，并通过 ICCVAM 验证	2009 年认可为 OECD 指南 437，2013 年修订，调整了结果判定
重组人角膜上皮模型	利用体外构建的三维人角膜组织，评价眼刺激，用于检测中度到极轻度的眼刺激物	2003 年完成验证	2017 年认可为指南 492
离体鸡眼试验	利用离体鸡眼球完整角膜，测试受试物作用后角膜混浊、水肿、渗透性和结构的变化，根据权重建立预测模型，根据组合评分进行分类和预测	—	2009 年 OECD 认可为指南 438
荧光素漏出实验	体外培养的单层 MDCK 细胞形成稳定的紧密连接，类似角膜屏障结构，通过测试刺激物引起细胞连接破坏导致荧光素漏出变化的量效关系，判定刺激性和腐蚀性。	通过 ECVAM 验证	2016 年认可为指南 460
短期暴露实验	细胞毒性的大小与刺激性的强弱成线性相关关系，设计不同浓度的测试物与细胞作用，根据暴露时间与细胞活性的关系建立预测模型，判定眼刺激性。	完成日本替代方法验证中心的验证	2016 年认可为指南 491
体外大分子试验用于识别严重眼损伤和刺激性的方法	利用刺激物引起蛋白变性原理，测试受试物作用于透明蛋白溶液引起变性后浑浊的程度，浑浊程度与刺激性成线性相关	—	OECD 2019 年认可为指南 496

第三节　替代动物研究的实施方法

一、概述

（一）替代方法原理

应描述实验方法的历史背景、开发思路、开发过程和验证前概述，与现有标准有效实验方法比较，说明在机制和功能上的相似度。提供当前所有同行评议结果，并总结所有正在进行或计划进行的评审，清晰描述任何与实验方法有关的可靠信息，特别是实验方法的科学基础，应描述实验方法的目的和机制基础。从科学角度描述所提交实验方法与已知或未知作用机制/模式的相似性比较，指出差异，同时考虑相关物种间的差异。描述实验方法预期适用范围，根据化学物分类或理化特性提出实验方法的局限性。

（二）实验系统

体外实验系统是完全不同于体内动物实验的新的实验体系，范围非常广，根据与体内生理系统的接近程度，权重由低到高可分为二维细胞系统、三维重建系统和微生理系统，此外，还包括（低等）无脊椎生物、动物胚胎组织、人或动物离体组织等。严格来讲，此类实验系统并非绝对替代意义上的体外实验系统。

（三）实验过程

实验过程可简单描述为（某一浓度或不同浓度）化合物作用于体外实验系统（暴露）产生的与测试终点相关的特征参数的变化过程，特征参数变化受实验系统影响，与测试终点相关。因此，化合物暴露时间（时效关系）和剂量/浓度（量效关系）、生物学效应、检测方法构成实验程序的三个基本因素。

（四）参数及测试检测方法

体外实验通常是短期或静态实验，特点是可快速测试不同暴露条件下化合物引起体外系统的毒性变化。与体内实验相比，体外实验更易设计，实现快速筛查目的。如深入到毒性作用的分子起始阶段，揭示通路引发的毒性反应。因此，体外实验获得的数据可来自细胞、基因和蛋白水平，对体外实验及分析测量必须精心设计，保证足够数量。对基因表达数据还应把基因背景表达变化与引发特定机制或适应性反应变化区分开来。随着终点分析技术的进步，检测通量和分辨率提高，为体外实验提供了从低层级信息（基因组引发的毒性反应）到高层级信息（组织细胞的整体反应）的可能性。如替代方法已从表面标志物检测、荧光素酶检测、化学发光、同位素标记，发展到成像和特定基因表达调节。高通量的应用将越来越普遍，这些数据的获得和质量控制不同于常量实验，预测模型建立和验证也更为复杂。

（五）预测模型

预测模型（Prediction Model，PM）是一种数理算法（如方程、规则），用于把体外实验数据转化为动物或人体药理或毒理学终点效应的预测，即通过数理算法将替代方法的数据进行处理转化，从而用于预测人或动物的毒理学终点。预测模型包括四个元素：①确定实验方法的特定目的，或限定受试物类型；②规范所有可能获得的结果，并对获得的各类数据做出清晰定义和描述；③必须提出一个规则系统算法，把各种类型的研究结果转换为对（毒性）效应的预测；④规范对预测模型的准确度和精确度（如敏感度、特异度、假阳性率、假阴性率）的描述，并提供可信区间。通常简单测试系统和简单参数所获测试数据信息量较少，预测模型也简单，如线性方程。复杂测试系统可获得大量数据，建立预测模型时应考虑不同数据的表征、生物学意义和影响毒性终点的权重，因而统计学模型较为复杂，预测模型也相对准确，如组合多个单一替代方法的整合模型、组合多种细胞芯片模型和基于多参数的模型（如预测致敏的 SENS-IS）等。

预测模型的建立，首先要求所有数据（生物和理化）误差较小，再用建模描述生物学和化学物信息之间的相互关系。过度拟合的模型往往意味着误差也一起被模拟。质量差的毒理学数据将给模型带来误差和不确定性。因此，开发一个精确、预测性好和有意义的模型，高质量的数据是先决条件。

（六）适用范围

通常单一替代方法无法解决复杂问题，每种方法都有其适用范围，只有明确适用范围才能科学合理地使用，并能把不同适用范围的方法合理地组合起来建立更好的预测人体健康效应模型。

二、主要的数据库资源、技术与工具

（一）细胞水平的体外实验

非选择性作用不受测试细胞的影响，检测参数通常为细胞活性（MTT 测试）、细胞膜稳定性（中性红摄取）、胞质酶的漏出等，通常可实现高通量筛查。选择性作用与所选细胞有关，如神经毒物引起的神经元毒性变化（轴突变化和神经递质）、肝毒性化合物对肝细胞的损伤、胚胎干细胞实验等。非选择性细胞毒性通常选择无极性的成体细胞，如角质细胞或成纤维细胞等，主要用于可溶解化合物的测试，对于难溶解、不溶解（蜡状、油状）物质的测试比较困难。多数实验过程设计成量效关系模式，例如，将系列梯度稀释的不同浓度的化合物作用于细胞，经过给定时间的作用后，检测细胞活性等参数，计算导致细胞活性下降 50% 的浓度（IC_{50}），计算可信区间，必要时计算 IC_{25}、IC_{75} 的值，获得受试化合物的详细毒性信息。浓度效应关系还用于受体－配体结合的测试、酶催化底物转化成终产物酶活性的测试，获得引起效应的半数和最大信号的信息。通过体外实验获得的效应值与已有（人或动物）体内效应数值建立的预测模型，可用于毒性预测，例如，角质细胞/成纤维细胞 IC_{50} 与啮齿类动物急性经口毒性 LD_{50} 之间建立线性相关性模型，预测数据可作为动物急性经口毒性实验的开始剂量。对于基于细胞的激动剂测试，最大信号是该激动剂引起的细胞最大反应。对于增强剂测试，最大信号用标准激动剂 EC_{10} 浓度加上标准增强剂的最大浓度来测量。所观察反应可作为每个有效测试的操作规程，并在某些情况下可能超过 10%。对于抑制剂测试，最大信号将在标准激动剂 EC_{80} 浓度获得信号反应。再次观察到的反应作为每次操作规程，并且可能达不到 80%。对于反相激动剂测试，在只有 DMSO 存在的情况下，最大信号是细胞本质上未处理的活性反应。

还有一些实验过程设计为时效关系模式，通常将固定浓度的化合物作用于细胞实验系统，调整不同的暴露时间，检测细胞活性等参数，计算导致细胞活性下降 50% 的作用时间（EC_{50}）和可信区间，通过 EC_{50} 与已有的体内效应数值建立预测模型。如预测眼刺激性的短期暴露实验使用的是时效关系模式。

（二）器官水平的体外实验

具有三维结构的器官模型，无论是离体模型还是体外重建组织模型，更接近人体的生理状况，样品暴露过程基本不受其溶解性的限制，实验可获得的特征参数也比较丰富，可用于复杂的与组织相关的终点测试。例如，体外重建表皮模型与细胞模型相比，可检测屏障功能、炎性因子和角蛋白的变化。离体角膜测试与二维细胞相比，可检测基质变化（浊度）和屏障功能受损（荧光素渗透性）等。受试物的暴露过程可根据需要设计成量效关系模式或时效关系模式，例如鸡胚尿囊膜血管实验（CAMVA）中，将系列梯度稀释的不同浓度的样品作用于血管膜 30 分钟，通过计算使鸡胚血管发生阳性反应的受试物浓度（半数反应浓度，EC_{50}）预测眼刺激性，这是一种量效关系模式。在皮肤腐蚀性体外重建皮肤模型中，使用 EC_{50} 预测测试物质的腐蚀性，是一种时效关系模式。常见体外实验程序见表 3—10。

替代动物研究与卫生技术评估前沿

表3-10 常见体外实验程序

替代方法	实验系统	化合物的浓度	暴露时间	检测参数	预测模型
基本细胞毒性	角质细胞、成纤维细胞	8个梯度浓度	24小时	细胞活性（MTT或中性红）	IC_{50}与LD_{50}的线性关系；预测急性经口毒性
眼刺激：短期暴露法	SIRC细胞	2个浓度	5分钟	细胞活性	活性评分
眼刺激：离体角膜	牛角膜	单一浓度	15分钟+2小时（液体）/4小时（固体）	浊度和渗透性	浊度与渗透性的组合评分
眼刺激：重建角膜	体外重建角膜	单一浓度	12分钟+2小时（液体），25分钟+18小时（固体）	组织活性	IC_{50}
眼刺激：荧光素漏出	MDCK细胞	5~6个浓度	30分钟	荧光素漏出	FL_{50}、FL_{20}、FL_{80}
皮肤刺激：离体皮肤法	离体皮肤	单一浓度	24小时	电阻值（kΩ）和皮板染料含量均值（μg/皮肤板）	以5kΩ为腐蚀性判定阈值
皮肤刺激：重建表皮模型	体外重建表皮模型	单一浓度	15分钟，后孵育42小时	组织活性	50%组织活性为阈值
皮肤腐蚀：重建表皮模型	体外重建表皮模型	单一浓度	3分钟，1小时，4小时	组织活性	IC_{50}
皮肤致敏：DPRA	化学反应	单一浓度	24小时	多肽消耗	多肽消耗率
皮肤致敏：HCLAT	THP-1细胞	6个浓度	24小时	细胞表面标志CD86、CD54	相对荧光强度的倍数超出阈值
皮肤致敏：Keratino Sens	Keratinocyte细胞	6个浓度	24小时	荧光素报告基因	诱导倍数超出阈值
皮肤致敏：Usens	U937细胞	6~8个浓度	45小时	CD86	相对荧光强度的倍数超出阈值

三、标准体系、验证与质控

（一）实验内容和实验系统的联系

在实验内容和实验系统之间必须假设存在双向交互。一方面，实验系统可以影响实验内容（类似体内模型中的药代动力学）；另一方面，实验内容通过具体方式影响实验系统。根据实验系统设计和预期应用改变读数；或以非预期方式，通过干扰基于实验系统生物模型的整体性能，或通过扰乱测试终点的正确读数，创造人为现象的无限可能性。因为并非所有实验均可以自动控制，需要经验丰富的操作者和解释测试数据者来发现潜在问题。例如，具有类似结构或作用模式的化合物是否有类似表现？是否可以消除不良影响？其他相同生物过程的实验是否有相似结果？关于效果和影响的时间实验结果是否与生物期望一致？体外实验三要素包括实验系统（生物学模型）、测试终点和分析终点，它们与体外实验的发展阶段和应用阶段都相关。

（二）实验系统内部误差

实验内容可能会干扰实验系统，特别是活细胞，因为它们对环境变化具有高度反应性。最常见和严重的干扰是细胞毒性，常导致细胞死亡。如果测试终点不是细胞毒性，那么实验内容的细胞毒性是严重的混杂因素，需进行控制。事实上，体外细胞数目会影响观察到的效应浓度。这在重复处理实验中尤为重要。

（三）数据质量

体外实验资料的质量保证非常不易，通常人们会相信受到监管或符合法规的实验数据。替代方法研发首先要满足产品风险评估和监管需要。根据数据的质量价值，可把数据的可靠性分成四类：①可靠无限制，按照可接受的国际测试指南（如 GLP 规范）获得数据；②可靠有限制，证据确凿的研究，不一定执行公认的准则或 GLP 规范；③不可靠，使用不可接受和不相关的暴露与途径；④可以忽视，实验细节提供不足。

对于体外实验数据，应当对个体数据的质量（某个样品的毒性数值）以及数据集的质量（一组化学物质的毒性数值和一段时间内数据的可靠性）认真评估。对数据质量的评估应有量化评价标准，该标准与替代方法的验证准则是一致的，如可靠性、一致性、重现性、相关性等。替代方法运行应符合 GLP 规范或实验室质量指南要求，具体涉及质量管理、技术要素和过程管理等，保证过程和结果可追溯。

（四）验证

实验所获得的全部数据应进行准确性和可靠性评估，包括体外实验系统本身和（或）单个测试样本的原始数据与导出数据、所有数据及其解释、数据的质量要求以及所用统计方法。结果以图形或表格形式呈现。

（五）实验方法的准确度

考虑准确度（一致性、敏感度、特异度、阳性和阴性预测性、假阳性率和假阴性率）时，应说明在相同或多个实验室实施该方法产生差异的结果，比较与体内实验的差异并讨论，对比来自相关物种（如人类健康毒性实验）的数据或确认的毒性，在此类数据或毒性分类可用的前提下，讨论实验方法的准确度。尤其是当该方法测量或预测的终点前所未有时。在新开发的实验方法与参考实验方法不一致的情况下，应对比来自相关物种确认的毒性信息，描述各实验方法正确预测的次数。说明实验方法的强度和局限性（包括所针对的特定化学物的类别），突出描述数据说明的内容（包括选择特定参数的原因）。当新开发的实验方法在原理和功能上与已建立的某个有效实验方法类似时，应分别对这两种方法进行运行测试，并对所获得的结果进行比较。

（程树军）

【主要参考资料】

[1] 程树军，焦红. 实验动物替代方法原理与应用［M］. 北京：科学出版社，2010.
[2] 程树军. 化妆品评价替代方法标准实施指南［M］. 北京：中国质检出版社，2017.

［3］ 程树军. 预测毒理学与替代方法［M］. 北京：科学出版社，2020.

［4］ Alépée N，Grandidier M，Cotovio J. Usefulness of the EpiSkin™ reconstructed human epidermis model within integrated approaches on testing and assessment (IATA) for skin corrosion and irritation［J］. Toxicology in Vitro，2019（54）：147－167.

［5］ OECD（2020）. OECD Guideline for the Testing of Chemicals No. 442C：In chemico Skin Sensitisation：Assays addressing the Adverse Outcome Pathway key even on covalent binding to proteins. Paris，France：OECD.

［6］ OECD（2018）. OECD Guideline for the Testing of Chemicals No. 442E：In vitro Skin Sensitisation Assays Addressing the Key Event on Activation of Dendritic Cells on the Adverse Outcome Pathway for Skin Sensitisation. Paris，France：OECD.

［7］ OECD（2016）. Series on Testing & Assessment No. 256：Guidance Document On The Reporting Of Defined Approaches And Individual Information Sources To Be Used Within Integrated Approaches To Testing And Assessment (IATA) For Skin Sensitisation，Annex 1 and Annex 2. ENV/JM/HA（2016）29. Paris，France：OECD.

［8］ OECD. 2018. Guidance document on good in vitro methods practices（GIVIMP）. No. 286. OECD Series on Testing and Assessment，OECD，Paris，France.

［9］ OECD. 2021. Defined approaches on skin sensitization. OECD Guideline for the Testing of Chemicals No. 497，OECD，Paris，France.

［10］ Pham L L，Watford S M，Pradeep P，et al. Variability in in vivo studies：Defining the upper limit of performance for predictions of systemic effect levels［J］. Computer Toxicology，2020（15）：100126.

［11］ Baltazar M T，Cable S，Carmichael P L，et al. A next－generation risk assessment case study for coumarin in cosmetic products［J］. Toxicology Science，2020（176）：236－252.

［12］ EURL ECVAM－EU Reference Laboratory for alternatives to animal testing（2020）. EURL ECVAM recommendation on nonanimal－derived antibodies.

［13］ US EPA－US Environmental Protection Agency. Administrator memo prioritizing efforts to reduce animal testing，September 10，2019.

［14］ Moné M J，Pallocca G，Escher S E，et al. Setting the stage for next－generation risk assessment with non－animal approaches：The EU－ToxRisk project experience［J］. Archives of Toxicology，2020（94）：3581－3592.

［15］ Wijeyesakere S J，Wilson D M，Marty M S. Prediction of cholinergic compounds by machine learning［J］. Computational Toxicology，2020（13）：10119.

［16］ ICCVAM. A strategic roadmap for establishing new approaches to evaluate the safety of chemicals and medical products in the United States［EB/OL］.

https：//ntp. niehs. nih. gov/whatwestudy/niceatm/natl－strategy/index. html.

［17］ICCVAM. ICCVAM Metrics Workgroup. measuring U. S. federal agency progress toward implementation of alternative methods in toxicity testing 2021 ［EB/OL］. https：//ntp. niehs. nih. gov/iccvam/docs/about ＿ docs/iccvam － measuringprogress－feb2021－fd－508. pdf.

［18］Kleinstreuer N C，Hoffmann S，Alépée N，et al. Non－animal methods to predict skin sensitization（Ⅱ）：an assessment of defined approaches［J］. Critical Reviews in Toxicology，2018（48）：359－374.

［19］Krebs A，van Vugt－Lussenburg B M A，Waldmann T，et al. The EU－ToxRisk method documentation，data processing and chemical testing pipeline for the regulatory use of new approach methods［J］. Archives of Toxicology，2020（94）：2435－2461.

第四章 替代动物研究的伦理规范

实验动物对国际医药和化妆品发展做出了巨大牺牲和贡献。而动物却无法表达个体意愿，不能以人体临床试验研究过程中签署知情同意的方式保证其利益。应加强研究过程中对动物的人道主义关怀和生命福利，加快替代动物实验的广泛实施，实现对替代方案评估的指导，规范实验动物管理委员会的审查工作，切实保护实验动物权益。本章对目前替代动物研究伦理进展、范围及指导原则进行了归纳总结，旨在促进国内替代动物研究伦理规范评估标准的规范化。

第一节 替代动物研究伦理规范的必要性

一、背景

近年来，涉及人体的生物医学研究伦理评估发展迅速。例如，2016年9月国家卫生和计划生育委员会颁布了《涉及人的生物医学研究伦理审查办法》，从法律层面上严格规定涉及人体研究的试验程序应通过伦理委员会的评审。如没有伦理委员会的评审，研究者必须说明采用的试验程序符合最新修订的《赫尔辛基宣言》。未设立伦理委员会的医疗卫生机构，不得开展涉及人的生物医学研究工作。对受试者参加研究不得收取任何费用，对受试者在受试过程中支出的合理费用应给予适当补偿。然而，涉及动物的生物医学研究实验伦理审查规范化推进十分缓慢。

世界各地动物保护者在世界实验动物日（每年4月24日）当天及前后一周举行各种活动向为科学研究牺牲的动物表示敬意，旨在通过悼念活动向社会倡导科学、人道地开展动物实验，严格遵守《动物伦理学》"3Rs"（Reduction，Refinement，Replacement）原则。随着时代进步，罗素和伯奇在"3Rs"原则的基础上提出了"4Rs"原则，强调在实验过程中要不断增强伦理观念，对实验动物要有责任感（Responsibility）。1995年，美国药典USP23版已规定471种药品使用细菌内毒素检查法代替使用家兔检查热原。德国、意大利、日本等国已相继收载该方法。中国药典1995年版（二部附录）正式收载细菌内毒素检查法。由于鲎试剂具有生物学特异性能好、标准化程度高、操作简便、成本低廉等特点，受到广大药品检验工作者的广泛欢迎。

"3Rs"原则在近代动物实验研究发展中是贯穿始终的核心思想，它试图通过其他实验手段代替动物实验或用离体培养的细胞、组织、器官的半替代动物实验减少动物的使用，在单克隆抗体的生产、病毒疫苗制备、效力和安全性实验、细胞膜研究等方面已广泛应用。还可以使用低等生物代替，如用果蝇代替小鼠研究致畸致突变，用海洋无脊椎动物代替蟾蜍和犬研究神经生理学，用微生物代替动物进行艾姆式试验（Ames Test），用物理方法代替动物研究心肺复苏等病理过程，用免疫化学方法代替动物来搜寻抗原或鉴定毒素的存在。此外，计算机模拟在替代动物实验应用中、计算机毒理学在新药毒性研究应用中具有非常好的前景。国外实验室还通过使用光纤、导管、激光等，尽量减少对动物的刺激，避免应激反应，提高实验的准确性。

1991 年，日本、美国等国家同意放弃以 LD_{50} 作为急性毒性实验的必要手段。1992 年，欧洲议会通过有关化妆品法令 76/768 号修正法令，规定凡含有"经动物实验合格的化学药物"的化妆品原料自 1998 年 1 月 1 日起将不得再上市。1999 年，英国停止使用实验动物进行化妆品试验。近年来，"零残忍"运动在美容行业越来越受重视。自 2014 年 6 月起，国家药品监督管理局对国产"非特殊用途"化妆品不再强制要求进行动物实验，可根据现有原材料安全测试数据，或以欧盟许可的非动物测试来代替。不过，国家药品监督管理局依然要求其他化妆品及所有进口化妆品进行动物实验，确保产品的安全性。我国政府已逐渐放宽对进口化妆品检验的限制，许多反对进行动物测试的海外品牌也得以通过各种途径进入我国市场。这表明非动物实验验证化妆品的接受度在逐渐提升。

随着实验动物质量要求和控制级别越来越高，为保证实验结果的均一性和重复性，加上受到动物福利和动物保护主义思想的影响，人们更加倾向于把握实验动物福利原则、遵循实验动物福利法规、严格履行动物实验伦理审查制度。但针对高校师生、医务工作者和实验动物从业者关于动物福利伦理认知情况的调查结果显示，对动物福利伦理管理法规和动物福利概念，大多数人无清晰的认识和了解，说明我国动物福利教育的普及亟待加强。

二、伦理规范化的必要性

（一）实验动物使用持续增长

中国医学科学院医学实验动物研究所参与调查了 2016—2018 年我国四家研究组织三年间实验动物使用量，发现实验动物使用量呈增长态势（图 4-1）。调查表明，在所用动物种类中，啮齿类动物占比达 99.75％，主要是大鼠、小鼠和基因编辑鼠。该调查也指出，随着国内外药品研发力度增大，对实验动物需求也急剧增加，预计会继续保持 20％～25％的增长率。因此，提高对实验动物使用的必要性和伦理审批，可从源头控制实验动物使用量。此外，研究人员也开始思考替代动物实验的可行性。例如，医科院校教师在授课过程中思考实验动物使用的合理性，并提出在科学研究中，在可获得同样实验数据的情况下，尽量减少实验动物的使用量。

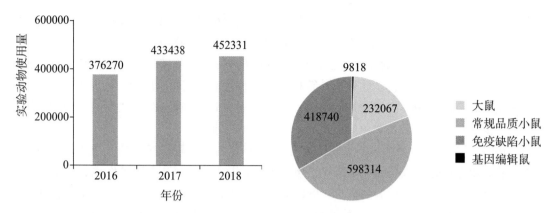

图 4-1 国内四家研究组织 2016—2018 年实验动物使用量及主要啮齿动物种类

（二）每只动物的使用都必须有一个理由

面对越来越严峻的实验动物使用现状，不少学者提出了建设性见解。"每次做动物实验前，都需写明要做什么实验、是否一定要在动物身上做实验、要使用多少只动物、为什么要用这么多。每只动物的使用都必须有一个理由。"实验动物管理委员会将评估动物实验的意义、必要性、操作流程规范性，坚决反对无意义使用动物的实验要求。

（三）保证实验结果科学

违背了"5F"（五大自由：Freedom from Hunger and Thirst，不受饥渴的自由；Freedom from Discomfort，生活舒适的自由；Freedom from Pain，Injury and Disease，不受痛苦、伤害和疾病的自由；Freedom from Fear and Distress，生活无恐惧和无悲伤的自由；Freedom to Express Normal Behavior，表达天性的自由）及"3Rs"原则，不按照实验动物福利伦理原则开展实验，很可能导致实验数据不准确，从而影响研究结果的可信度。加强研究过程中动物福利伦理的审查及规范，可以维护实验动物的福利，规范人类的伦理行为，提高科研结果的准确度，从而提高科研质量。

必须强调的是，保障实验动物福利不仅是实验动物管理委员会的工作。在设计实验前，研究人员就应对实验动物使用的必要性进行慎重的评估，积极寻找替代方案。若确实需进行动物实验，研究者在实验中则要充分履行"3Rs"原则，减少实验给动物造成的痛苦和不必要的伤害，尊重实验动物，感谢它们在科研进步中做出的牺牲和贡献。

第二节　替代动物研究伦理规范的范围

早在 1959 年英国动物学家罗素和微生物学家伯奇就提出了"3Rs"原则。我国在 2006 年由国家科技部发布了《关于善待实验动物的指导性意见》，明确指出动物实验应遵循"3Rs"原则。"替代"是"3Rs"原则的核心内容之一。

一、毒理学替代动物研究

目前国际上经验证的毒理学替代动物研究见表 4-1。

表 4－1　毒理学替代动物研究

毒理学终点	替代方法名称	与"3Rs"原则的相关性
急性经口毒性	固定剂量法	减少
	急性毒性分类法	减少
	上下法程序法	减少
	正常人角质细胞或 Balb/c 3T3 细胞中性红摄取试验（NHK NRU，3T3 NRU）	减少和替代
急性吸入毒性	急性毒性分类法	减少
皮肤刺激性/腐蚀性	人工皮肤模型腐蚀实验	替代
	皮肤刺激的重组人表皮模型试验	替代
	皮肤腐蚀的体外膜屏障试验	替代
眼刺激性/腐蚀性	牛角膜混浊和渗透性试验（BCOP）	替代
	离体鸡眼试验（ICE）	减少和替代
	荧光素漏出试验（FL）	替代
	短期暴露试验（STE）	替代
	重组人角膜上皮模型试验（RhCE）	替代
	微生理仪细胞传感器试验（CM）	替代
皮肤致敏	局部淋巴结检测（LLNA）	减少和优化
	LLNA－DA	减少和优化
	LLNA－BrdU	减少和优化
	直接多肽结合试验（DPRA）	替代
	基于 ARE－Nrf2 通路的荧光酶试验（KeratinoSens™）	替代
	有害结局通路树突细胞活化关键事件试验	替代
经皮肤吸收	体外皮肤吸收试验	替代
光毒性	3T3 中性红摄取光毒性试验（3T3 NRU－PT）	替代
遗传毒性	艾姆式试验	替代
	大肠杆菌恢复突变试验	替代
	酿酒酵母有丝分裂重组试验	替代
	体外哺乳动物染色体畸变实验	替代
	体外哺乳动物细胞微核实验	替代
	体外哺乳动物细胞 $Hprt$ 和 $xprt$ 基因突变实验	替代
	体外哺乳动物细胞 TK 基因突变实验	替代
致癌试验	转基因动物细胞基因突变实验	减少和优化
内分泌干扰	雌激素受体拮抗剂和激动剂体外转染细胞试验	替代
	雄激素受体拮抗剂和激动剂体外转染细胞试验	替代
	重组人雌激素受体结合亲和力试验	替代
	H295R 类固醇生成试验	替代
生殖和发育	延长一代生殖毒性研究	优化
	化学品转基因啮齿类动物体细胞和生殖细胞基因突变实验	替代

二、化妆品毒性替代动物研究

我国已发布的替代方法标准几乎全部涉及化妆品毒性研究，具体标准见 4－2。

表 4-2　我国发布的替代方法国家标准和行业标准

标准号	标准名称
SN/T 2285—2009	化妆品体外替代试验实验室规范
SN/T 2328—2009	化妆品急性毒性的角质细胞试验
SN/T 2329—2009	化妆品眼刺激性/腐蚀性的鸡胚绒毛尿囊膜试验
SN/T 2330—2009	化妆品胚胎和发育毒性的小鼠胚胎干细胞试验
SN/T 3084.1—2012	进出口化妆品眼刺激性试验体外中性红吸收法
SN/T 3084.2—2012	进出口化妆品眼刺激性试验红细胞溶血法
SN/T 3527—2013	化学品胚胎毒性测试植入后大鼠全胚胎培养法
SN/T 3715—2013	化妆品发育毒性的大鼠全胚胎培养法
SN/T 3824—2014	化妆品光毒性的联合红细胞毒性测试
SN/T 3882—2014	化学品皮肤致敏试验局部淋巴结法（BrdU-ELISA）
SN/T 3898—2013	化妆品体外替代试验方法验证规程
SN/T 3899—2013	化妆品体外替代试验良好细胞培养和样品制备规范
SN/T 3948—2014	化学品体外皮肤刺激：重组人表皮试验
SN/T 4150—2015	化学品分离鸡眼试验方法
SN/T 4153—2015	化学品牛角膜混浊和通透性试验
SN/T 4154—2015	化学品皮肤致敏局部淋巴结试验：DA 法
SN/T 4577—2016	化妆品皮肤刺激性检测重建人体表皮模型体外测试方法
SN/T 5150—2019	防晒化妆品 UVA 光防护效果体外测定方法

三、眼刺激试验替代方法研究

根据使用材料和作用原理，眼刺激试验替代方法可分为七类：①严重眼损伤和眼刺激性的体外综合测试评估方法；②牛角膜通透性和渗透性试验（Bovine Corneal Opacity and Permeability，BCOP）；③离体鸡眼试验（Isolated Chicken Eye，ICE）；④短时暴露试验（Short Time Exposure，STE）；⑤重组人角膜上皮模型试验（Reconstructed Human Cornea-like Epithelium，RhCE）；⑥荧光素渗漏试验（Fluorescein Leakage，FL），是基于细胞功能测定的试验，利用单层的犬肾小管上皮（Madin-darby Canine Kidney，MDCK）细胞暴露于受试物 1 分钟后，导致 MDCK 细胞单层上皮荧光素钠渗透性增加的情况来判断受试物引起的眼毒性强弱；⑦其他替代方法。

四、药物代谢反应的体外模拟

计算机模拟在药物代谢反应替代研究中扮演重要的角色。基于生理的生物动力学模拟计算工具可用来预测化妆品的毒性和药物的吸收、分布、代谢、排泄特征。此外，计算机模拟还常被用于在细节尺度上模拟蛋白质、受体、脂质双层细胞、大脑等，预测其对物理条件或化学物质的反应。计算机模拟和信息学方法通过预先筛选潜在的药物候选分子，排除成药可能性较小的化合物，从而使药物发现过程中牺牲的动物数量最小化，缩短研发时间。

第三节 替代动物研究伦理规范的指导原则

知情同意权是人体试验受试者自主权的集中体现和主要内容，然而实验动物却无法拒绝参与研究，这是人体试验和动物实验在伦理审查中最根本的区别。因此，在动物实验伦理审查中，不是采用签署知情同意书的形式，而是主要依靠研究者、审查者的专业知识和所参照的法律依据、惯例、规则等来判断研究是否有违伦理准则。审查的内容主要包括研究者资质，动物的选择，实验目的、方法和条件，动物的处死等。

替代动物实验在一定程度上减少了传统实验动物的使用，通过选择细胞、人体组织或低等生物及计算模型代替动物研究。人源的细胞和组织在疾病和治疗相关研究中具有独特的优越性，更加贴近真实疾病状态，因此深受研究者青睐。然而，关于替代动物实验中的伦理审查规范还不十分明确。例如，"人类基因编辑婴儿"事件是替代动物实验伦理不规范的典型案例，该事件造成了严重的社会影响并引发全社会范围对科学研究过程中伦理问题的关注与担忧。因此，在采用替代动物实验方法进行研究时必须严格遵守相关伦理规范。

一、细胞实验的伦理规范

当从人或动物组织中提取细胞系进行科学研究时，应当遵守相应的法律和道德要求：

（1）从人体组织样本提取细胞建立人类细胞系进行研究需要获得伦理批准。

（2）患者姓名以及任何患者数据应根据《卡尔迪科特原则》（Caldicott Principles）进行管理。要求实验室要有 Caldicott 监管，以确保有条件遵守这些准则。

（3）使用人类早期胚胎直至发育 14 天或原始条纹形成的最初迹象进行研究受人类受精和胚胎学管理局（Human Fertilisation and Embryology Authority，HFEA）监管和许可。

（4）材料转移协议应与组织之间创建的细胞系的所有转移同时进行，并应定义具体细节，包括所有权、知识产权和专利权。

（5）任何需要规范的程序（如活体动物组织活检、物质给药或遗传改变的动物衍生），以及是否将细胞导入活体出生的动物或动物胚胎中需要遵守《动物（科学程序）法》[Animals（Scientific Procedures）Act，ASPA]。

此外，国家卫生计生委、国家食品药品监督管理局于 2015 年印发《干细胞临床研究管理办法（试行）》，对涉及人类胚胎干细胞研究和应用的伦理原则进行了规范：①禁止进行生殖性克隆人的任何研究。②用于研究的人胚胎干细胞只能以下列方式获得：体外受精时多余的配子或囊胚、自然或自愿选择流产的胎儿细胞、体细胞核移植技术所获得的囊胚和单性分裂囊胚、自愿捐献的生殖细胞。③进行人胚胎干细胞研究，必须遵守以下行为规范：利用体外受精、体细胞核移植、单性复制技术或遗传修饰获得的囊胚，其体外培养期限自受精或核移植开始不得超过 14 天；不得将前款中获得的已用于研究的人囊胚植入人或任何其他动物的生殖系统；不得将人的生殖细胞与其他物种的生殖细胞结合；禁止买卖人类配子、受精卵、胚胎或胎儿组织；进行人胚胎干细胞研究，必须认真贯彻知情同意与知情选择原则，签署知情同意书，保护受试者的隐私；从事人胚胎干细胞研究的单位应根据本指导原则制定本单位相应的实施细则或管理规程。

二、涉及人或取自人体标本的伦理要求

对涉及人或取自人体标本的伦理要求如下：①人体试验必须确立合理、明晰的目的，只有符合医学目的的人体试验才是正当的。②受试者知情同意是人体试验的重要前提。试验研究者必须告知受试者必要、充分、能够被正确理解的信息（试验的目的、方法、期限、预期成果与危险等），使对方知情并理解，在此基础上，由受试者在不受强迫或不正当影响、引诱、恐吓的情况下，自主理性表达同意或拒绝参加人体试验意愿（代理人问题、社区知情同意、免除知情同意等）。③坚持"受试者利益第一、医学利益第二"的原则；应当给受试者以必需、负责任、全方位的保护承诺和措施（身体和精神）；公平分配受试者负担与收益，对特殊受试者（弱势群体等）还须遵守特殊的伦理规则。④研究者作为人体试验的策划者、实施者，必须具备特殊资格并履行特殊的伦理义务。

三、实验动物伦理审查评估的指导原则

当研究确需经动物实验进行验证时，应严格进行动物实验伦理审查，充分阐明实验的必要性和重要性，实验过程中严格执行"3Rs"原则，尽量不用、少用动物或优化动物使用程序，减轻动物的不适与痛苦。

根据国内机构动物实验伦理审查内容指导原则，实验动物管理委员会应严格审查如下内容：①研究者的资质。②实验动物审查：着重审查实验动物使用的必然性、替代的可能性、使用的合规性。③实验目的、方法和条件：侧重审查实验目的的正确性，实验设施的合法性，研究技术路线和方法的科学性、可靠性等，确保实验目的明确并具深远科学价值，动物都能得到人道对待和适宜照料，审查实验方案能否优化（如改进实验方法、调整实验观测指标、改良处死动物方法）、各项保障实验动物福利的措施能否落实到位。④动物的处死：若实验结束后动物仍能存活，须审查安乐死的必要性和方法，对需处死动物及时采取人道终止动物生命的方法，最大限度地减少或消除动物的惊恐和痛苦，使动物安静快速地死亡，对其他经护理可存活的动物，应从实验动物福利最大化角度出发，将其转化为农场动物、伴侣动物等。

即使确有必要进行动物实验，但下列情况的动物实验方案通常无法通过伦理审查：①缺少动物实验项目实施或动物伤害的客观理由和必要性。②直接接触实验动物的生产、运输、研究和使用的人员未经过专业培训或明显违反实验动物福利伦理原则要求。③实验动物的生产、运输、实验环境达不到相应等级的实验动物环境设施国家标准，实验动物的饲料、笼具、垫料不合格。④实验动物保种、繁殖、生产、供应、运输和经营

中缺少维护动物福利、规范从业者道德伦理行为的操作规程，或不按规范的操作规程进行；虐待实验动物，造成实验动物不应有的应激、疾病和死亡。⑤动物实验项目的设计或实施不科学：没有利用已有数据对实验设计方案和实验指标进行优化，没有科学选用实验动物种类及品系、造模方式或动物模型以提高实验成功率，没有采用可以充分利用动物组织、器官或用较少的动物获得更多实验数据的方法，没有体现减少和替代实验动物使用的原则。⑥动物实验项目设计或实施中没有体现善待动物、关爱动物生命；没有通过改进实验程序，减轻或减少动物的疼痛和痛苦，减少动物不必要的处死和处死数量；在处死动物方法上，没有选择更有效地减少动物痛苦的方法。⑦活体解剖动物或手术时不采取麻醉方法；对实验动物的生和死处理采取违反道德伦理的方法，使用一些极端手段或会引起社会广泛伦理争议的动物实验。⑧动物实验的方法和目的不符合我国传统的道德伦理标准、国际惯例，或属于国家明令禁止的各类动物实验；动物实验的目的、结果与当代社会的期望、科学道德伦理相违背。⑨对人类或任何动物均无实际利益并导致实验动物极端痛苦的各种动物实验。⑩对有关实验动物新技术的使用缺少道德伦理控制，违背人类传统生殖伦理，把动物细胞导入人类胚胎或把人类细胞导入动物胚胎中培育杂交动物的各类实验；亵渎人类尊严、可能引发社会巨大伦理冲突的实验。

四、动物实验教学过程伦理评估的指导原则

实验教学为学生理解科研过程、动物生理构造，提升操作技能等提供了直观途径。实验教学的动物使用是高校动物使用的重要来源。然而学生的实验动物伦理观念普遍不强，加强教学过程中"3Rs"原则的教育意义重大。根据江南大学在人体机能学动物实验过程中"4Rs"原则的实践探索，在动物实验教学过程中推荐遵循以下原则：

（1）鼓励以人体生理学实验替代动物实验。

（2）整合实验项目，减少动物的使用量。尽可能将不同的实验内容整合，充分利用动物资源，减少不必要的动物使用。对于不同的班级教学安排应做合理调整，共用或互补使用动物材料，减少教学过程中使用动物的数量。此外，整合实验项目不仅仅局限于机能学实验，还可以拓展到生物化学实验等，如收集失血性家兔血液备用于凝胶层析法分离血红蛋白，禁止随意丢弃动物材料等。

（3）优化实验过程，减少动物痛苦。鼓励建立机能学虚拟仿真实验室，"虚实结合"用于机能学实验内容教学，帮助学生树立"珍爱生命、换位思考"的观念。为避免操作问题造成动物不必要的痛苦，将虚拟仿真实验项目作为实验课前预习实验的基本要求，以便学生通过课前虚拟仿真实验进行预习，熟悉动物实验目的、实验药品与设备、实验步骤、操作注意事项等，避免实验操作失误，减少在实验过程中动物的痛苦。

（4）增强人性化思维和伦理法律观念，对实验动物要有责任感。严禁学生在操作过程中故意造成动物不必要的伤害。

五、医疗器械动物实验研究的技术和伦理审查

医疗器械安全性和有效性评价研究应采用科学合理的评价方法，其中动物实验是重要手段之一，其属于产品设计开发中的重要内容，可为产品设计定型提供相应的证据支

持。若需开展临床试验，可为医疗器械能否用于人体研究提供支持，降低临床试验受试者及使用者的风险，为临床试验设计提供参考。

但并不是所有医疗器械均需要通过动物实验验证产品的安全性和有效性。根据国家药品监督管理局发布的《医疗器械动物实验研究技术审查指导原则》，在医疗器械设计开发阶段，申请人在决定是否开展动物实验时，建议考虑动物福利伦理原则及风险管理原则。

（一）动物福利伦理原则

（1）申请人需遵循动物实验的"3Rs"原则。

（2）申请人在决定是否开展动物实验前，需要特别考虑动物福利伦理，充分开展实验室研究，不宜采用动物实验替代实验室研究。

（3）若有经过确认/验证的非活体研究、计算机模拟等方法，则优先采用上述方法以替代动物实验。

（4）申请人宜充分利用已有的信息获取产品安全性、有效性和可行性的相关证据，如可利用已有的同类产品动物实验数据或通过与市售同类产品进行性能比对等方式验证产品的安全性、有效性和可行性。若证据充分，可免于动物实验。

（二）风险管理原则

申请人在医疗器械设计开发时应进行充分的风险管理活动。风险控制作为风险管理的重要部分，是将风险降低并维持在规定水平的过程。实施每一项风险控制措施后应对其有效性予以验证（其中包括确认活动）。实验室研究或动物实验等均是验证风险控制措施有效性的手段，申请人应尽可能通过前期研究（如实验室研究、系统评价、卫生技术评估等）对已识别风险的控制措施有效性进行验证，只有在实验室研究不足时，才考虑通过动物实验开展进一步验证。动物实验资料可作为风险/受益分析时的支持性资料。如需通过动物实验进行风险控制措施有效性的验证，则结合动物实验目的，一般从可行性、有效性、安全性三个方面考虑。

（1）可行性：在产品设计开发阶段，对产品工作原理、作用机制、设计、可操作性、功能性、安全性等方面进行确认/验证，或识别新的非预期风险，如生物可吸收支架平台材料的筛选、经导管瓣膜置换装置的设计、迭代设计更新的验证等。

（2）有效性：尽管动物与人体在部分医疗器械的有效性方面可能存在一定差异，但设计合理的动物实验可支持产品的有效性（包括性能和操作），如可吸收防粘连医疗器械的防粘连性能评价、组织修复材料引导组织重建的有效性评价、多孔涂层关节类产品或3D打印多孔结构产品的骨结合效果评价等。

（3）安全性：申请人采取风险控制措施后，部分产品安全性可适当采用动物实验进行评价，如含药医疗器械中药物安全性范围研究、采用组织病理学方式的毒理学评价、产品对生物体的损伤评价、动物源性材料的抗钙化性能研究、外科血管闭合设备的血管热损伤研究、防粘连器械与组织粘连相关并发症的评价等。实验目的有时不能严格划分界限，因此，一项动物实验可能同时对产品的可行性、有效性、安全性进行评价。若产品采用新的作用机制、工作原理、设计、主要材料/配方、应用方法（如手术操作）、预期用途，增加新的适用范围，改进某方面性能等，申请人应针对产品创新点相关风险进行评估，并考虑通过动物实验对风险控制措施的有效性进行验证。

（三）关于免除或减少动物实验的决策案例

1. 多孔涂层生物型髋关节假体

多孔涂层生物型髋关节假体的主要风险包括产品骨结合效果欠佳或涂层剥落造成的假体固定失败等。通过动物实验可评价涂层的骨结合效果。如果通过涂层的成分表征、形貌及体视学数据（厚度、孔隙率、孔隙尺度等）、涂层机械性能评价（结合强度等）、涂层稳定性及耐腐蚀性能评价、生物相容性评价等研究证明其与已上市同类产品的涂层具有等同性，则无需通过动物实验来评估多孔涂层的骨结合效果和稳定性。

2. 心电图机

心电图机的主要风险之一是工作数据的不准确性，包括心电图自动测量和心电图自动诊断的不准确性。可进行实验室研究，通过心电图标准数据库来验证心电图自动测量的准确性，通过形态诊断用心电图数据库和节律诊断用心电图数据库来确认公开形态解释的准确性和公开节律诊断的准确性，无需开展动物实验。

3. 注射用交联透明质酸钠凝胶

交联透明质酸钠凝胶可用于面部注射以纠正鼻唇沟皱纹，纠正效果一般可持续 6 个月。鉴于通过动物实验无法考察人体面部皱纹的改善程度，故一般不采用动物实验数据支持该类产品的有效性。

4. 植入式心脏起搏器

植入式心脏起搏器属于高风险植入器械，开展动物实验可为产品设计定型提供相应证据支持。若同一申请人在前代产品的基础上进行植入式心脏起搏器的改进或更新，对于前代产品已验证的内容无需开展动物实验，必要时申请人仅针对改进或更新部分开展相应的动物实验。患者在植入心脏起搏器后一般不能进行磁共振成像（MRI），如果申请人设计开发了 MRI 兼容的植入式心脏起搏器，需要评估 MRI 环境对产品安全性及有效性的影响，进行 MRI 兼容性研究。MRI 兼容性研究通常需应用动物进行计算机建模验证 MRI 兼容的安全性与有效性，当验证过计算机建模的准确性后，对于同一申请人其他植入式心脏起搏器产品的 MRI 兼容性研究，可不再重复动物实验。

第四节　替代动物研究伦理规范实施后的追踪

为了对替代动物研究伦理规范实施效果进行评估，各级实验动物管理委员会应对特定的实验结果进行伦理追踪，不断强化替代动物实验的监管，保证实施与方案的一致性。对于实施过程中的方案变更要及时严格补充审查，防止变更过程中出现不符合伦理规范的操作。

一、减少或优化的动物实验研究

实验动物的福利伦理审查指按照实验动物福利伦理的原则和标准，对使用实验动物的必要性、合理性和规范性进行专门的检查和审定。实验动物管理委员会是可独立开展实验动物福利伦理审查工作的专门组织，负责实验开展前、实验过程中及实验结束后对实验动物福利和实验动物管理规范进行审查和评估。实验动物管理委员会由本级实验动物主管机构或从业单位负责组建和聘任人员，可根据实验动物有关法律、规定和质量技术标准，负责各自管理权限范围内实验动物从业单位相关福利伦理审查和监督，受理相关举报和投诉。具体需要补充审查的情况有增加实验动物数量、改变动物来源、改变动物麻醉方式、改变动物处死方式。

研究人员除了需要在实验过程中及时向实验动物管理委员会反馈外，在实验结束时还需主动提交该项目伦理回顾性总结报告，以便实验动物管理委员会对实验的伦理规范性进行终结审查，确认实验动物在实验过程中得到充分保护和尊重。建议研究人员在实验过程中对动物的麻醉、给药、处死、取材等过程进行及时全面的拍照记录，保留证据，以备实验动物管理委员会审查。

二、教学过程中的动物实验研究

为规范医学及兽医学教学过程中的动物伦理审查，院校教学使用的动物应向学校实验动物管理委员会报备，教师按照要求提交伦理审查批准书。授课教师应详细记录教学内容和动物处理过程、处理结果。每次教学结束后，应及时提交该次实验报告给实验动物管理委员会备查，实验动物管理委员会及时审查并给出相应意见。若教学过程中发生突发事件导致动物意外死亡或因其他原因导致实验动物数量增加，教师应在教学结束后及时向实验动物管理委员会进行补充说明，实验动物管理委员会及时审查并评估合理性。教学使用动物的伦理规范实施后追踪是教学改进的重要方法。

三、涉及人的标本和细胞实验研究

研究过程中更改实验方案、更改细胞或组织类型、增加样本来源等需主动向伦理委员会提交伦理审查申请。此外，从人体补充获取的细胞或组织需获得受试者的知情同意。

四、医疗器械的动物实验研究

医疗器械的动物实验研究经决策评估后实施，而实施后的伦理追踪对保障动物福利是非常重要的。实验动物管理委员会在核查过程中发现以下情况时有权要求停止已开展的实验：①实际操作人员未经专业培训，违反伦理原则和要求；②实际实验环境、饲养设施不合格；③实验操作不人性化，虐待动物；④活体解剖未麻醉、处死动物手段残忍；⑤实验动物极端痛苦而对人和动物无任何益处；⑥供试品和对照品在同一只（头）动物受试。

欲了解更多伦理规范信息，请参阅国家医药卫生相关行政管理部门网站，包括但不限于国家卫生健康委员会（www. nhc. gov. cn）、国家药品监督管理局（www. nmpa. gov. cn/index. html）、国家市场监督管理总局（www. samr. gov. cn）和全国标准信息公共服务平台（std. samr. gov. cn/noc）。

（徐维平　魏欣　刘波）

【主要参考资料】

［1］杜鹃，沈兵．减少生理学实验课动物的使用数量［J］．考试周刊，2013
（104）：160.

［2］刘聪林，陈瑞，姜鲲．湖北省实验动物管理现状、问题及对策［J］．科技创业月
刊，2021，34（1）：97－99.

［3］程树军．动物实验替代技术研究进展［J］．科技导报，2017，35（24）：40－47.

［4］钱仪敏，王若男，李华，等．眼刺激性评价体外替代方法研究进展［J］．中国新药
杂志，2020，29（6）：618－623.

［5］OECD. OECD（2017），Test No. 437：bovine corneal opacity and permeability
test method for identifying i）chemicals inducing serious eye damage and ii）
chemicals not requiring classification for eye irritation or serious eye damage，
OECD guidelines for the testing of chemicals，section 4，OECD publishing，Paris
［EB/OL］．https：//doi. org/10. 1787/9789264203846－en.

［6］OECD. OECD（2018），Test No. 438：isolated chicken eye test method for
identifying i）chemicals inducing serious eye damage and ii）chemicals not
requiring classification for eye irritation or serious eye damage，OECD guidelines
for the testing of chemicals，section 4，OECD publishing，Paris ［EB/OL］.
https：//doi. org/10. 1787/9789264203860－en.

［7］OECD. OECD（2018），Test No. 491：short time exposure in vitro test method
for identifying i）chemicals inducing serious eye damage and ii）chemicals not
requiring classification for eye irritation or serious eye damage，OECD guidelines
for the testing of chemicals，section 4，OECD publishing，Paris ［EB/OL］.
https：//doi. org/10. 1787/9789264242432－en.

［8］OECD. OECD（2018），Test No. 492：reconstructed human cor ealike
epithelium（Rhce）test method for identifying chemicals not requiring classification
and belling for eye irritation or serious eye damage，OECD guidelines for the
testing of chemicals，section 4，OECD publishing，Paris ［EB/OL］．https：//
do. org/10. 1787/9789264242548－en.

［9］OECD. OECD（2017），Test No. 460：fluorescein leakage test method for
identifying ocular corrosives and severe irritants，OECD guidelines for the testing
of chemicals，section 4，OECD publishing，Paris ［EB/OL］．https：//do. org/
10. 1787/9789264185401－en.

［10］王莉莎．科技期刊出版中伦理问题的基本要求［J］．中国组织工程研究，2021，
25（36）：5738，5770.

［11］卢全，王旌，姜永茂．医学科技期刊编辑在论文审理中应遵循的伦理学原则探讨
［J］．中国科技期刊研究，2020，31（7）：803－808.

［12］董妍，马慧群，汤亚娥，等．医学伦理学原则在医学期刊论文写作与审稿中的把

握［J］. 中国医学伦理学，2017，30（5）：655－658.

［13］中国国家标准化管理委员会，中华人民共和国国家质量监督检验检疫总局. 实验动物　福利伦理审查指南：GB/T35892—2018［S］. 2018.

［14］修春. 科技期刊编辑在涉及动物实验稿件审理中应注意的动物福利伦理问题［J］. 科技传播，2021，13（12）：42－44.

［15］Wei M L，Liu B，Mu X. Comparative analysis of the difference of toxicity test between Chinese and European Pharmacopoeia［EB/OL］. http：//www. eusaat－congress. eu/.

第五章 替代动物教育资源与利用

第一节 概述

一、替代动物原则在高等教育中应用的历程

传统动物实验是高等教育中医学、药学、卫生学、生物学、动物学、兽医学和畜牧学等学科的重要教学手段。教学中使用的动物主要有鱼类、两栖类、啮齿类等，旨在学习动物解剖、生理和病理相关知识，检测药物和毒物等外界因素对机体的影响。随着我国经济、教育事业的发展和学生数量的不断增多，在教学领域中使用实验动物的数量出现增加趋势。

近年来，实验动物福利和动物保护运动呈现全球化趋势，"3Rs"原则在工业化学品、药品、化妆品、农药的研究与生产实践中推广开来。动物实验在高等教育中广泛应用，当前在教学实践中使用动物实验的必要性遭到动物福利组织、学生、教师和其他人员的质疑，教学实验中的动物滥用现象也受到强烈反对和抵制。从动物福利和资源保护角度出发，在高等教育中研究和推广"3Rs"原则是必要的，且其在教学方法和手段上也具有较好的可行性。1998年5月，高等教育中使用动物的替代方案研讨会在希腊举行，这是开发、使用和评估以教育为目的的无动物模型及替代研究的首次正式国际会议。在国外，大学教学中涵盖"3Rs"原则已有20多年历史，许多地区和学校都取得了很好的效果，有的国家甚至在中学就开始了"3Rs"原则的教学。2011年，全美仅有7所医学院使用动物进行外科实验教学。2016年6月，美国和加拿大最后一所在教学中使用活体动物进行实验的医学院也宣布不再使用动物。2013年，印度药房理事会和印度牙科理事会要求各成员大学停止在其各自学科中使用动物进行培训。2014年，印度医学委员会要求在临床医学课程中使用计算机辅助学习替代动物实验进行生理学和药理学培训。巴西于2008年开始进行动物研究监管，2014年其国家动物实验控制委员会制定了一个扩大研究教育中替代动物使用的框架。

我国自20世纪90年代就有高校研究者基于节省经费的考虑，开始以小动物代替大动物，实现动物实验的优化。近年来，更多高校着手优化涉及动物实验的相关课程，在实验设计中考虑"3Rs"原则，关注减少、完善或取代在教育中使用动物的方法。但我国"3Rs"原则教学改革工作任重道远，教师和学生对"3Rs"原则的了解还较欠缺，动物实验替代方法的研究，尤其是针对教学的替代研究不多，缺乏系统化建设，迫切需

要借鉴发达国家"3Rs"原则教学经验，积极寻求更好的"3Rs"原则教学方法。

二、替代动物教学改革的主要内容

替代动物教学改革的主要内容是减少动物使用量、减轻由动物实验给动物造成的疼痛以及在教学中使用替代资源。减少动物使用量的目标可以通过合理安排课程来实现，如心脏的搏动（蟾蜍心脏）和动作电位的传导（蟾蜍大腿）两个实验通过合理的课程安排，使用同一动物的不同器官完成两个离体实验，从而减少动物使用量。教学中的"优化"原则主要是在实验教学中减轻由动物实验给动物造成的疼痛。在具体教学过程中，可通过向学生灌输动物福利的观念，杜绝虐待、戏弄动物现象发生；要求学生提前预习实验内容，通过观看教学录像熟悉实验技术，优化实验程序，提高实验成功率，从而减少动物不必要的痛苦；选择痛苦较小的方法或安乐死处死动物，禁止以空气栓塞、棍击、溺死等不人道方法处死动物，并在处死动物时避免其他实验动物在场，以减少动物的紧张和不安。替代实验是指应用其他材料和计算机处理技术，代替有生命的组织、器官或整体动物为实验对象，模拟某种生理活动或生命现象发生过程的实验技术。可用低级的无脊椎动物、离体的细胞、计算机模拟来取代实验动物获得数据。开展替代实验教学的主要方式有用小动物替代大动物、用离体材料替代整体动物、用替代物教具（如视听教材、数字视频、多媒体、计算机辅助学习、计算机模拟或虚拟仿真系统等）开展无动物模型教学等。

学校、师生及社会的共同努力是实施"3Rs"原则教学的重要条件。其中学校和教师的积极性对开展"3Rs"原则教学改革非常重要。在"3Rs"原则教学改革实施好的高校，学校规章制度对"3Rs"原则有具体规定，组织上有实验动物管理委员会，在一些大学内还成立了实验动物替代方法研究中心，指导实验中具体问题的解决，对教师进行"3Rs"原则教育；鼓励教师积极开展"3Rs"原则研究探讨，帮助判断为了教育和培训目的是否需要使用动物；将"3Rs"原则作为教师责任及师德建设内容，要求教师认真开展"3Rs"原则教学。"3Rs"原则教学大纲和课程设置应包括对学生开展实验动物伦理学和实验动物管理的教育内容，将实验动物保护、实验动物福利理念融入专业知识理解与强化的基本操作训练中，为学生提供系统学习实验动物福利知识的机会，让学生真正树立尊重生命、善待实验动物的动物福利观，真切感受到科学保障实验动物福利、谨记"3Rs"原则的重要性和必要性。所有参加动物实验课程的学生均应接受培训，了解有关动物使用和"3Rs"原则的知识。让学生在学习早期阶段选择使用无动物学习方法来获取知识，有助于其对使用动物形成人道的态度。理想情况下，应始终为学生提供替代动物的选择，并使其有机会决定是否参加动物实验课程。

三、替代动物教学设计的基本原则与流程

（一）替代动物教学设计的基本原则

1. 必要性原则

教学中的使用动物不应被视为可有可无的工具，第 33 期欧洲替代方法验证中心（European Center for Validation of Alternative Methods，ECVAM）的研究报告提出一

种观点，认为只有在以下情况才可接受在教育和培训中使用动物：①在自然环境中或在短暂的圈养期间观察动物；②动物是从道德来源渠道获得的，如解剖自然死亡的动物或因其他原因被人道杀害的动物；③学习发生在临床环境中，只有需要兽医医疗帮助的动物才会接受侵入性操作；④学习是在采取密切监督的学徒制研究型实验室进行（特别是对于进入需使用实验动物领域的学生）。

虽然实验教学用动物是人工繁殖的，但其作为一种资源应得到合理的开发和使用，应尽可能避免动物资源的浪费，从必要性和动物保护角度开展动物相关的实验教学。

2. 等效性原则

教育被定义为现有知识的转移，培训被定义为技能的学习和实践，教学目的主要是让学生深刻理解相关专业课程内容及其原理。现在已经开发了许多用于教育目的的替代方案，但任何替代方案都应与传统方法一样实现教育目标。就像科学领域的任何其他新模式，"3Rs"原则教学设计的效果也必须被评估，需评估替代方案是否能提供同等的短期和长期学习收益，是否符合学习目标，是否能达成一致的学习目标。只有基于相关可靠数据，才能确定其对改变传统使用动物教学方式的影响。

3. 组合性原则

涉及使用动物或动物组织的课程学习目标包括知识传授、能力培养和技术培训等，涉及的动物实验包括验证性实验、操作性实验和探索性实验等。"3Rs"原则教学设计往往不是孤立使用动物模型或替代模型，通常需要组合应用多种实验类型，因此，在验证教学效果时也不能仅单独验证某个替代方案，需作为课程整体评估。

4. 适宜性原则

"3Rs"原则教学中的替代方法可能需要采用新的学习方式和新技术，需要不同程度的环境改变和社会支持，这些可能重新定义师生关系和学习目标，并对课程产生重大影响。成功地将替代方案融入教学和学习环境的关键在于教育要求、替代方法使用的环境与媒介选择的紧密契合，引入替代方案失败的原因往往是软件不能满足需求、硬件不能适当地适应培训环境以及技术支持不足等。因此，在"3Rs"原则教学开始前，必须调查学习环境、系统和软件的要求，评估教师和学生的时间投入、用户友好程度以及现实可用性，基于适宜性原则开展"3Rs"原则教学。

（二）替代动物教学设计的流程

1. 确定可改革的教学内容

学习目标始终是发展替代教育的指导原则。

在"3Rs"原则教学设计中，教师需根据课程要求确定学习目标，并基于拟定的目标回答以下问题：①实验的教学目标是否适合本课程？②实验的教学目标是否适合这个特定的学生群体？③实验的教学目标是否适合小组中的所有学生？④使用动物是实现这些教学目标的唯一途径吗？⑤使用动物是实现这些目标的"最佳"方式吗？

可能不是所有教师都有足够经验和（或）能够足够公正对这些问题做出正确判断，可通过实验动物管理委员会或组成教学指导小组来评估教育教学目标实现过程中动物使用的必要性和其他可能的替代方法，确定可改革的教学内容。

2. 设计"3Rs"原则教学方案

"3Rs"原则教学方案设计主要集中于：①合理整合实验课程，避免不合理的实验方案和统计方法，提高实验动物的使用效率，在实验教学过程中使用较少量的动物获取同样多的实验数据或使用一定数量的动物获得更多实验数据。②将实验动物福利教育贯穿实验教学的全过程，加深学生对实验动物福利内涵的理解，改进实验程序，以减轻由动物实验给动物造成的疼痛，提高动物福利。③在保证实验教学效果的前提下，探索用组织细胞培养、各种离体实验或计算机模拟等来代替活体动物实验，或用低等动物替代高等动物进行实验。

教学中使用实验动物与科学研究使用实验动物的目的不同，因此动物实验替代方法也有不同思路，常用替代方法如下：①模型、道具和机械模拟器；②胶片和交互式光碟；③计算机模拟和虚拟现实系统；④用自身实验和人类研究；⑤用植物实验；⑥观察资料和领域内研究结果；⑦来自屠宰场和渔场的废弃物；⑧体外细胞系研究；⑨经过人道程序和符合伦理而死亡的动物（如自然死亡或经科学程序被人道杀死的动物）；⑩临床实践。也可以鼓励教学团队积极开展关于"3Rs"原则教学方案的讨论，努力开发新的替代方法，并可就替代方法的实施向实验动物管理委员会进行咨询。另外，"3Rs"原则教学实施好的学校多建立开放性的"3Rs"原则资源库，使教师和学生都了解并积极利用"3Rs"原则资源库，让学生有选择"3Rs"原则进行学习的权利。

3. 评估"3Rs"原则教学方案

"3Rs"原则教学方案实施前应对其可用性进行评估，主要对开展教学所需资源是否可及、教师团队是否有足够经验和能力、教学活动成本等进行分析，还需针对师生对教学变革的认可度，教学相关人员的态度、动机以及自我效能等方面进行评估，从组织、团队和个人层面分析教学方案实施的障碍因素，制订相应实施方案。"3Rs"原则教学方案实施后还需对方案的教学效果进行评估，主要内容有教学过程的互动性、教师和学生的时间投入、教学质量、短期和长期学习收益及满意度等。

四、替代动物教学的意义

互联网的快速发展提高了"3Rs"原则教学资源的共享性，互联网所衍生的虚拟现实技术及以计算机为媒介的替代方法都是很好的实验动物替代方法。随着实体经济快速发展，替代用具的生产更加精细化和专业化，在提升质量的同时降低成本，为仿真替代教具的普及奠定了良好基础，加上线上和线下教学技术的成熟，极大地推动了"3Rs"原则教学的发展。

相对于传统实验，"3Rs"原则教学中的替代实验具有以下优势：①符合伦理原则，通常只有在绝对必要时才允许教学中使用动物。涉及使用动物的课程可能会对学生产生负面心理影响，从离体细胞到完全计算机模拟，用非动物方法替代传统实验中的活体动物，避免对动物的人为伤害。②易重复，实验操作易于重复进行，避免了因学生对实验生疏导致实验中途动物死亡或组织损坏等带来的消极学习经历。③提升学习效果，许多替代模型设有自我评估程序，可让学生估计是否已达到阶段性学习目标。通过器官和细胞的结构以及功能的动画演示、多媒体的替代模型，可以展示动物实验通常不能观察到的现象。④节约成本，使用动物的教育是昂贵的，但教育替代品通常只需要购买一次就可以在一段时间内反复使用，时间和地点没有限制，且实验结束后的清理过程也相对简单，避免了以往传统实验所造成的环境污染，节约了大量的人力、物力。

总之，"3Rs"原则教学可明显提高学生的学习兴趣，增强课堂的教学效果，减少包括实验动物在内的物品消耗，提高实验教学效率。因此，在欧美国家，"3Rs"原则教学不仅广泛应用于医学生的基础教学，而且拓展到以培养合格临床住院医师为目的的医学继续教育领域。

第二节　常用替代动物教育资源与方法

一、常用替代动物教育资源网站

（一）挪威替代资源数据库

挪威替代资源数据库（A Norwegian Inventory of Alternatives，NORINA）是当前较全面的替代教育资源，包含约 3000 种可以替代使用动物的音像、多媒体图像和计算机模拟资料等，基于初中到大学本科阶段各种教育水平课程开发的替代模式信息，可用于教育和训练中动物的替代或补充，这些数据资料都提供产品说明、有关参数、生产者联系方式和价格详情。NORINA 还维护另外五个数据库：3RGuide（涵盖计划或进行动物实验的"3Rs"原则数据库、指南、信息中心、电子邮件列表和期刊等资源）、TextBase（涵盖实验动物科学和替代文献）、Classic AVs（NORINA 的子集，覆盖使用旧技术的视听产品）、欧盟委员会制作的"3Rs"原则知识来源清单、"3Rs"原则教育和培训课程及资源清单（网址为 https://oslovet. veths. no/norina/）。

（二）动物保护与兽医医学联合会

动物保护与兽医医学联合会（The Humane Society Veterinary Medical Association，HSVMA）的前身是动物权利兽医联合会（The Association of Veterinarians for Animal Rights，AVAR）。AVAR 于 1981 年成立，其主要任务是教授公众和执业兽医有关非人类动物使用方面的知识，积极主动收集动物权利方面的资料，为社会寻找改善对待动物的方法，并尽量提高人们的环保意识。AVAR 的理念是所有动物都有其价值和利益，且这些价值和利益并不依赖包括人类在内的其他动物。AVAR 认为兽医应该像医生保护患者的利益那样保护动物。AVAR 的覆盖面很广，在AVAR 网站上有教育资料库，涵盖小学教育、医疗培训、兽医微血管手术等领域，有数千个不同类别的教学和实验动物替代音像和文字资料、电脑程序、动物仿真模型及模型生产者等，人们可以通过种类、方法、学科、教育等级或分类复合形式来寻找所需资料。2008 年 1 月，AVAR 与美国动物保护协会（The Humane Society of the United States，HSUS）联合成立了新的兽医支持组织——动物保护与兽医医学联合会，旨在为有需要的动物兽医专业人士提供服务，并教授公众和其他业内人士有关动物福利的知识。动物保护与兽医医学联合会网站有人道主义使用动物/替代方案（Humane Animal

Use/Alternatives）资源库，为兽医、兽医技师、兽区助理和学生提供教育和专业资源。动物保护与兽医医学联合会有超过 45 个关于各种动物福利主题的组织、机构的直播和录播课程（网址为 https：//www. hsvma. org/）。

（三）美国国家替代毒理学方法评估跨机构中心

美国国家替代毒理学方法评估跨机构中心（The NTP Interagency Center for the Evaluation of Alternative Toxicological Methods，NICEATM）专注于开发和评估用于化学安全测试的动物使用替代方案，其网站提供了在确保物质的潜在毒性得到适当表征的同时，替代、减少或改进动物使用方法的信息。数据库提供了美国和国际监管当局认可的化学安全测试方法。ALTBIB（Alternatives to Animal Testing）是一种搜索工具，由美国国家医学图书馆（NLM）开发，为用户提供通过 PubMed 访问的预测毒性体外方法和计算方法的最新研究以及改进方法，还提供关于替代方法研究和接受的额外资源链接，许多链接还可免费全文访问（网址为 https：//ntp. niehs. nih. gov/whatwestudy/niceatm/index. html）。

（四）英国国家反活体解剖协会

英国国家反活体解剖协会（National Anti-Vivisection Society，NAVS）通过基于尊重伦理、科学和法律理论的教育项目，支持开发使用动物的替代方法，致力于终止利用动物进行科学研究，给予动物更大的同情、尊重和正义。在大量关于残忍和浪费活体解剖的文献支持下，NAVS 致力于提高公众对动物实验的认识，支持发展替代使用动物的方法，并与志同道合的个人和团体合作，实施有助于结束动物不必要痛苦的改变措施。开设生物学教育发展项目 BioLEAP，为那些在课堂解剖练习中使用动物标本替代品的教师以及不愿意参加解剖实验课的学生提供丰富的教育资源，在人道解决方案目录中提供有效的非动物替代方案，使得学生在学习解剖学和生理学知识的同时，获取有价值的技能，帮助教师从网络程序和应用软件、实体模型等中找到符合需求的经济有效的解决方案。NAVS 网站还提供人性化的动物替代教室链接，保证学生拥有相关信息（网址为 https：//navs. org/）。

（五）国际人性化教育联网络

国际人性化教育联网络（International Network for Humane Education，InterNICHE）成立于 1988 年，是一个由学生、教师及动物保护运动社会工作者共同组成的开放性多元网络，最初名为欧洲人性化教育网络（EuroNICHE），2000 年转型为全球型网络。EuroNICHE 号召全球关心动物者共同积极推动在高等教育中全面取代实验动物，关注生物科学、医学及兽医学教育、动物利用问题及替代方案，是建立并管理世界上最大的教学用途动物实验替代方案的网站，包括系列信息、数据库访问下载，提供文献及建议等，以及替代方案租赁系统，免费租借相关产品。EuroNICHE 还定期召开国际人性化教育联网研讨会，共享国际学者报告、替代教学产品，促进相关课程改革创新和交流（网址为 https：//www. interniche. org/）。

（六）约翰·霍普金斯大学替代动物实验中心

约翰·霍普金斯大学替代动物实验中心（Center for Alternatives to Animal

Testing，CAAT）成立于 1981 年，是约翰·霍普金斯大学彭博公共卫生学院的一部分，在德国科斯坦茨大学设有欧洲分部（CAAT－Europe）。CAAT 支持在研究、产品安全测试和教育中创造、开发、验证和使用动物替代品，并通过与工业界人士、相关领域学者以及政府合作，找到用非动物方法替代动物的新方法，减少动物使用量，或改进方法，以减少对动物的痛苦或压力。CAAT 设有人文科学课程（Humane Science Course），提供各种人道对待实验动物的主题摘要，解决实验设计、人性化终点、环境、术后护理、疼痛管理和压力影响数据质量的问题。课程由 12 个音频讲座组成，并配有幻灯片、资源列表和学习问题。CAAT 还发行 ALTEX 杂志（*The Journal Alternatives to Animal Experimentation*），介绍为科学目的使用动物替代方案的开发和实施及国际进展，2020 年 SCI 影响因子为 6.043（CAAT：https：//caat. jhsph. edu/；ALTEX 杂志：https：//www. altex. org/index. php/altex）。

（七）德国替代动物方法文献和评估中心

德国替代动物方法文献和评估中心（Centre for Documentation and Evaluation of Alternative Methods to Animal Experiments，ZEBET）成立于 1989 年，当时隶属于联邦风险评估研究所（Federal Institute for Risk Assessment，BfR），自 2000 年以来，ZEBET 数据库可在互联网上免费检索。2013 年《动物福利法》修正案赋予 BfR 在实验动物保护领域更多的权利。ZEBET 致力于将动物实验减少到必要的最低限度，并为实验动物提供最好的保护，主要开展加强替代方法的研究，为政府和研究机构提供建议、国际协调、替代研究经费，向公众提供信息等（网址为 https：//www. bfr. bund. de/en/german _ centre _ for _ the _ protection _ of _ laboratory _ animals. html）。

（八）英国医学实验中动物替代方法基金会

英国医学实验中动物替代方法基金会（Fund for the Replacement of Animal in Medical Experiment，FRAME）于 20 世纪 70 年代初在伦敦成立，旨在促进和协助新技术和有效科学替代品的研究。FRAME 一直支持"3Rs"原则并将其作为结束实验室使用动物的最有效方法，长期致力于开发新的有效方法，以取代医学、科学研究、教育和测试中对实验动物的需求。在目前需要使用动物的情况下，支持将涉及的动物数量减少到不可避免的最低限度，并改进实验程序，以尽量减少动物的痛苦（网址为 https：//frame. org. uk/）。

二、实验动物数据库

替代教学是"3Rs"原则教学的重要内容。20 世纪以来，数据作为继物质、能量之后的第三大资源，已经得到了广泛认可。实验动物数据是"3Rs"原则教学的重要替代资源，当前信息技术已经越来越多地渗透到实验动物数据的采集和共享，有助于更好地利用信息资源，减少、优化、替代动物实验中的动物使用，避免不必要的生命损失。

实验动物数据主要来源于实验动物相关科技活动，通过不同方式获得的实验动物数据有不同的类型，目前普遍使用的类型有：①文字类，如论文、专著、报告、资料、记录、文章、资讯和法规标准等。②数据类，如实验数据、研究数据、调查及统计数据等。③图片类，如实验动物图片、解剖图片和组织图谱等。④多媒体类，包括音频、视频、动画等，如课件、动物、实验和研讨会的视频。实验动物数据库就是在实验动物数据不断积累、加工与开发的基础上，运用现代信息技术，加工、整理、保存实验动物数据，具有海量信息存储，能够快速检索和有效管理的数据资源平台。以下仅介绍常用的实验动物数据库。

（一）中国实验动物信息网

中国实验动物信息网是由国家科技部批准成立的国家实验动物数据资源中心（挂靠广东省实验动物监测所）运行管理的公益性、综合性网站，是目前国内最大的实验动物行业类门户网，自1999年创建以来，已累积大量实验动物行业内的信息资源和实验动物生物学特性数据资源，为从业人员、院校师生提供实验方法与技术、期刊、书籍、科普、图谱等资源，提供国内外行业资讯、研究进展、前沿技术、热点关注等信息。其下设国家实验动物数据资源库平台，保存了8个国家实验动物种子中心的实验动物生物学特性数据资源，目前已收录了小鼠、大鼠、豚鼠、鱼等14类188个品种品系的实验动物生物学特性数据（包括基础数据、生理数据、生化数据、遗传数据、解剖数据），为我国实验动物、生物医药、生命科学等领域的教学和科研提供了重要基础（网址为http://www.lascn.com/）。

（二）国家动物标本资源库

国家动物标本资源库（National Animal Collection Resource Center，NACRC）是科技部和财政部批准的国家科技资源共享服务平台。目前馆藏各类群动物标本实物资源2000余万份，收集标本覆盖我国所有省（自治区、直辖市）的海域和典型生态系统，涵盖我国近70%的动物标本资源和近90%的已知动物物种。国家动物标本资源库凝聚了国内具有代表性的动物学研究、馆藏机构，是亚洲最大动物标本资源库，也是涵盖我国已知动物物种最多和最有代表性的平台（网址为http://museum.ioz.ac.cn/index.html）。

（三）国家动物模型资源共享信息平台

2020年，中国实验动物学会联合医科院动物研究所信息中心建立了国家动物模型资源共享信息平台。该平台对我国动物资源、动物模型及相关信息进行系统采集和整理，涵盖实验动物资源和实验动物模型研发、鉴定、评价、应用，动物实验专属试剂和仪器设备，基于动物实验的科技外包服务等，提供实验动物及相关信息数据查询、需求信息发布和专家咨询等一站式服务（网址为https://www.namri.cn/）。

三、虚拟仿真教学

（一）概述

虚拟现实技术（Virtual Reality，VR）是20世纪发展起来的一项全新实用技术，利用现实生活中的数据，通过计算机技术产生的电子信号，将其与各种输出设备结合，转化为能够让人感受到的现象，这些现象可以是现实中真切的物体，也可以是肉眼看不到的物质，通过三维模型表现出来，生成一种模拟环境，使用户沉浸到环境中。因为这些现象不是直接所见，而是通过计算机技术模拟出来的，故称为虚拟现实。

虚拟仿真教学是一种共享型虚拟现实系统，通过 VR 可把教学中的抽象概念、原理、真实的实验过程等形象地展现出来，应用 VR 构筑的虚拟环境为学生提供一个生动、逼真的学习环境，帮助学生获得知识，理解概念和原理，提高学生掌握知识和技能的效率，优化教学过程。这是目前国际上先进的教学模式。

（二）虚拟仿真教学在基于"3Rs"原则的实验教学中的应用

1. 在动物解剖实验中的应用

解剖学知识是所有医学知识的基础，而 VR 可以让学生更全面地了解动物的复杂结构，有助于增强学生对动物结构的理解，帮助学生记住复杂的解剖学知识。动物解剖虚拟仿真实验教学系统基于 VR 产生，通过三维数字建模，可实现360°任意查看、高精度贴图、以三维实时渲染方式展示动物各系统的构成，可放大、缩小、翻转、移动动物模型。学生能够随时进入虚拟环境，以高清 3D 可视化方式研究动物结构。结合解剖教程设置操作流程，可进行虚拟动物解剖实验。根据教材设置操作习题或者考试系统，对学生操作进行打分。

虚拟仿真教学为学生带来身临其境的体验。学生借助动物解剖虚拟仿真实验教学系统，能够在动物的身体中进行虚拟"游览"，可以沉浸式观察动物各部位的细节。教师借助动物解剖虚拟仿真实验教学系统，可以通过 VR 进行教学，学生通过手机、电脑等智能设备进入交互式环境，能够更快观察并掌握信息，不用担心由于实验标本数量不够而导致实践不充分。害怕动物解剖过程的学生也可在动物解剖虚拟仿真实验教学系统中进行虚拟解剖。师生免受携带传染病的动物尸体的危害。

2. 在医学教学和培训中的应用

在医学教育和培训方面，医生见习和实习复杂手术的机会有限，而在虚拟仿真教学的虚拟空间中模拟出人体组织和器官，可以使医生反复实践不同的模拟操作，并能体会手术刀切入人体肌肉组织、触碰到骨头的感觉，从而更快地掌握手术要领。主刀医生在手术前也可以建立一个患者身体的虚拟模型，在虚拟空间中先进行一次手术预演，这样能够提高手术的成功率。

（三）虚拟仿真教学的优势

虚拟仿真教学具有高度还原性、高度安全性等优点。将 VR 引入实验教学，可以构建高度仿真的虚拟实验环境和实验对象，实现实验过程的三维可视化，并且使用者可以随时随地通过网络虚拟环境开展实验，进行模拟，掌握实验步骤，明白操作过程和注意事项，从而降低正式实验的出错率，减少实验动物的不必要损耗，加快实验速度，使更多学生在有限时间内完成实验项目，提高课堂效率。此外，虚拟仿真教学由于不受标本、场地、时间等诸多因素制约，可使教学活动根据需要进行，在减少教学费用投入的同时，取得良好的教学效果。

虚拟仿真教学具有信息化技术特征，不仅使教学内容丰富多彩，突破传统教学方式的诸多局限性，高度仿真实验环境，而且具有完善管理、交流和考试的功能，可以配合"云平台"形成"线下＋线上"教学模式，变革传统教学形式，让师生之间、学生之间能无缝沟通交流，提高学习效率。教师方便对学生的学习状况进行考核，数字化的考核方式更加灵活、方便、高效。

第三节　替代动物研究教学改革与实践

一、毒理学教学实验的改革

（一）背景

"毒理学基础"作为预防医学的专业基础课，是一门具有极强的理论性、实践性和应用性的课程，其中动物实验是毒理学的主要研究方法，在毒理学教学中占据重要地位。但毒理学实验一般需要数量较多的动物，花费较高，涉及动物染毒的实验周期往往较长，场地要求较高。

（二）改革方案

1. 明确教学目的

毒理学基础实验教学的目的包括：①验证和深化理论知识；②让学生初步认识实验动物，学会基本实验技术和实验方案设计；③增强学生观察、分析和解决问题的能力。

2. 基于"3Rs"原则的教学改革

（1）替代教学方案。

1）在"实验动物染毒方法和生物材料制备"与"小鼠骨髓嗜多染红细胞微核实验"等实验项目中，充分利用图片和视频形式的实验动物数据资源，借助多媒体技术制作PPT课件。

2）对于实验周期长、使用动物数量多或实验过程极其烦琐的实验项目，如"微粒体制备及混合功能氧化酶活性测定"实验项目，借助计算机技术，提供虚拟仿真实验教学资源，构建虚拟仿真实验教学网站平台，实现教学手段多样化。

（2）调整和优化实验项目方案。

1）将原本单独开设的"实验动物生物材料采集""小鼠骨髓嗜多染红细胞微核实验""小鼠精子畸形"三次实验课，通过优化实验设计和流程整合为一次课程。

2）将"邻苯二甲酸二（2-乙基）己酯（DEHP）毒性实验"由验证性实验改为探索性实验。指导学生检索DEHP相关毒性作用文献，使学生发现DEHP是环境内分泌干扰物且具有生殖、发育毒性和致癌作用，然后引导学生针对DEHP的毒性作用特点，分析和提出一些小的科学问题，并设计相应的解决方案。

（3）教学效果评估。

1）微核图片图册、动物染毒方法和生物材料制备视频资料，使学生快速掌握实验基本操作，帮助学生熟练使用显微镜进行观察，激发了学生的兴趣。

2）学生对新开设的虚拟仿真课程兴趣浓厚，表现积极，教学效果良好。

3）调整和优化实验项目后，实验动物数量仅为传统课程用量的三分之一。

4）"DEHP毒性实验"与"小鼠精子畸形实验"合并，不仅减少了实验动物用量，而且在完成既定教学任务的基础上，让学生初步了解科学研究的一般过程，明白了毒理学中实验项目和方法的系统设计原则，懂得了阳性对照和阴性对照的设计意义。

二、围手术期心脏超声模拟的教学改革

超声模拟人技能操作训练系统可帮助学员掌握常规超声扫查技巧以及超声常见疾病的诊断方法。传统超声专业人员的技能培训是通过教师指导学员上机检查患者来进行，由于超声检查涉及患者隐私，如乳腺超声检查、阴道超声检查，加上临床需求量和工作量不断增加，学员培训时间很少。同时，学员由于缺乏相关经验，容易漏诊、误诊，增加患者负担。为缓解上述矛盾，促进理论与实践相结合，越来越多的超声规范化培训基地引进超声模拟人技能操作训练系统对超声专业人员进行规范化培训。

（一）背景

围手术期心脏超声模拟教学是围手术期医学发展的重要支持，可以培训心脏和大血管结构及功能的超声监测技能，重建围手术期患者的心脏模型，有利于急诊、麻醉、重症、心脏内科、心脏外科、心脏超声等专业的医护人员开展多学科协作。大动物经食管超声检查、超声引导下的有创操作是相关动物实验教学的主要方法，其目的是使学员熟悉有创操作和掌握心脏解剖。大动物实验具有操作复杂、成本高昂、重复性差等缺点，难以满足日益增长的教学需要，不符合动物福利准则要求。

（二）改革方案

1. 明确教学目的

围手术期心脏超声模拟教学的目的包括：①重建心脏解剖模型，掌握心脏解剖和结构间毗邻关系，熟悉心脏血流动力学特点，为学习心脏超声切面打下解剖基础。②学习超声探头及其引导下的安全临床操作，通过反复练习标准切面，熟练获取问题切面，快速建立超声心动图空间感，熟悉超声探头、切面、穿刺针、靶区之间的空间位置关系。③通过以问题为中心的病例讨论，按照"4定"（定时、定位、定量、定性）原则分析超声图像，建立临床决策思维能力。

2. 基于"3Rs"原则的教学改革

（1）替代教学方案。

1）通过人道方式获得的离体猪心替代活体猪心。在稳定和清晰的学习环境中，讲解操作步骤和临床解剖知识。

2）通过超声断层解剖数字人替代猪心解剖，整合数字人和3D打印心脏模型及典型案例和图片，逐步替代心脏解剖课。

3）通过经食管超声心动图模拟器替代大型动物实验探头放置练习，减少不合理动物操作，优化临床教学实践。

4）同步使用无线掌上超声与超声断层解剖数字人教学，利用超声断层解剖数字人影像的可读性，降低相关超声解剖的学习难度，实现知识迁移，避免动物实验教学的重复性差。

5）借助APP、微信小程序、电脑软件和网站主页等，将可视化图像平台化，使经

验性操作精确转化为规范操作流程，强化在线考核，缩短学习曲线，减少动物实验教学，让影像学习触手可及。

6）借助"宋式线性思维导图"，理解心脏三大功能（通道功能、泵功能和储血功能），掌握解剖异常和血流动力学改变之间的关系。

7）使用维思模围手术期心脏超声模拟教学设备学习探头的安全操作，通过反复练习帮助学员记忆标准切面，熟练获取问题切面，快速建立超声心动图空间感。

8）联合无线掌上超声和数字人理解心脏超声术语，使用"同步断层解剖及超声影像教学方法"进行心脏切面扫查操作训练，帮助学员快速理解基本切面和心脏解剖知识。

9）将超声设备和书本上的影像学知识以思维导图的方式转化为规范化、流程化、智能化、信息化的可视化平台，如华西维思模共享教室和相关教学软件平台。

10）形成以术中心脏超声（Intraoperative Echocardiography，IE）团队为中心的问题导向式教学，以循证指南为依据，强调多学科协作在心脏超声诊断中的作用。

（2）教学效果评估。

1）利用超声断层解剖数字人和经食管超声心动图模拟器等设备进行教学效果评估，在考核方案中融入 3D 打印心脏模型和"宋式线性思维导图"，考核重点是学生是否能快速理解并掌握心脏解剖和血流动力学基础，重建心脏大血管病理生理的形象思维模型。

2）利用无线掌上超声、TEE 图像小程序、华西维思模共享教室和华西围手术期经食管超声心动图（TEE）培训联盟教学网站等平台，考核学员是否快速掌握超声探头操作基本要领，是否掌握眼、手、脑协调一致的技能，是否将图像、解剖和操作关键点完美融合。

3）猪心解剖课程逐步转型为非动物化教学，猪心使用量明显减少，不仅节约了教学成本，还降低了操作复杂度，优化了模拟教学方案。

4）无害化、可重复、先进智能的可视化实验教学充分调动了学员的学习热情，进一步加速了虚拟仿真教学和替代动物教育发展。

5）以 IE 团队为中心的学习模式的创新，更有利于培养临床团队协作能力，引导实验教学向临床实践深入蜕变。

三、四川大学开设本科生选修课"替代医学动物研究与卫生技术评估前沿"

自 2016 年起，四川大学华西医院卫茂玲老师两次赴奥地利参加欧洲替代动物检测协会（European Society for Alternatives to Animal Testing，EUSAAT）大会并做专题发言交流。自 2019 年起，在四川大学华西医院的支持下，EUSAAT 秘书长、德国柏林自由大学的赫斯特·斯皮尔曼（Horst Spielmann）教授和时任国际卫生技术评估协会（Health Technology Assessment International，HTAi）主席的伊纳济·古铁雷斯－依巴鲁泽（Iñaki Gutiérrez-Ibarluzea）博士等担任四川大学开设的本科生选修课"替代医学动物研究与卫生技术评估前沿"的主讲教师，以培养学生替代动物研究与卫生技术评估的思维理念与价值观，促进替代动物研究与卫生技术评估的发展、应用和传播。具体请参见本书相关章节内容及附录。

第四节　展望

"3Rs"原则提出 60 多年来，实验动物替代技术在科学、社会和法规的多重推动下取得了显著进步。随着新技术、新方法的发展，我国替代动物研究教学资源面临着新的发展机遇。

一、后疫情时代为替代动物研究网络教学资源建设提供了新的契机

新冠肺炎疫情对全世界医学教育的发展提出了新的挑战，在信息化教育技术、人工智能、5G 技术的合力之下，线上教育不再是传统教学的配角，线上与线下优势互补、深度融合、切换自如的新模式已形成。尤其在正常的教学秩序被打乱的情况下，网络教育资源在提高教学质量、挖掘优质教育资源、发挥学习主动性和积极性等方面起着重要作用。系统性、规范性、开放性和可扩展性的资源建设理念，使网络教育资源建设更加科学和可持续发展。联盟化是网络教育资源的发展趋势。学生在进行解剖学、生理学等实践类课程学习时，丰富的网络教学资源库可满足学生个性化的学习需求，提高学生学习兴趣和积极性，有效促进学科知识的融合。

二、大量新技术和新方法的应用使替代动物研究教育资源内容和形式更加丰富

现代科技发展推动了包括实验动物科学、毒理学和药学等在内的一切生命学科的变革。近年来，替代动物实验的规模和技术体系不断发展，替代技术已影响到人们的日常生活，包括药品、疫苗、生物制品、医疗器械等领域，以及化妆品、化学品和农药的安全测试。替代技术呈现多学科交叉渗透的趋势，如计算机预测、仿生材料、人类基因组、蛋白质组学、人工器官、干细胞技术、人体芯片、高通量等。这些技术深刻影响着人们的生活及对待动物的方式，不仅取代了实验动物的使用，使人类自身获益，而且极大地推进了体外科学技术的蓬勃发展和应用，实现了科技进步与伦理进步并行。可以说，新兴的现代科技赋予了动物福利新的内涵，为替代动物实验找到了实践途径，也为传统教学方式带来机遇和挑战。如何将新兴技术引入教学，提高教学质量是一个非常重要的课题。

三、加强对外交流与合作，借鉴国际替代动物研究教育资源的建设经验

西方发达国家替代动物教育起步较早，一些学术机构或组织积累了大量资源。我们应加强国际合作与交流，引进和吸收发达国家先进替代动物研究技术和人才培育经验。在全社会加强人道主义宣传，唤醒公众意识，增强对动物的同情，推动各级各类相关院校重视人性化的动物替代管理与教学方法，鼓励替代动物实验研究及培训，建立医学实验替代方法研究数据库，提供充足的替代动物教学资源，保护学生拥有选择替代解剖课的权利，支持非动物实验立法，研究人性化生命科学策略和人才培养模式，尽快在我国建立教学用替代动物实验的技术平台，并在高等院校中推广使用，结合现有先进技术，

鼓励研发其他具有创新性的替代方法，促进科研成果迅速向实践转化。

（黄玉珊　梁娟芳　姜晨　宋海波　方骥帆　牟鑫　熊伟）

【主要参考资料】

[1] 程树军，焦红. 实验动物替代方法原理与应用［M］. 北京：科学出版社，2010.

[2] 卫茂玲. 医学动物替代研究发展现状研究［J］. 中国医学伦理学，2016，29（2）：304－307.

[3] Fitzi-Rathgen J. The 3Rs and replacement methods-better research, less animal harm［J］. Alternatives to Animal Experimentation，2019，36（4）：671－673.

[4] 李红梅，胡笛. 医学信息检索与利用（案例版）［M］. 北京：科学出版社，2016.

[5] 侯振江，王凤玲. 虚拟现实技术在医学教育中的应用价值［J］. 中国医学装备，2016，11（8）：70－72.

[6] Van der Valk J, Dewhurst D, Hughes I, et al. Alternatives to the use of animals in higher education［J］. Alternatives to Laboratory Animals，1999（27）：39－52.

[7] Pawlowski J B, Feinstein D M, Gala S G. Developments in the transition from animal use to simulation-based biomedical education［J］. Journal of the Society for Simulation in Healthcare，2018，13（6）：420－426.

[8] De Avila R I, Valadares M C. Brazil moves toward the replacement of animal experimentation［J］. Alternatives to Laboratory Animals，2019，47（2）：71－81.

[9] 蒋亚君，荣蓉，刘晓宇，等. 教学中动物实验替代方法应用进展［J］. 中国比较医学杂志，2020，30（7）：133－138.

[10] Abrahamson S, Denson J S, Wolf R M. Effectiveness of a simulator in training anesthesiology residents［J］. Quality & Safety in Health Care，2004，13（5）：395－397.

[11] 王刚，孔德虎，祝延. 替代实验与医学生理学实验教学［J］. 医学教育探索，2008（12）：2095－1485.

[12] 冯潇，李臻. 虚拟仿真教学系统在胚胎学教学中的应用探讨［J］. 中国组织化学与细胞化学杂志，2018，27（6）：586－591.

[13] 区仕燕，郑艳燕，黄晓薇，等. 毒理学实验教学改革研究［J］. 基础医学教育，2019，21（8）：628－630.

[14] 王取南，赵玲俐，孙美芳，等. 毒理学实验教学中3R原则的应用探索［J］. 包头医学院学报，2020，36（7）：114－116.

[15] Song H, Tsai S K, Liu J. Tailored holder for continuous echocardiographic monitoring［J］. Anesthesia and Analgesia，2018，126（2）：435－437.

[16] Song H, Peng Y G, Liu J. Innovative transesophageal echocardiography training and competency assessment for Chinese anesthesiologists: role of transesophageal echocardiography simulation training［J］. Current Opinion in Anesthesiology，2012，25（6）：686－691.

［17］ Zhao Y，Yuan Z Y，Zhang H Y，et al. Simulation－based training following a theoretical lecture enhances the performance of medical students in the interpretation and short－term retention of 20 cross－sectional transesophageal echocardiographic views：a prospective，randomized，controlled trial ［J］. BMC Medical Educetion，2021，21（1）：336.

［18］ 黄静，谢文杰，薛恩生. 超声模拟人在超声专业住院医师规范化培训中的应用 ［J］. 临床超声医学杂志，2020，22（4）：314－315.

［19］ 谭石，苗立英，崔立刚，等. 模拟人在超声科住院医师规范化培训教学实践中的应用 ［J］. 中国高等医学教育，2019（1）：73－74.

第六章　眼科疾病的替代动物研究

第一节　概述

随着生物医学的发展，全世界每年超过 1 亿只动物被运用于科学研究、生产教学、生物检测等领域，涉及鱼类、昆虫、鼠类和非人类灵长类动物，这些实验动物为人类生命科学的发展做出了巨大贡献。随着"3Rs"原则的推广，越来越多的学者对动物福利、优化、减少动物实验进行了研究并开始寻求替代动物实验。眼科实验也逐渐出现了多种替代动物模式。例如，随着细胞组织工程学、生物材料学、基因工程学的发展，共培养模型、器官外植体模型、体外青光眼模型、计算机仿真模型等体外组织模型的发展越来越受到关注。随着计算机、数值计算理论和物理学的发展，通过数学物理模型来计算、模拟实验过程的计算机仿真建模方法正成为替代动物实验的重要研究手段。

第二节　眼科的替代动物研究模型

一、共培养模型

传统细胞培养体系多采用二维平面细胞培养模式，20 世纪 80 年代末在毒理学中被大量应用。20 世纪 80 年代后期，为建立类似体内 3D 空间环境的培养体系，使细胞间能相互接触和传递信息，研究人员运用细胞培养技术，通过对生物学支架材料的探索，在单一细胞培养的基础上建立了另一种新型替代方法，即共培养模型。

共培养模型是将两种或两种以上的细胞共同培养在同一环境中，由于其具有反映体内环境的优势，被广泛运用于现代细胞研究中。该技术多应用于骨细胞和神经细胞。3D 细胞培养模型是体外细胞培养的新技术，主要包括多层细胞模型（Multicellular Layers，MCL）和多细胞球体模型（Multicellular Spheroids，MCS）。作为体外培养的细胞模型，因具备原细胞组织的特性及 3D 立体结构，不仅可以阐明药物在细胞及亚细胞水平的摄取、分布、代谢等动力学过程，而且可以模拟在体组织的生理状态和特异性微环境。

3D 细胞培养模型通过悬浮培养建立，以避免与塑料培养皿直接接触，可以使用支架或无支架技术来实现。支架可由天然水凝胶（通常由细胞外基质和蛋白质构成）、合成水凝胶或功能化的蚕丝构成。最常用康宁基质胶（Corning Matrigel），这是来源于细胞外基质的天然水凝胶，已广泛运用于各种体外和体内 3D 细胞培养中。这种重构的基底膜提取自 EHS（Engelbreth－Holm－Swarm）小鼠肉瘤，含有基底膜中所有常见的细胞外基质分子（包括层纤连蛋白、Ⅳ型胶原、肝素硫酸蛋白聚糖和巢蛋白），类似细胞外环境，为细胞提供结构支持和细胞外基质信号。对于无支架技术，细胞通过重力和表面张力悬浮在平板上的特定培养基液滴中培养，也可以通过"气－液界面"建立类器官的 3D 结构。在这种情况下，细胞在最初浸没于培养基中的成纤维细胞或基质胶的基底层上培养，培养基逐渐蒸发并将上层细胞层暴露在空气中以允许极化和分化。

类器官是指在体外 3D 环境中生长的细胞，形成组织并分化成功能细胞类型的细胞簇，具有体内器官的结构和功能，因此，也称为微型器官。类器官正在成为许多生物医学研究的主流细胞培养工具之一。类器官的广泛组织类型、长期扩张能力和生理 3D 结构使其成为生物学和临床的强大新技术。类器官可以从多能干细胞或成体干细胞、祖细胞中产生，形成具有适当细胞和组织的 3D 结构，并表现出不同的组织特异性细胞类型的细胞功能，这些特性在以前单一细胞的 2D 细胞培养系统中难以实现。2D 细胞系通常被认为是非生理性的，因为它们大多是永生的，缺乏组织结构和复杂性。类器官已用来模拟角膜、晶状体和视网膜等眼睛组织。

（一）角膜类器官

角膜是眼睛最外层透明的一层，约占眼球外壁的六分之一，是眼睛大部分屈光力的来源，因此对视力特别重要。角膜大部分由胶原细胞外基质层组成，外层是角膜上皮细胞，内层是角膜内皮细胞。在此介绍两种方法构建角膜类器官：一种是采用组织工程技术在体外构建人类角膜。步骤如下：首先，从人角膜分离角膜细胞和成纤维细胞，并先放置于细胞培养箱培养。通过含有成纤维细胞的胶原凝胶培养上皮细胞来重新获得重建的人工角膜。经过检验，这种体外组织工程人类角膜具有角膜类似的组织学成分，为进一步进行角膜生理、毒理和药理学研究提供了工具。另一种是将诱导性多能干细胞（Induced Pluripotent Stem Cells，iPSCs）用来制备角膜类器官。iPSCs 是指由体细胞诱导而成的干细胞，这种干细胞具有如同胚胎干细胞一样的持续增殖能力，而且可以分化为各种细胞。具体操作：通过导入特定的转录因子将终末分化的细胞重新编程为多能干细胞。然后，通过复杂的诱导分化，最终产生角膜类器官。这些类器官具有发育中的角膜特征，包含上皮细胞、基质细胞和内皮细胞。此外，构成角膜基质的关键成分（细胞外基质胶原和蛋白多糖核心蛋白）也存在于类器官中。角膜类器官可用于疾病建模、药物筛选甚至角膜移植。

（二）晶状体类器官

随着干细胞技术的发展，各种来源的干细胞可以在体外分化为晶状体。第一类是 iPSCs 来源的晶状体类器官。研究人员首先收集患者尿液中的细胞，用 4 个慢病毒转导将人尿中细胞变成诱导性多能干细胞，再运用"荷包蛋法"诱导其分化为晶状体祖细胞和类晶状体。具体而言，头蛋白对骨形成蛋白（BMP）信号的抑制触发了尿诱导性多能干细胞向神经外胚层分化。随后 BMP 再刺激和成纤维细胞生长因子（FGF）信号激活促进了晶状体祖细胞的形成。在成纤维细胞生长因子 2（FGF2）和 Wnt 家族成员

Wnt-3a 存在的情况下，在培养皿中形成了晶状体。第二类是胚胎干细胞来源的晶状体类器官。胚胎干细胞是早期胚胎或原始性腺中分离出来的一类细胞，具有分化为体内所有细胞的潜质。与 iPSCs 相比，胚胎干细胞需要破坏胚胎，具有伦理学问题。研究人员采用"三阶段培养法"将人胚胎干细胞诱导为人晶状体上皮细胞的球团，然后大量产生能聚光的微型晶体。第三类是晶状体干细胞来源的晶状体类器官。近年来，晶状体自体干细胞的发现为晶状体体外再生增添了新的种子细胞。例如，中山大学团队分离出了哺乳动物的晶状体上皮干细胞，为研究晶状体自体干细胞增殖为晶状体的潜能，研究团队采取了新的撕囊方法。

（三）视网膜类器官

随着干细胞技术的发展，干细胞生成视网膜细胞的技术越来越成熟。原发性视网膜色素变性（Retinitis Pigmentosa，RP）是世界范围内致盲的主要原因，目前仍无法治愈，是一组以进行性感光细胞及色素上皮功能丧失为共同表现的遗传性视网膜变性疾病。临床表现为夜盲症、视野进行性收缩、视力逐渐降低和眼底退行性改变。相关视网膜类器官制备过程如下：研究人员从 RPGR 基因变异患者尿液中分离尿细胞，然后产生 iPSCs。iPSCs 先在温和缓冲液中形成胚状体，然后转移到神经诱导培养基中，使用针头分离透明神经上皮囊，并在视网膜成熟培养基和视黄酸中培养，最后去除视黄酸。实验表明，视网膜类器官具有电生理特性，但其光感受器在形态、转录谱和电生理活性方面具有显著缺陷。

二、器官外植体模型

器官外植体模型是一种体外技术，将器官或小的器官切片在体内切除，并使用专门的培养基、培养基质和培养气体，将其在体外培养。大的器官可以分成很多小器官进行研究，因此节约了实验动物数量，符合"3Rs"原则。由于器官外植体保存了器官的组织细胞结构，可以再现发生在机体上的情形，为研究细胞损伤、细胞分泌、细胞分化和组织结构发育等病理生理机制提供了重要信息。

角膜外植体是将动物的角膜取下，分成多份，然后进行体外培养。以猫的角膜外植体为例，猫被安乐死后，立即取下其眼球，用含有 2% 抗生素的无菌磷酸盐缓冲液冲洗后冷藏于 4℃ 冰箱。然后，沿着距离角膜缘约 5mm 的巩膜，使用无菌手术刀和剪刀取下角膜，摘除虹膜和晶状体。接着，角膜上皮朝下放置于无菌陶瓷板上，在角膜和巩膜形成的空腔中填充 1% 琼脂糖溶液，其中添加了葡萄糖、谷氨酰胺和丙酮酸钠，这样可以为角膜提供支撑，维持角膜正常的 3D 结构。最后将剪成小块的角膜上皮朝上，放置于 12 孔板内，加入角膜培养液。

三、体外青光眼模型

（一）体外高静水压模型

绝大多数青光眼患者眼压为 20～35mmHg。能让静水压力升高是在体外成功建立青光眼高眼压模型的金标准。此外，体外高静水压模型（Elevated Hydrostatic

Ressure，EHP）应该能模拟人类青光眼和动物模型中眼压的变化，探索在压力下视网膜神经节细胞的改变。为实现稳定和可调节的静水压力，研究人员定制了一个压力室，运用气压阀门控制器提供 0～200mmHg 的恒定静水压力，然后将视网膜神经节细胞暴露于升高的静水压力下。压力室的入口是含有 5％ CO_2 和 95％空气的储气罐，为实验提供高静水压力。研究表明，视网膜神经节细胞接触 30mmHg 静水压力 72 小时便会产生氧化应激，随之线粒体被损害，细胞 ATP 减少。不仅是视网膜神经节细胞，更复杂的组织，如视网膜器官培养物也可以使用 EHP 来研究。视网膜器官培养物在暴露于70mmHg 4 小时后会发生压力诱导下的视网膜神经节细胞死亡。此外，研究表明，在原发性开角型青光眼中，有的患者虽然眼压正常，但昼夜间眼压大幅度波动依旧可以造成青光眼病理改变。EHP 可将细胞暴露于波动的压力下，提供与临床相近的情景。

（二）离心力模型

离心力模型通过施加离心力，建立高眼压模型。该装置包括提供离心力的旋转容器、电源、培养瓶托盘和控制单元。对照组在标准培养箱中常压培养。结果发现，离心力模型造成的离心力显著降低了视网膜神经节细胞的存活率。

（三）青光眼 3D 小梁网模型

3D 模型，即让特定细胞长在 3D 微环境中。特征是有供细胞生长的孔隙，呈蜂窝状。人类小梁网是一种复杂的 3D 结构，由小梁网细胞及其相关细胞外基质组成。因为小梁网结构和功能的改变在青光眼的发病过程中起着重要作用，所以目前的青光眼体外3D 模型主要是 3D 小梁网模型。基于小梁网的形态和生理学知识，选择环氧树脂微孔膜作为支架，可以产生与体内小梁网一样的流动特性。小梁网细胞在支架上长 14 天后，放入一个独立灌注室，测定 3D 小梁网模型对灌注液的流动阻力。通过该模型，可以了解青光眼调节房水外流的病理生理特征，也可用于筛选青光眼相关药物和生物制剂。

四、计算机仿真模型

计算机仿真模型用计算机程序或软件对人体生物、化学系统进行模拟，是替代动物实验的主要方法之一。在过去 30 多年里，计算机仿真模型已成为科学与世界互动的主要工具。传统动物实验存在动物模型制造困难、研究成本高、实验周期长、影响因素多、伦理风险、人体差异等难点，动物实验研究存在较大局限性。计算机仿真模型通过构造一个与真实系统具有某些相似特性的模型，利用系统模拟实验操作达到实验目的，具有明显优势。随着计算机技术和数值计算理论的发展，计算机仿真模型在预测精度及使用度上均有很大提高，逐渐成为替代动物实验且运用于多学科的一种重要医学研究手段。人眼的解剖和生理特性使眼科学生物实验的活体直接检测存在一定难度。

眼科学研究计算机建模主要包括几何形态建模、物理建模、教学建模等。①几何形态建模：构建具有眼部组织结构 3D 特性的模型，模型建立方法因关注的是整个眼球、眼球外围组织或眼内局部组织而异。②物理建模：将眼组织形态模型离散化，通过设置眼部组织的物理属性以建立人眼的物理模型。对物理模型施加载荷和约束条件，即可运用有限元分析方法分析人眼的受力、温度场等特性。③教学建模：对于与眼的形态结构关系不太密切的眼功能，往往通过数学模型进行分析。根据有限元分析方法的基本特点，计算机建模在眼科学研究中的应用主要集中在眼及其附属组织的生物力学特性和生物热传导特性的分析上。按照建模关注的是整个眼球、眼球外围组织或眼内局部组织，建模可以分为对整个眼球及外围组织的建模和对眼部某单一组织的建模。

第三节　眼科疾病替代动物模型的案例

一、共培养模型的运用

（一）角膜共培养模型的运用

角膜疾病是临床常见的疾病，也是严重的致盲性眼病。对于严重的角膜疾病患者，角膜移植仍是唯一有效的治疗办法。由于角膜供体严重缺乏、术后免疫排斥反应等问题，急需构建体外角膜组织材料。3D角膜共培养模型是目前的研究热点，主要体现在角膜基质培养、人工生物角膜等方面。Schulz等建立了基于3D细胞的胶原蛋白支架的共培养模型。该支架由永生化角膜角质形成细胞与渐进的角膜源性活体细胞微环境相结合，以及单独的永生化基质成纤维细胞（非整体）或成纤维细胞和永生化内皮细胞（整体）组成。该实验提示，天然组织形成细胞实体的相互作用，对平衡角膜上皮形态发生非常重要。此外，其还提供了整体细胞微环境的证据，作为开发体外工程角膜上皮组织等效物的先决条件，表现出组织内稳态生物标记物的常规外观。这类等效物将成为眼科领域有希望的工具，用于基础研究、仿制药测试或创新角膜定制生物材料的临床前验证，以实现再生策略。

干眼症是一种复杂的眼表疾病，涉及泪膜功能障碍，影响全球数百万人，对生活质量产生重大影响，其确切发病机制尚未完全阐明。对于干眼症的治疗评价和发病机制研究，Lu等建立了眼表体外3D共培养模型。该模型由兔结膜上皮和泪腺细胞球体组成，涵盖泪膜的黏蛋白层和水液层。通过采用杯状细胞富集和3D球体形成技术，研究了两种细胞类型的培养条件，以优化其分泌功能。两种细胞成分的共培养导致泪液分泌标记物的分泌增加和表达增加。该研究比较了几种共培养模型，发现两种细胞类型之间的直接细胞接触显著增加了泪液分泌。研究者在此共培养模型中诱导炎症以模拟干眼症，并将其对治疗的反应与单一培养进行比较。此外，该模型还可以建立在微流控装置上，更精确地控制两种细胞类型之间的相互作用。该模型可以有效模拟健康眼表和干眼眼表，为眼表的病理生理学研究以及干眼症新疗法的发现提供一个新的平台。

眼表模型共同培养了结膜上皮细胞和泪腺细胞。与单细胞培养模型相比，复杂的3D角膜共培养模型在体外是更可靠的干眼模型，因为它提供了对治疗的生理相关反应，能准确评估治疗效果。为了进一步分析和改进模型，可以控制湿度和空气流速以更准确地模拟干眼症。Seo等开发的类器官芯片将角膜和结膜结构集成在一个平台，并与眨眼的眼睑连接。该装置由7~8层上皮细胞（类似体内条件）以及一层表达基底细胞特异性标记物（P63）的细胞组成，结膜包含多个上皮层，可显示关键生化标记物的表达，更重要的是，该组织可产生黏蛋白。他们开发了一种带有泪液过量引流系统和眼睑模拟物的穹顶状支架，可模拟人的眨眼及泪膜动力学。通过将闪烁频率从每分钟 12 次降低到 6 次，并调整环境湿度，模拟蒸发干眼模型以捕获干眼的机械和生化特征。这些结果非常有希望为其他眼表疾病的基于芯片的模型开发奠定基础。因缺乏免疫系统和血管系统，尚无法完全模拟干眼的复杂机制。这类模型芯片主要用于药物动力学研究和临床前药物评价。

目前很少有 3D 体外组织模型用于研究角膜神经支配、疼痛反应以及角膜组织的物理和结构变化。全面模拟人类角膜的解剖结构、力学特性和细胞成分的角膜组织模型更加符合人体角膜组织的生理特性，具有功能性神经支配的体外组织模型有可能取代活体动物实验，并为研究眼部伤害感受提供先进工具。因此，在生理相关培养条件下生长和维持的由神经支配的 3D 人类角膜组织一直是研究伤害相关反应的重点。Lwigale 和 Kubilus 等使用鸡胚的三叉神经节与植入胶原基质的胚胎角膜，在添加神经生长因子的培养基中共同培养。每种培养物由一个角膜组成，角膜上皮朝上放置在胶原中，两个半神经节放置在角膜的对侧 1～2mm 处。这种共培养模型允许角膜内的神经突触直接接触，同时加入分泌或锚定在细胞膜上的调节因子。Canner 等运用该体外模型研究瞬时电位离子通道对刺激的反应，显示出在表达水平和时间方面对体内设置的可比反应。然而，该模型中神经节内的所有神经元都可能与移植的角膜相互作用，而在体内，只有一部分神经元会支配角膜组织，因此，缺乏与角膜组织的选择性相互作用可能会改变体外组织中的神经元反应。最近，有研究建立包括基质、上皮和神经支配的角膜组织模型。Ghezzi 和 Gosselin 等以薄丝蛋白膜的多层结构作为支撑角膜上皮和基质层的支架，周围的丝质多孔海绵用于在 3D 环境中培养皮层神经元。Wang 等在气-液界面共培养中加入三种细胞类型以研究神经支配和角膜组织发育、角膜疾病和组织对环境因素的反应，为体外角膜组织工程领域提供了重要进展信息。Priyadarsini 等回顾了体外培养神经支配角膜组织模型的进展，包括依赖角膜成纤维细胞产生角膜外基质的自组装基质模型以及分化为神经元谱系的骨髓源性神经母细胞瘤细胞系 SH-SY5Y。总之，应用基于人体的体外模型来研究眼表稳态条件及疾病状态下神经对刺激的反应，将为发现与慢性疼痛的发生和进展相关的新生物标记物提供大量机会，促进针对感觉神经的新型镇痛剂的发现。

虽然体内研究可提供糖尿病神经病变的准确生理细节，但系统复杂性可能不利于研究葡萄糖应激下细胞死亡或存活所涉及的短暂分子事件。因此，使用更受控的体外模型可能能规避这些问题。尽管到目前为止已经探索了不少模型，然而鉴于疾病的普遍性和缺乏适当模型，临床已经出现了为糖尿病研究建立准确的组织模型的需求。Deardorff 等开发了一种新型的神经支配 3D 角膜组织模型，该模型支持角膜上皮和基质层在体外持续共培养，并以致密神经分布于上皮。该团队研究了长期高血糖对角膜内神经变性的形态学和功能影响，对过去体外可视化糖尿病神经病变的方法有显著改进，并提出一种研究周围神经系统内糖尿病相关并发症的新方法。此外，这种体外组织模型模仿高血糖对角膜神经支配的影响，表明该生物工程系统在更广泛的慢性神经功能障碍研究中具有潜在应用价值。

（二）晶状体类器官的运用

研究人员通过 iPSCs 得到晶状体类器官。得到的晶状体类器官外形和透明结构与人体内晶状体类似，并且表达晶状体特异性标志物。显微镜下可见晶状体类器官上皮细胞和成熟及未成熟的纤维样细胞。光学分析发现产生的晶状体类器官具有 1.73 倍的放大能力。研究人员接着运用此法获得的晶状体类器官研究先天性白内障的发病机制。从健康个体和 *CRYBB2*（*Q155X*）或 *CRYGD*（*P24T*）突变的先天性白内障患者中收集尿细胞，然后转换为晶状体类器官。实验发现，基因突变患者来源晶状体类器官较早出现不透明，β-晶状体蛋白在 *CRYBB2* 突变的晶状体类器官中显著降低，在 *CRYGD* 突变的晶状体类器官中 γ-晶状体蛋白也降低。*CRYBB* 突变和 *CRYGD* 突变晶状体类器官的不溶性/可溶性蛋白比率分别是正常人晶状体的 1.97 倍和 2.39 倍。此外，研究人员用体外已获得的晶状体类器官建立体外紫外线和过氧化氢损伤白内障模型。然后用光学显微镜观察晶状体类器官形状、颜色的变化，用免疫荧光和透射电镜观察其结构和晶状体类器官蛋白表达。结果显示，诱导性多能干细胞来源的晶状体类器官随着时间推移变得混浊，并伴有蛋白质聚集，过氧化氢加速该过程。此外，紫外线处理体外晶状体类器官时，晶状体类器官很容易被破坏。运用胚胎干细胞获得的晶状体类器官的上皮细胞表达和微型晶状体的形态、细胞排列、mRNA 表达与人晶状体相似。该方法可研究后发性白内障及各种原发性白内障的病因、病理改变及抗白内障药物。

（三）视网膜类器官的运用

USH2A 基因突变是常染色体隐性 RP 的常见原因。研究人员利用患者角质细胞产生 iPSCs，并诱导分化为具有人视网膜前体细胞特征的多层眼杯状结构。患者来源的视网膜前体细胞有能力整合到发育中的小鼠视网膜，并形成可识别感光细胞。该模型证明了患者的基因突变可造成感光细胞变性。

Yuan 等以体外共培养模型研究中晚期糖基化终产物对内血-视网膜屏障的影响。晚期糖基化终末产物（Advanced Glycosylation End Products，AGEs）是一种可损害内血-视网膜屏障（Inner Blood-retinal Barrier，iBRB）的有害因素。分离培养大鼠视网膜微血管内皮细胞（Retinal Microvascular Endothelial Cells，RMECs），并用抗-CD31 抗体和血管性血友病因子多克隆抗体进行鉴定。同样，大鼠视网膜 Müller 胶质细胞（Retinal Müller Glial Cells，RMGCs）采用 HE 染色以及胶质纤维酸性蛋白和谷氨酰胺合成酶抗体鉴定。采用微电阻系统测量跨上皮电阻（The Transepithelial Electrical Resistance，TEER），观察屏障的泄漏情况。使用 Transwell 细胞板将 RMECs 与 RMGCs 共培养，建立 iBRB 模型，然后加入终浓度为 50mg/L 和 100mg/L 的 AGEs 进行 24 小时、48 小时和 72 小时的检测。该实验在体外成功建立了 iBRB 模型，通过间接测量 TEER 观察到 iBRB 的通透性变化，并用 AGEs 处理模型以模拟 iBRB 损伤并检测血管内皮生长因子（Vascular Endothelial Growth Factor，VEGF）和色素上皮衍生因子（Pigment Epithelial Derivative Factor，PEDF）的变化。研究表明，VEGF 增加，PEDF 减少，无论是剂量依赖性还是时间依赖性方式，在共培养模型中存在 AGEs 的情况下，VEGF 和 PEDF 的平衡丧失。TEER 显示的渗透率增加，取决于 AGE 干预的剂量和时间，所以 VEGF 和 PEDF 的不平衡可能是 RMEC 层渗透率变化的重要原因之一。因此，由 RMEC 和 RMGC 共培养构建的体外 iBRB 模型可用于研究视网膜血管疾病（如糖尿病视网膜病变）的发病机制，以评估候选药物的影响，但体内相关测定仍然必要。

二、器官外植体模型的运用

（一）晶状体外植体

眼睛的晶状体是一个扁平的球体，光线必须通过它才能进入视网膜，然后形成视觉。白内障导致晶状体透明度丧失，是全球失明和视力损害的重要原因。导致白内障的原因很多，如紫外辐射、遗传疾病、高血压、糖尿病、环境毒素、自由基和类固醇药物等。目前还无公认的药物可抑制年龄相关性白内障形成。晶状体外植体的成功制备可使研究者更多地了解白内障。

晶状体外植体制备好后，将这些取下的晶状体用激素强的松孵育，制备早期皮质性白内障模型。对照组添加维生素 E，以此方法，研究人员验证了维生素 E 可通过保护晶状体避免氧化损伤来预防激素导致的晶状体体外白内障。为评估神经生长因子在木糖性白内障中的作用，研究人员取下大鼠晶状体，然后在培养基中添加木糖，诱导产生白内障。结果发现，晶状体上皮表达神经生长因子，且木糖导致的白内障模型中神经生长因子含量降低。晶状体上皮细胞沿后囊的异常扩散是糖皮质激素性白内障发生的基础。研究人员通过建立大鼠晶状体外植体模型，评估地塞米松对晶状体细胞增殖及扩散后囊能力的影响。结果显示，在碱性成纤维细胞生长因子存在的情况下，地塞米松能促进细胞增殖和后囊覆盖。

（二）视网膜外植体

糖尿病是一种由异常高血糖水平引发的内分泌系统疾病。糖尿病视网膜病变（Diabetic Retinopathy，DR）是糖尿病常见的并发症之一。DR 早期病理过程是非增殖性视网膜病变，病理改变为视网膜血流和血管通透性改变、基底膜增厚、周细胞缺失和无细胞毛细血管形成，视野检查可见微动脉瘤、静脉串珠和视网膜内微血管异常。随着缺血加重，会发展为增殖性 DR。此时新生血管形成，血管脆，容易出血。一旦出血机化，对视网膜产生牵拉会导致视网膜脱离，有失明风险。建立 DR 的动物模型耗费时间，且个体差异大，动物也会比较痛苦。而体外细胞模型不能再现神经元细胞之间复杂的相互作用，因此需要建立视网膜外植体模型。视网膜外植体制备好后，对其进行高糖培养，模拟 DR。研究表明，模拟的糖尿病条件直接导致神经元细胞和光感受器细胞死亡，锥细胞比较容易受到糖尿病影响。神经保护是 DR 治疗中的靶点。研究人员用视网膜外植体制备 DR 模型，然后用神经保护剂奥曲肽研究神经保护对 DR 的影响。结果显示，保护视网膜神经元可减少 VEGF 的释放，而抑制 VEGF 则会加剧细胞凋亡。因此，从长远来看，神经保护剂可以减少视网膜生成 VEGF 的需要，限制病理性血管生成的风险。

DR 的发生发展与慢性炎症密不可分，炎症小体通路是先天免疫系统的关键部分，在 DR 的病理过程中起着重要作用。为研究连接蛋白 43 半通道阻滞剂对炎症小体的抑制作用，研究人员将视网膜外植体置于高糖、促炎因子白细胞介素－1β 和肿瘤坏死因子 α 培养环境中。结果表明，连接蛋白 43 半通道阻滞剂可以组织炎症小体 3 聚集，作为 DR 潜在的治疗药物。也有研究者关注 DR 早期生化和神经化学变化，将视网膜外植体置于高糖、促炎因子白细胞介素－1β 和肿瘤坏死因子 α 培养环境中。结果显示，暴露于炎症环境会影响视网膜能量代谢，炎症因子升高了视网膜葡萄糖、乳酸和 ATP 水平，降低视网膜谷氨酸水平，提示预防炎症对 DR 患者至关重要。除了炎症，氧化应激在 DR 中也起着重要作用。氧化应激可触发 VEGF 表达和释放，而 VEGF 的增加会导致新生血管产生。研究人员将视网膜外植体与 VEGF、双氧水或血管内皮生长因子抑制剂共孵育，然后发现双氧水和 VEGF 均可诱导 VEGF mRNA 显著升高，双氧水也引起 VEGF 释放。新生血管对 DR 的发生发展至关重要，此研究为 DR 中抗氧化应激提供了理论依据

三、计算机仿真模型的运用

目前，计算机仿真模型已运用于各类眼组织结构。Hanna 等于 1989 年创建了一个涉及角巩膜缘的弧形和放射状切口的计算机仿真模型，以研究切口对角膜形状变化的影响。计算机强大的计算能力结合高速运动摄影，通过运动分析与冲击力测量，为理解眼外伤机制提供了深入途径。了解眼外伤的最新步骤主要是有限元分析，这是一种用于获得工程问题近似解的数值分析技术。有限元分析最早出现在 1960 年，现在是一种公认的工程工具。Uchio 开发了眼球的模拟模型，并研究了导致眼内异物损伤的物理和机械条件。弗吉尼亚理工大学－威克森林损伤生物力学中心创建了一个眼睛的非线性有限元模型，并通过实验验证预测眼球破裂。Stitzel 等发表的关于老龄眼钝性损伤的文章扩展了该模型，以研究因老龄化而增加的晶状体硬度对车祸中眼睛受伤概率的影响。Fülep 等提出了一个完整的视觉训练模型，根据眼睛的物理特性来估计个体的视力。该模型考虑了眼睛的光学、神经传输、干扰及识别过程。Fink 等描述了一种计算机眼模型，该模型允许使用非球面表面和基于计算机的 3D 光线追踪技术来模拟人眼的光学特性和各种眼部缺陷下的视觉感知。Yu 等通过视网膜神经纤维层进行性丢失的计算机仿真模型，比较了事件分析和趋势分析在检测青光眼进展中的性能。Stay 等开发计算机仿真模型来描述从玻璃体内控制释放源释放的药物的 3D 对流－扩散运输，与以前研究不同，该工作包括从玻璃体前部到后部的水性流动。眼的炎症性异常、热疗和近视眼激光手术，都需要准确预测眼组织的温度分布，而常规测量方法无法测得眼组织温度的分布情况。因此，眼组织的生物热传递性能也是计算机仿真模型中的一个热点问题。Hassani 等建立了眼组织的整体模型，利用有限元分析方法分析了人眼的生物热传递。Hung 等开发了一系列模型模拟程序来说明眼睛生长调节和近视发展的机制。

第四节　展望

分子成像、基因组学、细胞组织培养、电生理学方法及计算机工程的不断发展促进了对生命科学新模型的探索，使需要以活体动物作为实验研究对象的体内实验得以全部或部分以体外实验模型实现。

自 2009 年首次扩展成体干细胞衍生类器官以来，类器官展现了独特而强大的特性，可彻底改变模拟人类发育和疾病发生发展的传统体外模型，弥补生理学和精准医学长期存在的差距。类器官的 3D 结构和异质性能够利用空间和时间信息研究细胞谱系规格。体外类器官培养代表了一种独特的研究模式，它结合了细胞培养和动物模型的优势。通过使用器官培养物模拟体内情况，可操作多种实验变量，用于研究细胞过程、分子途径和细胞间相互作用，为探索未知病理机制和寻找潜在疗法提供机会。研究者对人类和动物类器官培养已经建立起敏感、易操作的实验系统，这些实验系统避免了动物实验所带来的伦理问题。

体外器官培养系统目前成为临床相关治疗的良好临床前测试和筛选工具。在进行体内实验之前，可对类器官培养物进行药理学筛选，以评估和优化剂量。使用优化剂量的后续动物实验将使用更少的动物，减少使用动物的痛苦，从而产生更好的数据。

目前，类器官培养仍有需要改进之处，需付出更多努力以实现标准化培养。此外，类器官培养还可与其他生物工程相结合，如微流控研究的器官芯片。目前大多数类器官模型仅用于一种器官或疾病的研究，已有少量研究在探索发展多器官模型以模拟药物转移和反应。类器官模型和工程技术结合的研究将为下一代类器官系统开辟途径，以模拟更复杂的人体生理和病理，激发其在再生医学中的潜力。

计算机眼组织建模的研究，深化了对眼组织解剖学、生理学和病理学的认识，为眼科临床研究发展提供了重要补充。然而，眼部组织的精细形态建模仍因眼部结构复杂的生理特性显得异常困难。目前，无论是单因素特性眼组织建模还是整个眼球建模，主要采取参数化建模方式，所建立模型与真实眼组织仍有较大差距，影响分析的准确性。对于眼组织模型的非线性、各向异性的物理模型构建，仍是计算机仿真模型研究在眼科领域的重要方向。在未来，结合各种眼成像技术发展所获取的生理参数，进一步结合眼组织生物力学、生物热力学，将使计算机仿真模型研究发挥更大作用。

各种替代动物实验已广泛开展，如活体组织模型（共培养模型、3D 组织模型、器官外植体模型等）和计算机仿真模型等非活体体外模型。然而，即使是目前作为研究热点的 3D 组织模型、类器官模型等，也无法完全取代各种复杂因素相互关联的生命体。发展人造器官系统的关键点在于在体外获得生命体的全部复杂性。因此，目前替代动物研究即使已有多种选择，仍不足以取代动物实验，更重要的是，通过各类替代动物模型的应用，减少用于研究的动物数量，减少其痛苦，并带来生命科学领域的进步。

（李妮　罗蘽　王乐锋　李祺）

【主要参考资料】

［1］ Schulz S, Beck D, Laird D, et al. Natural corneal cell－based microenvironment as prerequisite for balanced 3D corneal epithelial morphogenesis: a promising animal experiment－abandoning tool in ophthalmology［J］. Tissue Engineering Part C: Methods, 2014, 20 (4): 297－307.

［2］ Yuan C, Mo Y, Yang J, et al. Influences of advanced glycosylation end products on the inner blood－retinal barrier in a co－culture cell model in vitro［J］. Open Life Sciences, 2020, 15 (1): 619－628.

［3］ Schnichels S, Kiebler T, Hurst J, et al. Retinal organ cultures as alternative research models［J］. Alternatives to Laboratory Animals, 2019, 47 (1): 19－29.

［4］ Badekila A K, Kini S, Jaiswal A K. Fabrication techniques of biomimetic scaffolds in three－dimensional cell culture: a review［J］. Journal of Cellular Physiology, 2021, 236 (2): 741－762.

［5］ Wang C, Dawes L J, Liu Y, et al. Dexamethasone influences FGF－induced responses in lens epithelial explants and promotes the posterior capsule coverage that is a feature of glucocorticoid－induced cataract［J］. Experimental Eye Research, 2013 (111): 79－87.

［6］ Lyu D, Fu Q, Yao K. Characteristics analyses of CRYBB2 and CRYGD－mutated congenital cataract patients' iPSCs － derived lentoid bodies in vitro［J］. Investigative Ophthalmology & Visual Science, 2018, 59 (9): 1204－1204.

［7］ Qin Z, Zhang L, Lyu D, et al. Opacification of lentoid bodies derived from human induced pluripotent stem cells is accelerated by hydrogen peroxide and involves protein aggregation［J］. Journal of Cellular Physiology, 2019, 234 (12): 23750－23762.

［8］ Garcia－Medina J J, Rubio－Velazquez E, Lopez－Bernal M D, et al. Glaucoma and antioxidants: review and update［J］. Antioxidants, 2020, 9 (11): 1031.

［9］ Cho N H, Shaw J E, Karuranga S, et al. IDF Diabetes Atlas: global estimates of diabetes prevalence for 2017 and projections for 2045［J］. Diabetes Research and Clinical Practice, 2018 (138): 271－281.

［10］ Caffe A R, Ahuja P, Holmqvist B, et al. Mouse retina explants after long－term culture in serum free medium［J］. Journal of Chemical Neuroanatomy, 2002, 22 (4): 263－273.

［11］ Valdés J, Trachsel － Moncho L, Sahaboglu A, et al. Organotypic retinal explant cultures as in vitro alternative for diabetic retinopathy studies［J］. Alternatives to Animal Experimentation, 2016, 33 (4): 459－464.

［12］ Amato R, Biagioni M, Cammalleri M, et al. VEGF as a survival factor in ex vivo models of early diabetic retinopathy［J］. Investigative Ophthalmology & Visual Science, 2016, 57 (7): 3066－3076.

［13］ Louie H H，Shome A，Kuo C Y J，et al. Connexin43 hemichannel block inhibits NLRP3 inflammasome activation in a human retinal explant model of diabetic retinopathy［J］. Experimental Eye Research，2021（202）：108384.

［14］ Rossino M G，Lulli M，Amato R，et al. Oxidative stress induces a VEGF autocrine loop in the retina：relevance for diabetic retinopathy［J］. Cells，2020，9（6）：1452.

［15］ Tucker B A，Mullins R F，Streb L M，et al. Patient－specific iPSC－derived photoreceptor precursor cells as a means to investigate retinitis pigmentosa［J］. Elife，2013（2）：e00824.

［16］ Hanna K D，Jouve F E，Waring Ⅲ G O，et al. Computer simulation of arcuate and radial incisions involving the corneoscleral limbus［J］. Eye，1989，3（2）：227－239.

［17］ Vinger P F. Understanding eye trauma through computer modeling［J］. Archives of Ophthalmology，2005，123（6）：833－834.

［18］ Fülep C，Kovács I，Kránitz K，et al. Simulation of visual acuity by personalizable neuro－physiological model of the human eye［J］. Scientific Reports，2019，9（1）：1－15.

［19］ Yu M，Weinreb R N，Yiu C，et al. Computer simulation of progressive retinal nerve fiber layer loss in glaucoma：performance of event and trend analyses［J］. Investigative Ophthalmology & Visual Science，2011，52（13）：9674－9683.

［20］ Wellmann J. Gluing life together. Computer simulation in the life sciences：an introduction［J］. History and Philosophy of the Life Sciences，2018，40（4）：1－10.

［21］ 范敏. 计算机建模在眼科研究中的应用［J］. 生物医学工程学杂志，2013，30（6）：1350－1353.

［22］ Hung G K，Mahadas K，Mohammad F. Eye growth and myopia development：Unifying theory and Matlab model［J］. Computers in Biology and Medicine，2016（70）：106－118.

第七章　替代、补充与整合医学研究

第一节　概述

一、"3Rs"原则与科研创新思维

随着医学的发展，实验动物作为人类替身进行各种生命科学研究，实验动物使用量不断增加。美国估计每年实验动物使用量在 2000 万只以上，1997—2012 年美国国立卫生研究院资助的 25 个主要研究机构实验动物使用量增长了 73%。

实验动物的使用需同时兼顾科学发展和人类伦理进步，以"3Rs"原则"替代、减少和优化"作为核心的新的实验方法成为在法规倡导下的科技创新热点。随着细胞培养、低等生物筛查技术、分子生物学、组学技术（基因组、蛋白组、代谢组、细胞组）、组织工程技术、干细胞技术、生物标记技术、器官/人体芯片、高通量和计算机模拟技术等的发展，很多以前需要利用活体动物进行的研究完全或部分利用体外实验实现，越来越多替代方法在工业化学品、药品等产品的生物学效应和安全评价领域得到应用。从目前国内外开展替代研究的内容来看，50%以上研究集中在药品和化妆品的质量检定领域。安全性和有效性是产品质量的重要指标，也是质量检验的重要内容。但由于产品特殊性和生产复杂性，替代方法单独应用存在某些缺陷，常将几种替代方法联合使用。

"3Rs"原则下的替代、补充与整合医学研究逐渐成为未来的发展方向，日益突显出优势价值，不仅成为实验动物学科的重要分支，为研发创新性工具提供可能，而且能优化实验设计方案，减少动物的使用和经费支出，提高科研创新性思维能力，有利于推动学科发展和学科交叉，促进新诊疗技术开发。但在评价关系到人类健康和生命安全研究领域替代方法的应用价值时，要注意选择合理的新实验方法参考的金标准。如替代方法用于基础研究、药品、化学试剂和化妆品的安全检测，危险环境检测，危险物品检测等时，应具体考虑非动物实验与动物实验间的差异，特别是在法定检验中，如果非动物实验作为动物实验的替代方法被采纳，需经过严格验证评估，通过系列比对实验，评价和确定替代方法与被替代的动物实验方法间的相关性、可行性、经济性和可信性，使建立的替代方法达到或优于动物实验效果。也不能单纯为达到减少动物使用量的目的而违反科学原则，在减少动物使用量的问题上，不同实验应采用不同的处理方式。如在药品、食品等产品的法定检验中，要减少某一实验中动物使用量，则应采取非常慎重的态度和科学程序，只有反复验证不同的研究路线，选择最佳的实验方案并写入有关规程

后，才可以在实际检测工作中应用。因此，替代方法是替代、减少、优化和试验组合的多重概念，替代方法的应用领域虽逐渐扩展，但仍需谨慎，未来还需大量研究加以验证及完善相关法律法规，这样才能让替代方法更好地运用于生命科学研究。

二、相关政策介绍与依据

（一）国际相关法律政策

英国替代医学实验动物慈善基金会（Fund for Replacement Animal in Medical Experiments，FRAME）是全球最早的替代方法研究机构，为推动欧洲动物替代研究发展做出了重要贡献。1986 年，欧盟通过了具有法律效力的动物福利指导原则指令，推动了药品、生物制品、化学品、化妆品等的体外实验研究发展计划。1993 年，欧洲替代方法验证中心成立。美国于 1997 年成立了替代方法验证协调委员会。2003 年，欧盟通过指令提出逐步淘汰动物实验时间表；2004 年，禁止化妆品成品的动物实验；2007 年，通过"化学品注册、评估、授权和限制制度"（REACH）。2013 年 3 月起，欧盟实施化妆品及成分的动物实验禁令和销售禁令。随后，挪威、巴西于 2014 年通过了 70/2014 法案，并于 2017 年 3 月修订。澳大利亚于 2014 年及 2016 年先后提出两套终止残忍化妆品法案，从 2017 年 7 月起实施化妆品动物实验禁令和销售禁令。新西兰于 2015 年通过《动物福利法》修订案，禁止在化妆品及成分研发、制造、测试和教学中使用动物实验。以色列继 2007 年实施化妆品实验禁令后，于 2013 年 1 月起实施销售禁令。印度于 2014 年 5 月和 11 月分两步实施了禁止化妆品动物检测和禁止进口经动物检测的化妆品法规。2015 年，德国实验动物保护中心（German Centre for the Protection of Laboratory Animals）成立，作为德国联邦风险评估研究所（BfR）的重要组成部分，协调将全德国的动物实验减少到最低限度，并保证对实验动物提供最佳保护，同时设立了"动物保护研究奖"，资助多个动物实验替代项目。土耳其规定从 2016 年 1 月起禁止化妆品成品和原料的动物实验。瑞士 2016 年宣布与欧盟采取一致原则。韩国于 2017 年实施了禁止化妆品动物实验的新法规。危地马拉于 2017 年通过化妆品动物实验禁令。此外，美国现行的《动物和动物产品法》《人道主义饲养和使用实验动物的公共卫生方针》，英国现行的《科学实验动物法》，以及德国、荷兰相应保护动物的法律，对限制、约束动物实验的使用，鼓励替代方法的选用、推广，促进全球替代方法发展做出了重要贡献。

（二）国内相关法律政策

1988 年 11 月，国家科学技术委员会首次发布的《实验动物管理条例》可能是国内较早提及在动物应用方面应遵循"3Rs"原则的法规。1997 年，由国家科技部、卫生部等联合发布的《关于"九五"期间实验动物发展的若干意见》将"实验动物替代研究"列入"实验动物基础性研究"的重点内容，并首次完整地把"3Rs"原则的基本含义写入正式文件，提出对"3Rs"原则相关实验予以重点资助。2001 年，国家科技部发布的《科研条件建设"十五"发展纲要》中，明确提出"推动建立与国际接轨的动物福利保障制度"，并把该工作纳入"全面推行实验动物法制化管理"。2005 年，国家质量监督检验检疫总局作为进出口商品的专职检验检疫监管机构率先启动了替代方法系列标准研制工作。2006 年，国家科技部发布《关于善待实验动物的指导性意见》，结束了我国没有实验动物福利法律法规和政府文件规定的历史。2010 年，国家认证认可监督管理委员会（Certification and Accreditation Administration of the Peoples Republic of China, CNCA）批准的检验检疫行业标准中包括首批化妆品动物实验替代方法标准。随后，由国家药品监督管理局颁布的《关于调整化妆品注册备案管理有关事宜的通告》规定，自 2014 年 6 月 30 日起，取消国内非特殊用途化妆品强制性动物实验的要求。

总的来说，从替代方法在国外的发展历史来看，欧盟的替代方法主要用于化妆品研究，其健康风险相对较小，可控制在有限范围，而在药品、生物制品、化学品、农药等行业，其研究与推广步伐明显缓慢，因为这些领域涉及的人类潜在风险成倍增加，所涉及的替代方法相关政策相对较少。在我国，替代方法目前仍处于验证、初步推广的阶段，进一步完善相关法律政策，建立健全替代实验设计、评估方法，将有效促进替代方法的合理有效运用。

第二节 常用的方法

一、实践问题与科学问题的提出

在医学科研设计中，首先要提出需要解决的实践问题与科学问题。医学科研的第一步是要提出好问题。提问题的一般过程：根据临床的实际需求发现问题后，全面检索相关文献，从而分析实践问题的最新研究进展，进一步开展同行论证并确定研究的科学问题。

科学问题的提出一定不是功利的，不是为了提问而提问，而是严肃的科学实践的产物。好的医学科学问题来源于好的临床实践问题。对于成熟理论，根据临床实际需求，思考是否需要引进新的概念和方法，拓展其应用范围。当发现某些问题的解决方案尚不成熟时，科学家应思考是否需要构建研究策略探索能实际解决问题的新方法。

在科学问题的提出过程中还需考虑以下问题：为解决所提出问题的医学科研是否违反了"动物福利及'3Rs'原则"？所提出的问题是否真的亟待解决？

通常情况下，将实践问题分解为具有明确要素的科学问题以寻求恰当的答案，主要通过 PICOS 原则来构建科学问题，即研究对象（Participants，P）、干预措施/暴露因素（Intervention/Exposure，I/E）、对照措施（Control/Comparator，C）、结局指标（Outcomes，O）、研究类型（Study Design，S）。

总之，在医学科研设计的第一步，应真正把握临床实践中亟须解决的现实问题，不能为获得资助而人为创造问题。只有从源头上扼杀没必要的动物实验需求，再思考如何达到"动物实验优化、减少和替代"才能事半功倍。

二、科研规划的设想

2016 年，美国农业部给某生物技术公司开出了巨额罚单，原因就是其蓄意违反

《动物福利法》规定，背离人道主义，直接影响产品质量。该案例促进了"动物实验透明化"倡议的诞生。近 600 名科学家、学生和实验室技术人员在《今日美国》上发表公开信，呼吁美国的研究机构增加动物研究的透明度。签名者中包括 4 位诺贝尔奖得主。"动物实验透明化"是呼吁各大研究机构在开展动物实验研究时，增加动物研究的透明度，即把同行评价提前引入实验阶段。科研人员主动公开开展动物实验的原因和目标，对提高生物、医学等领域的普遍研究水平具有积极意义，并且透明化为公众监督打开了窗口，动物实验中可能存在的虐待、残害、滥用、浪费等行为将无处遁形。此举还能减少不同机构、不同领域间的信息不对称，有利于替代动物实验的新方法、新技术更快推行，减少不必要的生命消耗。该呼吁在国内外越来越受到重视。

从科研角度来看，尽管各国都有详尽的实验动物管理法规，各研究机构的实验动物屏障系统在设计和管理上也尽可能细致规范，以保障研究的严谨准确，但具体到每个实验过程、每位研究人员，还是存在许多不合理操作。例如，实验研究设计不严谨导致实验动物滥用或误用，对实验动物从业者培训不到位或从业者自身技术不达标导致操作不规范，实验动物从业者在主观或客观上出现动物养护不周、实验记录不详实等行为。这些都直接影响实验数据的准确性和科研成果的价值。因此，欲在实验方案开始实施时就杜绝对动物的不必要伤害，首先要设想好工作规划和科研规划。医学研究包括经验性研究、理论性研究、基础性研究和应用性研究四大类。不同研究类别、不同拟解决问题、不同研究团队会导致规划各异。规划可归纳为研究策略的选择、研究场所的选择、研究设计、研究的计划与管理四个方面。

（一）研究策略的选择

研究策略是研究人员最重要的决定，对医学研究的设计起着核心指导作用。其内容主要包括确定变量及其衡量标准、变量间的关系。按照变量暴露或不暴露、是否给予干预等，研究可分为描述性研究、观察分析性研究、实验性研究和操作性研究。在"问题的提出"中，建议在人类临床真实数据中去发现问题并提出问题。应深刻思考"对描述性研究、观察分析性研究，要极力避免使用动物开展，通过分析临床真实数据寻找规律""对实验性研究和操作性研究，是否有可选择的替代研究"等问题。

（二）研究场所的选择

研究场所的选择涉及研究的全部过程，主要包括参与研究的对象、研究地点、研究时间和周期、伦理道德问题等。应尽量不用或少用动物，确需开展动物实验，则在实验全过程都应科学安排从业者的培训，规范操作技术、养护细则、过程自我管理等，从而减少不必要的伤害，避免实验结果的不可靠。

（三）研究设计

研究设计主要包括抽样或分配、资料收集、分析和解释、研究报告等。应注意围绕拟解决的科学问题合理设置组别，优化动物实验方案。在资料收集中，适度开展预实验，以减少混杂、延误及偏倚，避免盲目开展正式实验。

（四）研究的计划与管理

研究的计划与管理主要体现在规划、实施、研究人员等方面，应注意量力而行、严密周全、科学管理。以替代动物研究为例，建议在遵守《动物福利法》和"3Rs"原则的基础上，引进"动物实验透明化"的理念并实施。

三、可行的研究方案设计

人类所开展的科学研究非常多，涉猎范围非常广，医学科研按手段或课题类型可划分为非临床试验研究、临床试验研究、观察性研究、文献研究和真实世界研究等。

科研设计方案一般由设计方案、实施方案和结题方案三个主方案组成，其中设计方案又由课题框架设计方案与课题技术设计方案两个子方案组成。除上述提及的主方案外，还需配有若干必要附件以帮助说明课题设计方案中的关键技术性内容，如样本含量估计、随机抽样与分组、试验记录表格或病例报告与调查表、课题数据库和统计分析计划。在此主要针对设计方案及其包含的课题框架设计方案与课题技术设计方案展开论述。

（一）课题框架设计方案

课题框架设计方案从宏观角度介绍与该总课题有关的文件或材料，即顶层设计方案。课题框架设计方案由若干个分题设计方案组成。一个重大或重点课题往往都需要分解成若干个分课题，每个分课题也需有相应的课题框架设计方案。课题框架设计涉及任务（课题来源、规模、研究目标、研究内容和技术路线等）、投入（人、物、财、时间）和产出（人才、专利、成果、论文）。课题框架设计方案的主要内容由以下五个部分组成。①课题概况：研究意义、研究目标、研究内容、预期成果和研究现状；②课题承担情况：总课题和各分课题承担情况；③课题技术问题：课题难点、创新点、技术路线和可行性分析；④课题进度；⑤经费预算。

（二）课题技术设计方案

课题技术设计方案主要包括实验、临床试验、调查、文献研究与真实世界研究的设计方案。需充分利用基本常识、各科专业知识和统计知识，才能制订出高质量的课题技术设计方案。①基本常识：离开或违背基本常识去考虑或安排事情（特别是制订课题技术设计方案）是行不通的。例如，在温带地区或夏秋季节开展治疗冻伤药物的疗效与安全性评价的临床试验必然会以失败告终。事实上，在几乎所有的课题技术设计方案制订过程中，基本常识所占分量相当大。②各科专业知识：此处特指"与拟研究课题有关的各科专业知识"。因为任何一个课题组或科研团队参与者都不可能完全掌握各科专业知识，但必须基本具备或掌握与当前拟研究课题有关的学科知识，否则，所制订出的课题技术设计方案将无实用价值。③统计知识：拥有丰富的统计知识在多数医学科研中十分重要。在制订课题技术设计方案的过程中，涉及与统计学密不可分的内容，如样本含量估计、随机抽样与随机分组、设计类型的选定、比较类型的确定和统计分析计划书的撰写等。

与医学科研有关的五大类课题中，每类课题实施前都需为其制订合格的课题技术设计方案，其各自在内容上大同小异。现以临床试验设计方案为例，介绍以下主要内容：①与医学伦理有关的内容及其处置情况；②与试验研究三要素（受试对象、影响因素和评价指标）有关的内容及其处置情况；③与试验研究四原则（随机原则、对照原则、重复原则和均衡原则）有关的内容及其处置情况；④与设计类型有关的内容及其处置情况；⑤与比较类型有关的内容及其处置情况；⑥标准操作规程；⑦质量控制及其处置情况；⑧研究监管内容；⑨统计分析。

四、实施与评价

（一）减少

减少是指在科学研究中使用较少量的动物获取类似的实验效果。

（1）已有研究数据的利用：许多情况下，是否要进行某项动物实验取决于已有的动物实验结果。因为需要检验的假设若可从已知实验结果中推断出来，重复性研究则无价值。在专业网站和数据库里，可查到大量与替代动物实验有关的资料，可满足不同研究需要。

（2）实验数据的统计分析：运用统计学方法对动物实验数据（包括计量资料和计数资料）进行分析，有助于了解动物实验结果的可信度和科学性，以确定是否需要做补充实验、实验结果是否可以被应用。如果实验结果有统计学意义，可减少盲目的重复实验，避免实验动物资源的浪费。

（3）替代方法使用：替代方法是指在能够达到同样目的的前提下，通过科学程序确认，利用非动物的体外实验代替动物或使用低等动物替代高等动物的实验方法。这些替代方法主要包括离体的组织器官和组织细胞培养、化学物理方法、分子生物学方法、微生物学方法、免疫学方法以及各种先进的技术方法。

（4）动物的重复使用：可减少科研动物的使用量。

（5）选择高质量的动物：实验动物质量直接影响实验结果，必须按照标准化要求选用遗传质量和微生物质量合格的实验动物。实验动物遗传物质决定着生物学性状，即便是同一近交系动物，其生物学特性（包括生理、生化参数等）也会有所变化，反映在实验数据上可能差别更大。采用发生遗传污染的实验动物无法取得可靠的实验结果。

（6）制定标准操作规程（Standard Operation Procedures，SOP），提高动物实验成功率：动物实验成功与否受多种因素的影响，其中实验过程中的操作标准化至关重要。实验中的操作步骤将对最终实验结果产生直接影响。

（二）替代

替代是指使用没有知觉的实验材料替代活体动物，或使用低等动物替代高等动物进行实验，并获得相同实验效果的科学方法。

（1）明确替代方法的目的：建立新方法前首先应明确替代方法的目的，确定拟建立哪一种动物实验的替代方法，包括试验方法的原理和目标、测定终点与所关注效应之间的相关性和合理性。实验方法组成要素与其验证和评价的基准直接相关。例如，以筛选为目的的替代方法，可以允许出现假阳性，而假阴性率必须限定在最低程度；若是为其他毒性实验提供辅助而建立的替代方法，则要求该替代方法具有与毒性作用机制相关的指标，且与主实验的检测指标不同；若是替代现有动物实验方法，则要求敏感度、特异度等反映检测方法能力的生物学机制必须明确；若是组合实验的一部分，应明确其在组合实验中的位置和作用。

（2）确定实验程序和条件：实验方法的研发阶段，应确定实现替代方法目的所需的包括实验系统（细胞株、离体器官或其他实验种类等）、受试物、测定指标和数据分析方法等在内的最基本的实验程序和条件。此外，还应根据相应的实验结果对替代方法的可行性做一定程度的确认。

（3）确定替代方法的适用范围：应充分了解实验方法所适合的受试物的性质、类别和范围，清楚候选受试物的理化性质和毒理学资料。在设计受试物的组合时，应考虑适当的混合率，即阳性物和阴性物应适当搭配。

（4）明确替代方法比较的数据：应掌握被替代的实验方法的数据，以便与替代方法预期结果进行比较。考虑到动物福利等因素，建议使用已有动物实验数据或已有同类方法的体外实验数据。比较前应对已有数据的可靠性和科学性做出判断。

（三）优化

优化是指通过改进和完善实验程序，避免、减少或减轻给动物造成的疼痛和不安，或为动物提供适宜的生活条件，保证动物实验结果的可靠性，提高实验动物福利的科学方法。

（1）实验方案的优化：优化实验的确立与获准、实验动物的选择与使用、造模方法和动物模型的选择、研究设计与统计分析等方面，既可减少动物使用量，又可获得高精确度的结果。

（2）实验指标的优化：实验指标的选取应尽量全面。实验动物是活的生命体，其生理机能和生理反应是随时间变化的一个复杂过程，单一的测量指标无法说明复杂的变化。因此，应尽可能将实验过程中动物的所有变化记录下来，包括体重、饮食、活动等的变化。同时，采样时间、部位、方式也应予以固定。

（3）实验技术的优化：在实验过程中，饲养管理人员和实验操作人员必须充分了解实验动物的有关知识以及"3Rs"原则，爱护动物。控制好动物饲养和实验环境条件等，全面考虑动物需求与实验要求的关系。技术人员操作必须熟练、准确。尤其要熟练掌握麻醉技术和实验操作技术。

（4）实验环境的优化：实验环境对实验动物及实验结果的影响是不可忽视的。实验环境包含的内容非常多，其中温度、湿度、噪声、氨浓度、照明度、笼器具的材料和大小、饲料、饮水、垫料、实验用具等都是常见的影响因素。

随着时代的进步，科学工作者在从事生命科学研究时，越来越多地考虑到动物福利问题。替代动物实验是社会进步和经济发展到一定阶段的必然产物，体现了人与动物协调发展的趋势。科研工作者应该在实践中不断发展替代动物实验，减少对动物的伤害。

（田贵华　李心怡　贺珂　吴阳）

第三节 替代方法在中医药研究中的实践探索

在古代，人们主要通过"以身试药"的方式探索中药的药用价值与毒性特点。近代以来，实验动物相关研究成为中药现代化研究的重要组成部分。随着细胞生物学、分子生物学和网络药理学等新兴交叉学科的出现以及相关技术的发展，越来越多的非动物实验研究方法被应用于中药药效研究，并取得了一定的成果。随着动物福利理念的普及，动物实验替代方法逐步受到药物研发人员的重视。应用准确、快速且成本相对低廉的替代方法，已成为中药现代化研究的重要发展方向和必然趋势。

以中药研究过程中的替代方法选择与组合为例，在中药开发早期，基于动物实验替代方法的特点，充分利用优势进行候选药物的药效学、安全性相关研究，采用替代方法进行大规模的药物靶标筛选已成为中药研发的基本要求。对于药效学作用强弱，可通过离体器官实验或特定细胞培养进行药效学筛选。对于中药毒性作用大小的判断，则应尽可能选择已获得机构验证的替代方法，或根据 ICH 颁布的相关指导原则开展研究。

一、基于网络药理学的药物靶点筛选

中药的作用机制研究是中药现代化的重要内容。药物靶点是指存在于组织或细胞内能与药物发生相互作用，并在药物发挥药效的过程中起着关键作用的特定分子。药物靶点的发现为阐明中药作用机制提供证据支持，使人们更易于有针对性地进行中药研究，有利于中药新药研发。网络药理学是基于系统生物学理论，对生物系统进行网络分析，选取特定信号节点（Nodes）进行多靶点药物分子设计的新学科，通过建立"药物－基因－疾病"多层次网络，从整体上对药物进行靶点预测及治疗对象之间的分子关联规律分析，现已被广泛应用于中药活性化合物的发现、整体作用机制阐释、中药药物组合和方剂配伍规律解析等领域，提高了中药药物的治疗效果，降低了药物毒副作用，提高了新药临床试验的成功率，极大地减少了实验动物的使用量，节省中药研发费用。

实例：基于网络药理学和分子对接探究扶正固本颗粒治疗胃癌的作用机制

扶正固本颗粒是由淫羊藿、黄芩、女贞子、地黄、茜草、黄精、人参、何首乌共 8 味药组成的中药复方，具有益气养阴、凉血解毒的功效，常用于胃癌气阴两虚兼热毒证患者放化疗时的合并用药，其药效机制研究设计方案如下：

1. 中药活性成分筛选及靶点的收集和转换

通过 TCMSP 中药系统药理学数据库及分析平台和 TCMID 中医药综合数据库检索扶正固本颗粒中前述 8 味药材的主要活性成分及其作用靶点。若无法在以上数据库中得到中药靶点活性成分，则通过 PubChem 数据库查找并导出活性成分的二维化学结构数据，再将搜集到的中药化学成分的简化分子线性输入规范信息和二维结构导入 Swiss Target Prediction 靶点预测平台，以获取化合物的已知或预测靶点。进一步将上述数据库中获得的中药活性成分和相关靶点进行整理和筛查，删除重复值后，通过 Uniprot 蛋白质数据库转化为基因名称，从而获得蛋白质注释。通过数据库检索和整理共筛选出扶正固本颗粒 174 个活性化合物及对应的 1032 个靶点。

2. 胃癌靶点的收集与整理

以"Gastric Cancer"为关键词检索在线孟德尔人类遗传数据库（Online Mendelian Inheritance in Man，OMIM）、疾病基因搜索引擎数据库、治疗靶点数据库、整合人类疾病基因的综合平台数据库和基因名片数据库，获得与胃癌相关的人类基因。将得到的基因进行合并后删除重复值，得到胃癌相关人类靶点 5276 个。

3. 药物－疾病交集靶点的获得

将得到的扶正固本颗粒相关基因和胃癌相关基因合并后删除重复值，获得扶正固本颗粒和胃癌的交集靶点共 607 个，其中度值较大的靶点为前列腺素内过氧化物合酶 2、雌激素受体 α、芳香化酶、雌激素受体 β、环加氧酶 1、热休克蛋白 αB1 等。

4. 蛋白互作网络（Protein Protein Interaction Network，PPI）、模块分析、基因本体（Gene Ontology，GO）和京都基因与基因组百科全书（Kyoto Encyclopedia of Genes and Genomes，KEGG）分析

在 STRING 数据库中导入药物－疾病交集靶点来获得蛋白质相互作用信息，下载蛋白之间相互作用的 tsv 文件，导入 Cytoscape 3.8.0 中构建分子相互作用网络并使网络可视化。用 MCODE 插件对此网络进行模块分析，取打分值前三的模块用 Cytoscape 3.8.0 进行可视化。筛选蛋白互作网络分析后度值、中介中心度、接近中心度均大于平均值的基因与模块分析后分值前三的聚类模块分别用 R 软件和 R studio 进行 GO 和 KECG 富集分析，并将结果以气泡图的形式呈现。通过查阅文献和分析结果，得出扶正固本颗粒治疗胃癌的核心靶点和核心通路，包括蛋白激酶 B、肿瘤蛋白 p53、丝裂原活化蛋白激酶 1、磷脂酰肌醇－3－激酶催化亚基 α、信号传导与转录激活因子 3、磷脂酰肌醇－3－激酶调节亚基 1、原癌基因酪氨酸蛋白激酶 Src、血管内皮生长因子 A 共 8 个核心靶点。GO 和 KEGG 富集分析结果显示，扶正固本颗粒治疗胃癌主要与化学反应、对有机物的反应、细胞对化学刺激的反应等生物过程有关，作用靶点主要集中在癌症通路、PI3K－Akt 信号通路、癌症中的蛋白多糖通路等。

二、中药药效研究的替代方法

中药药效研究旨在阐明中药药效物质、药理作用及起效机制，是揭示中药及其组方内涵、开发中药适宜制剂、制定质量标准、提高临床疗效的前提和依据。中药药效是中医药基础研究与新药研发的关键。采用整体动物实验观察药物对动物行为的影响，目前被认为是研究中药药效的基本方法。然而，整体动物实验的动物个体差异大、实验周期长、成本高，其适用于筛选粗提物与验证实验，不适合大规模初筛。细胞是组成生命的基本单位，科学家把组织细胞培养看作动物实验最有希望的替代载体，用细胞替代整体动物进行有关实验，更容易对实验条件实施控制，减少影响因素，结果解释比较容易，使实验简单化。

实例：基于 HT－29 细胞的枳壳治疗结肠肿瘤药效物质组分提取工艺研究

1. 枳壳黄酮提取工艺考察

采用正交设计，选择溶剂用量、提取时间和提取温度作为影响提取工艺的 3 个因素，每个因素取 3 个水平进行正交实验。精密称取 9 组正交实验获得的提取物粉末，配

制成含药培养液，作用于 HT－29 细胞。

2. HT－29 细胞培养及抑制率检测

按贴壁细胞培养法常规培养人结肠癌细胞 HT－29，取对数生长期的人结肠癌细胞 HT－29，用含 0.25% EDTA 的胰蛋白酶消化，以 7500cell/孔的密度接种于 96 孔板，设调零孔、空白孔和加药实验孔，常规培养 24 小时后，加药实验组加入上述 9 组正交实验配得含药培养液 100μL，空白对照组加入等体积培养液，继续培养 24 小时后，采用 CCK－8 法，用酶标仪在 450nm 处扫描，测定吸光度（Optical Density，OD）。计算药物对细胞的增殖抑制率，细胞抑制率＝(1－实验组 OD 值/对照组 OD 值)×100%。

三、应用药物基因组学原理对抗栓药物进行精准治疗管理

在中西医结合治疗的基础上应用药物基因组学原理对抗栓药物进行精准治疗管理，为解决抗血小板药物个体差异大或不接受华法林等用药问题带来了希望。2017 年，中国心胸血管麻醉学会精准医疗分会与心血管药学分会专家组发布的《基因多态性与抗栓药物临床应用专家建议》指出，药物基因多态性对华法林的建议是提供起始剂量的参考，国人 *CYP2C19* 基因型检测可作为缺血高风险/出血高风险患者选用 P2Y12 抑制剂的参考，为国人携带 *CYP2C19* 基因变异者 Clo 治疗提供新的方案，为多靶点调控的整合医学模式提供依据，为临床医生精准用药提供参考。

第四节　展望

一、替代研究所面临的挑战

实验动物为人类文明发展和社会进步做出了重要贡献。随着动物福利政策的实施及现代科技的发展，许多以前需要利用活体动物的实验可以完全或部分利用体外实验实现。替代方法虽然已在各领域的研究与应用中崭露头角，但仍面临巨大挑战。

（一）体外实验与体内试验存在较大差异

很多情况下，体外实验由于不能全面、完整地体现临床认识疾病的思维和方法，不能准确预测受试物在体内的真实效应，在实验研究中的运用有一定局限性，在研究方法使用上目前尚不能占据主导地位。例如，在药效学研究中，选择基于单一靶点的体外实验容易忽略药物对其他靶标及其他细胞或组织、器官的作用；在药物安全性评价研究中，目前还没有任何一种替代方法能完全替代整体动物毒性实验；在药物代谢研究中，利用体外实验和（或）计算机系统进行的新陈代谢预测还不够理想；多数体外培养模型的药物代谢能力降低或不稳定，因而不能很好地反映人体实际情况。如何在充分利用现代新技术的同时，又不背离疾病发生发展的自然规律，是未来替代方法补充研究的重点。

目前常用的替代方法包括细胞培养、低等物种筛选、组学技术（基因组、蛋白组、代谢组）、图像分析、高通量以及计算机仿真模型等。这些单一的替代方法具有各自的优势和特点，也存在一定局限性。但如果把这些方法进行有机的整合，形成一套成组的

实验方法，将有可能实现体内实验的替代。目前，虽然已有许多机构开始推荐使用成套的组合实验程序，但其科学性和准确性仍需要进一步验证，在这种情况下，证据权重（Weight of Evidence，WoE）验证评估可能比普通验证研究更合适。同时，在运用组合实验（实验策略）时，其内部的单个实验仍应当采用成套替代实验方法标准的验证原则来证明其有效性，同时应考虑到该组合实验实现预期目标的总体效果。

（二）替代方法的验证问题

以欧盟国家为例，替代方法验证的每一阶段一般需要 1～3 年时间。随着现代技术的快速发展，如何提高验证试验成功率，加速其验证过程并尽可能降低验证费用，是未来替代研究需要思考的重要问题。借鉴以往的验证研究经验，在新替代方法研究的开始阶段就应考虑验证问题，包括详细实验方案的制订、受试物的选择以及参与研究的实验室等。实验方案的设计应该以实验目的为基础，采用合适的预测模型，使整个实验方案设计尽可能优化，以减少后续更改。同时，在验证替代方法时充分考虑其实际可行性。

二、替代研究的理念和相关技术在中医药领域的应用和展望

近年来，国家大力扶持中医药的发展，把中医药现代化上升到国家战略。在中医药现代化发展的道路上，实验动物的福祉同样引起中医药研究人员的普遍关注。随着"严格保护野生动物与合理利用人工养殖动物相结合"策略的提出，中医药科研与临床人员开始积极探索替代方法，即用人工制品或药效相近的动物材料替代野生动物资源入药，同时在中医药研究的实验设计、伦理审查及实验操作中考虑实验动物伦理。这些都对中医药替代动物研究具有一定意义。

中医药在历史长河中形成了独特的理论体系和方法论，具有整体观和辨证论治的特点。在过去，中医药研究者也通过动物实验研究和阐明其内在机制，但随着研究的深入，研究者发现单纯的动物实验并不能完全满足需要，寻找符合中医特点的研究方法对中医药的发展至关重要。随着生物、数学、计算机等学科的发展以及交叉研究的优势日益凸显，利用现代科学技术阐明中医药理论的研究不断丰富和深入，并取得了一定成果。如网络药理学的整体性、系统性特点与中医药整体观、辨证论治原则一致，目前已被广泛应用于中药活性化合物的发现、整体作用机制的阐释、药物组合和方剂配伍规律的解析等方面，为中药复杂体系研究提供了新思路，为临床新药研发提供了新的证据支撑；系统生物学能够发现和阐明系统内部各组成部分的相互作用和运行规律，对基因、蛋白质、生物小分子等不同构成要素进行整合，在中药成分机制研究中取得了巨大进展，并且这些方法能够融合中医整体宏观优势与西医微观还原优势，以现代化的语言体系、研究理念，进一步诠释中医的科学性，促进中医药走向世界。

未来应借鉴替代动物研究的理念、卫生技术评估与整合医学（Integrated Medicine）的原理，开展与人类相关的研究，科学合理地使用有限的卫生医疗资源与技术，积极推动偏离于动物毒理学检验检测与认证的规范化建设，培养骨干人才，提高与人类相关的生物学研究专业化水平，普及替代动物研究与卫生技术评估前沿知识，传播替代动物教育、研究方法和技术产品，促进替代动物研究成果及时转化。

（黄玉珊　卫茂玲）

【主要参考资料】

［1］张素慧，周志俊. 国内外动物实验替代方法发展概况与思考［J］. 毒理学杂志，2013，27（5）：394－398.

［2］崔淑芳，解眠，汤球，等. 关于生物医学研究中实验动物替代的探讨［J］. 中国实验动物学杂志，2002（3）：39－40.

［3］卫茂玲. 医学动物替代研究发展现状研究［J］. 中国医学伦理学，2016，29（2）：304－307.

［4］姜迎霞. 医学动物替代研究现状分析［J］. 南方农业，2016，10（33）：94－95.

［5］王金花. 德国实验动物的应用和管理情况［J］. 全球科技经济瞭望，2016，31（12）：72－76.

［6］艾瑞婷. 瑞典实验动物管理体系浅析［J］. 全球科技经济瞭望，2016，31（11）：73－76.

［7］孔琪，夏霞宇，赵永坤. 美国实验动物品种资源现状分析［J］. 中国实验动物学报，2015，23（5）：539－542.

［8］李晨阳. 动物实验透明化为何左右逢源［J］. 科学大观园，2018（15）：62.

［9］耿艺菲，黄志鸿，洋雯茜，等. 基于网络药理学和分子对接的扶正固本颗粒治疗胃癌机制研究［J］. 中国药师，2021，24（8）：419－427.

［10］罗曦，李天娇，包永睿，等. 基于HT－29细胞的枳壳治疗结肠肿瘤药效物质组分提取工艺研究［J］. 中南药学，2021，19（3）：455－459.

［11］程树军，焦红. 实验动物替代方法原理与应用［M］. 北京：科学出版社，2010.

［12］贺争鸣，李根平，李冠民，等. 实验动物福利与动物实验科学［M］. 北京：科学出版社，2011.

［13］Wang J H. Application and management of laboratory animals in Germany［J］. Global Science Technology & Economy Outlook，2016，31（12）：72－76.

［14］Ai R T. Analysis of the Swedish laboratory animal management system［J］. Global Science Technology & Economy Outlook，2016，31（11）：73－76.

［15］Kong Q，Xia X Y，Zhao Y K. Analysis of the current situation of experimental animal breed resources in the United States［J］. Laboratory Animal Science，2015，23（5）：539－542.

［16］Bundesinstitut fuer Risikobewerlung. Fragen und Antworten zumDeutschen Zentrum zum Schutz von Versuchstieren（Bf3R）［EB/OL］. http:// www. bfr. bund. de/de/ deutsches _ zentrum _ zum schutz _ _ von _ _ versuch stieren. html.

［17］Goocdman J，Chandna A，Roe K. Trends in animal use at US research facilities［J］. Journal Medical Ethics，2015，41（7）：567－569.

［18］Wei M L，Ruether A，Hailey D，al. The Newcomer's Guide to HTA：Handbook for HTAi Early Career Network［EB/OL］. http：//www. htai. org.

［19］卫茂玲，史宗道. 知识转化［M］//史宗道等. 循证口腔医学（第3版）. 北京：

人民卫生出版社，2020.

[20] Wei M L，Wang D R，Kang D Y，et al. Overview of Cochrane reviews on Chinese herbal medicine for stroke [J]. Integrative Medicine Research，2020 (9)：5－9.

[21] 中国心胸血管麻醉学会精准医疗分会与心血管药学分会专家组. 基因多态性与抗栓药物临床应用专家建议 [J]. 福建医药杂志，2017，39（sup1）：9－19.

第八章　卫生技术评估概述

第一节　卫生技术评估的相关内容

一、医学研究发展概述

古今中外的医学家为了发现医学规律、寻找疾病的最佳诊治方法和预防策略，进行了大量的细致观察、实践探索和归纳总结。

中国传统医学的创始人之一、春秋战国时代的神医扁鹊非常重视科学实践，著有《扁鹊内经》等，奠定了切脉诊断的基础。西方医学之父、古希腊著名医生希波克拉底（Hippocrates）通过临床观察和总结，著有《空气、水和场所》，说明了环境对健康的重要性。毒理学的主要奠基者帕拉塞尔苏斯（Paracelsus）确立了化学在医学中的作用，提出"万物皆有毒，不存在任何非毒物质，只不过剂量决定了物质是毒物还是药物"的理论。17世纪，荷兰微生物学家安东尼·列文虎克（Antoni van Leeuwenhoek）发明了显微镜，将人们对疾病的观察推进到了原生动物和细菌。1747年，苏格兰海军外科医生詹姆斯·林德（James Lind）完成了有文字记录的首个临床对照试验。1835年，法国医生、病理学家皮埃尔·路易斯（Pierre Louis）证明当时流行的放血疗法并无确切依据，认为有意义的临床治疗应建立在对患者的系统观察之上。1859年，英国的查尔斯·达尔文（Charles Darwin）在《物种起源》中论述了生命世界的多样性与统一性，奠定了现代生物学和进化论的基础。美国开国元勋、《独立宣言》签署人之一本杰明·拉什（Benjamin Rush）很早就重视女性教育，把人道主义思想充分运用到社会实践中。近代微生物学的奠基者路易斯·巴斯德（Louis Pasteur）创立了"实践－理论－实践"的方法，提出了疾病细菌学说、巴氏杀菌消毒法、预防接种技术等，影响至今。1928年，英国的亚历山大·弗莱明（Alexander Fleming）率先发现了青霉素，后经提纯和批量生产，成功挽救了第二次世界大战期间成千上万的生命。1948年，英国医学研究委员会领导开展了世界上首个随机对照试验（Randomized Controlled Trial，RCT），确定了链霉素对肺结核的治疗效果。

1972年，英国著名的流行病学家和内科医生阿奇·科克伦（Archie Cochrane）在其所著的《效果与效率：卫生服务中的随机对照试验反映》（*Effectiveness and Efficiency Random Reflections on Health Services*）中明确指出："由于资源终将有限，应使用已被恰当证明有明显效果的医疗保健措施"。该书被公认为循证医学

（Evidence-based Medicine）的代表作。1993 年，在英国成立的国际循证医学重要学术组织——Cochrane 协作网（Cochrane Collaboration）以其姓氏命名。在循证医学诞生以前，临床实践主要依靠经验，医生往往根据个人或高年资医生的经验行事，或者根据动物实验或基础理论推导做出治疗选择。由于医学本身的不确定性，临床诊疗行为通常存在差异，有时这种不一致性甚至超越了临床合理解释的范围，表现为医疗保健的滥用（Overuse）、不足（Underuse）、误用（Misuse）和多变（Variation）。2007 年，英国医学杂志（*British Medical Journal*）总结了 1840 年以来重要的医学发明和发现，包括卫生、抗生素、麻醉术、疫苗、DNA 结构、口服避孕药、病因的细菌学说、循证医学、医学影像、计算机和口服补液治疗等，其中循证医学被誉为 20 世纪医学领域的思维与模式创新。

1997 年，四川大学华西医院作为牵头单位统筹协调，组织全国相关培训、人才培养工作，传播循证医学的理念、知识、方法，将其逐步应用到各地医学临床、公共卫生、口腔、药学、中医药学、教育、管理与社会等领域并取得了卓越的成效。

二、医学伦理规范发展概述

由于医学事关人类健康，离不开仁心仁术，医学研究、教育与实践必须坚持最高的医术与医德标准。人和动物的研究不仅涉及伦理道德问题，而且不可忽视法律问题。唐代的孙思邈被认为是中国医德思想的奠基者，其著作《千金方》曾提及"人命至重，有贵千金，一方济之，德逾于此"。在西方，以希波克拉底的名字命名的医德规范《希波克拉底誓言》（*Hippocratic Oath*）是医学生和医学从业者学习的第一课，体现了医生对患者和社会的责任以及行医规范。18 世纪，英国出现了第一起医生在采取治疗干预措施前必须获得患者知情同意的法律案例判决。1848 年，英国国会通过了人类历史上第一部公共卫生法《公众健康法》，首次从国家层面干预公共卫生，明确国家和政府对维护公众健康的职责以及建立卫生管理机构的必要性。

人类发明的化学药物在带来益处的同时，也给环境造成了意想不到的危害。其中，1937 年发生的"磺胺酏剂"药害事件，促使美国于 1938 年成立了食品药品监督管理局（Food and Drug Administration，FDA），并颁布了《联邦食品、药品和化妆品法案》（*Federal Food，Drug，and Cosmetic Act*），要求投放市场的所有产品必须是安全的。20 世纪 60 年代，FDA 药物检察员弗朗西斯·凯尔西（Frances Kelsey）因担心药物的安全性而成功阻止了沙利度胺（Thalidomide，反应停）进入美国市场。研究者发现，沙利度胺可穿越胎盘屏障，导致严重的胎儿畸形。此外，尽管该药有很好的镇静催眠作用，但对动物的催眠效果并不明显，提示人与动物对药物的反应存在差异。此后，许多发达国家和发展中国家先后成立了上市后药品监管机构和卫生技术评估机构，并制定了相关的法律法规，以确保进入市场的化学品、药品、食品、保健品和化妆品等有利于人类健康和环境。第二次世界大战之后，为保护受试者的合法权益，规范人体试验行为，《纽伦堡法典》（1946 年）、《日内瓦宣言》（1948 年）、《赫尔辛基宣言》（1964 年）、《贝尔蒙特报告》（1978 年）等陆续发布。其中《赫尔辛基宣言》被视为临床研究伦理规范的基石，强调保护受试者个人利益、临床试验注册制度和对弱势群体的特殊保护制度等。

为保护医学研究参与者的合法权益，国家药监局于 1999 年发布了《药品临床试验管理规范》，强调伦理委员会与知情同意是保障受试者权益的主要措施。2001 年开始，卫生部等陆续颁布了《人类辅助生殖技术管理办法》《人胚胎干细胞研究伦理指导原则》《人体器官移植技术临床应用管理暂行规定》等。2007 年，卫生部又颁布了《涉及人的生物医学研究伦理审查办法》（以下简称《办法》），首次以行政规章的形式提出建立伦理委员会的要求及任务，并于 2016 年更新。更新版《办法》调整了伦理审查范围、程序、内容、监督管理等内容，将伦理委员会决定的人数比例由原 2007 版的 2/3 降低为半数以上委员同意，是否合理有待实践检验。

医学研究在对象、过程、结果及其影响等方面具有复杂性和不确定性。循证医学的精髓就是医生基于不断丰富和更新的临床经验和技能，尊重患者的意愿（患者应享有充分的知情权和对自己疾病诊断、治疗的选择权），结合当前研究的最佳证据评价结果，以达到患者最满意的医疗服务效果，这也是医学伦理学治疗最优化原则在实践中的具体体现。

卫生技术是决定一个国家和地区医疗水平的关键要素之一，先进的卫生技术能够增加疾病诊断的准确性和治疗的有效性，但未经过科学验证的医疗技术会对人类健康产生危害。为科学判断卫生技术的应用影响和价值，20 世纪 60 年代，卫生技术评估应运而生。

三、卫生技术评估的概念、主要内容与方法

（一）卫生技术评估的概念

卫生技术评估（Health Technology Assessment，HTA）是通过明晰的方法，系统全面地评估卫生技术全生命周期（包括上市前研发、市场批准期间、上市后，直至卫生技术撤资）不同阶段的价值的一个多学科过程，其特点是方法学透明、系统、严格及利益相关者参与。

根据研究问题的目的及技术的复杂程度、类型和实施阶段，HTA 可以分为 HTA broad、HTA focus、Foreign HTA with comments、Core HTA、Mini HTA、Early warning 等。HTA 报告可从数页到 200 页以上。除特殊情况外，通常均有外部专家参与评估。

（二）卫生技术评估的主要内容

1. 技术特性评估

卫生技术（Health Technology，HT）是指用于促进健康的所有干预手段，包括药品、设备、医疗程序、保健环境，以及疾病的预防、诊断、治疗和康复措施。技术特性主要包括技术构成、制作、可靠性、操作难易度和维护、绩效特征与技术设计一致性等。

2. 安全性评估

安全性指特定情况下使用某技术导致的风险可接受性。在应用某药物、卫生技术或设备时，评估可能存在的风险，包括不良反应的发生率及其严重程度等。

3. 有效性评估

有效性是指卫生技术在实践中改善患者健康的能力，包括效力（Efficacy）和效果（Effectiveness）两个方面。效力是指理想状态下患者使用某技术的健康获益。效果是指常规医疗情况下患者接受某治疗措施后的健康获益。RCT 是判断干预性研究效果的最佳研究设计。

4. 经济学评估

经济学评估应采用全社会视角，一般包括宏观和微观两个层面。宏观层面主要从公共付费角度考虑使用某技术或产品对资源配置成本的消耗或节约情况，常用预算影响分析；微观层面考虑某技术使用的资源数量、成本、价格、支付和补偿水平及性价比。常用的经济学评估方法包括成本－效益分析（Cost－benefit Analysis，CBA）、成本－效果分析（Cost－effectiveness Analysis，CEA）、成本－效用分析（Cost－utility Analysis，CUA）、预算影响分析等。

（1）CBA：对于两种或两种以上具有不同产出的方案，将治疗效果如并发症、病残天数等都转换为货币单位再进行比较。

（2）CEA：适用于比较不同医疗卫生干预结果，不能用于衡量不同治疗或干预措施。要求比较的治疗方法或措施限定在相同单位的维度。

（3）CUA：效用（Utility）可用于表达某种健康状态的基本价值观，是个体对某些健康状况或疾病状态特有的衡量标准。

成本包括直接成本和间接成本。直接成本包括支付医疗或非医疗产品和服务的花费，通常包括住院费、医药费、就诊费、实验室检查费及复发所需的治疗费用等，特别注意，应纳入针对不良反应的费用。直接非医疗成本包括因疾病就医所需的食物、衣物、交通、住宿等花费。间接成本主要是患者因病丧失生产力产生的损失，包括家庭照护者的误工费用。时间因素对成本测算的影响不容忽视，成本在未来可能因通货膨胀而增长，通过计算贴现率可以将未来成本转化为现在的价值。

5. 社会伦理、法律公平性评估

注重社会价值、知情同意、收益风险比、公正性、适用对象（患者或人群）可接受度、适宜性、技术比较时间范围等。

目前，卫生技术的社会伦理、法律公平性评估尚未形成统一的指南和政策转化途径。因为并非所有卫生技术都会涉及伦理学评估，且社会影响评估多涉及定性研究。

（三）卫生技术评估的方法

HTA 侧重于卫生保健领域和医疗服务系统，包括流行病学、卫生经济学、社会医学和伦理学的方法。综合分析卫生技术的相关信息，同时采用专家咨询、比较分析、卫生经济分析的方法评估卫生技术，得出综合结论与建议。

HTA 的基本操作步骤与系统评价（Systematic Review，SR）相似，通常包括明确问题、确定评估角度和范围、设计方案、收集资料、综合分析、形成评估结果、传播评估报告、转化决策和监测实施效果等。HTA 的内容包括技术特性、安全性、效能和效果、经济性和伦理法律公平性等。

HTA 总体价值评估（Value Assessment）可能会因评估视角、利益相关方（卫生服务提供方、支付方，患者，企业和社会公众)、决策背景不同而有所差异，但大多会就卫生技术各维度的价值与现有替代方法进行比较，确定评估预期、非预期的后果和潜在的负面效应，提出推广使用、限制使用、禁止/淘汰使用或需进一步研究等建议，以供政府决策参考。

第二节　卫生技术评估的意义与展望

一、卫生技术评估的意义

人类健康水平的提高，离不开卫生技术的进步与发展。各类卫生技术有其适用范围和多重特点。HTA 是评价利用卫生技术所产生的短期及长期社会结果的一种综合性政策研究形式，对卫生保健中使用的药物、设备、医疗和手术程序以及对提供这些服务的机构、信息和管理支持系统的技术特性、安全性、有效性、经济性、伦理及社会影响进行综合评价。

HTA 已成为卫生和临床决策者循证决策和实践的工具之一，国际上广泛用于合理配置医疗设备、确定医疗保险报销范围、制定卫生技术服务价格和临床诊治指南等。HTA 可以帮助科学决策，合理使用有限资源。通过制定科学标准，引入安全有效、经济适宜的新技术，淘汰过时的不适宜技术，降低医疗风险，改善卫生保健质量，避免浪费，促进协作证据转化，倡导更加公平、高效和高质量的卫生体系。

二、卫生技术评估的展望

20 世纪 70 年代，医疗技术快速发展，社会对新技术的需求不断增长。1972 年，美国技术评估办公室（Office of Technology Assessment，OTA）成立，为国会立法和监管提供科学服务。20 世纪 80 年代起，英国、法国、荷兰、瑞典、加拿大、澳大利亚等开始建立国家和区域的 HTA 机构和项目。全球已有 50 多个国家和地区开展 HTA，并形成了 100 多个全球网络组织和不同层级的机构。

国际卫生技术评估组织机构在促进 HTA 发展中也发挥了重要的作用。代表性组织有国际卫生保健技术评估协会（International Society Technology Assessment Health Care，ISTAHC）、国际 HTA 协作网（International Network of Agencies for Health Technology Assessment，INAHTA）、欧洲卫生技术评估网络（European Network for HTA，EUnetHTA）、英国国家卫生与健康优化研究所（National Institute for Health and Care Excellence，NICE）、美国卫生服务研究与质量局（Agency for Healthcare Research & Quality，AHRQ）、加拿大药物和技术评估局（Canadian Agency for Drugs and Technologies in Health，CADTH）等。

健康是人类的基本需求，是社会进步、经济发展和民族兴旺的重要保障和基础。HTA 为卫生保健决策、合理分配资源提供科学依据，强调决策的科学化和成本－效益的最优化。世界卫生组织（World Health Organization，WHO）强调 HTA 是推动全民健康覆盖的一个有价值的工具。过去 20 多年，世界政治、经济、社会和人群疾病负担等发生了很多变化，人们对卫生技术评估的需求不断增加。由于卫生体系缺陷，缺乏良好的卫生筹资制度和基本的卫生人力资源，许多适宜的卫生技术、基本药品、疾病干预措施和办法等未能得到有效推广和利用，以单个疾病或者健康问题为基础的干预项目的效果亦不尽如人意。2012 年，WHO 发行指南制定手册（WHO Handbook for Guideline Development），确保 WHO 指南尽可能应用当前可得的高质量系统评价证据支持指南推荐意见；妥善处理专家的利益冲突；遵循透明的循证决策程序，考虑利弊和用户价值；以最小化报告标准形成指南实施和调整计划。此后，Cochrane 系统评价在 WHO 指南的应用逐年增加，至 2016 年已有 90％的 WHO 指南纳入了 Cochrane 系统评价，474 个 Cochrane 系统评价被应用于 160 个 WHO 认可的指南，发表于 2008—2016 年的循证建议文章中。2021 年，WHO 发布了全球 194 个不同地区、不同经济发展水平国家的 HTA 研究及决策转化体系的评估报告，发现半数以上国家已建立较完善的 HTA 决策转化体系，将 HTA 及其结果引入卫生技术准入、管理、监测等决策过程。

HTA 是一个动态、快速发展的学科。当前 HTA 的研究热点包括 HTA 与政府决策、卫生经济学、抗肿瘤药物等。全球范围内 HTA 发展的阻碍因素主要是对 HTA 重要性的知晓率低、HTA 制度化未被重视及 HTA 的政策支持力度不够等。

我国 HTA 由上海复旦大学率先引进，卫生部科教司从 20 世纪 90 年代起开展和推动 HTA 工作，先后在复旦大学、浙江大学、北京大学、四川大学华西医院中国循证医学中心等建立起 HTA 和循证医学机构，主要通过 HTA 研究、举办培训会议、开设 HTA 课程、培养人才、出版专著和教材等方式普及 HTA 理论、知识与方法。此外，笔者自 2018 年起，提议并执笔撰写《HTAi 早期职业发展网络手册》（*HTAi Early Career Network Handbook*），期间得到了澳大利亚的戴维·海利（David Hailey）、德国的奥瑞克·卢瑟（Alric Ruether）等国际 HTA 同事给予的大量宝贵建议和无私帮助。目前证据大多来自发达国家，尚缺乏大量高质量本土化证据，在借鉴这些证据时，务必考虑国情和民情。近年来不断涌现的新技术，为解决临床问题提供了新的证据来源、手段和思路。未来需合理使用这些新技术，与其他学科协同推进临床和卫生决策的科学化、高效转化与持续改进。

（卫茂玲）

【主要参考资料】

[1] Wei M L，Ruether A，Hailey D，et al. The Newcomer's Guide to HTA：Handbook for HTAi Early Career Network [EB/OL]. http：//www. htai. org.

[2] The history of HTAi [EB/OL]. https：//htai. org/about－htai/history/. Last accessed June 2019.

[3] Waffenschmidt Siw. Process of information retrieval for systematic reviews and health technology assessments on clinical effectiveness [EB/OL]. https：//www. eunethta. eu/wp－content/uploads/2018/01/Guideline _ Information _ Retrieval _ V1－2 _ 2017. pdf.

[4] WaffenschmidtSiw. EUnetHTA guideline on information retrieval to conduct

systematic reviews/HTAs ［EB/OL］. https：//www. eunethta. eu/.

［5］卫茂玲，史宗道. 知识转化［M］//史宗道等. 循证口腔医学（第 3 版）. 北京：人民卫生出版社，2020.

［6］Liu J P，Yang M，Liu Y，et al. Herbal medicines for treatment of irritable bowel syndrome ［J］. Cochrane Database of Systematic Reviews，2006（1）：CD004116.

［7］Wei M L，Liu J P，Li N，et al. Acupuncture for slowing the progression of myopia in children and adolescents ［J］. Cochrane Database of Systematic Reviews，2011（9）：CD007842.

［8］卫茂玲，康德英. Meta 分析的基本原理［M］//詹思延. 系统综述与 Meta 分析. 北京：人民卫生出版社，2019.

［9］刘鸣，卫茂玲. 临床实践指南的制定、使用与评价［M］//李幼平. 循证医学. 北京：人民卫生出版社，2014.

［10］李幼平. 实用循证医学［M］. 北京：人民卫生出版社，2018.

第九章　妇产疾病卫生技术评估

第一节　概述

在快速老龄化和全球生育率下降的背景下，生殖健康对于妇女个人、家庭、社区以及国家社会和经济的发展至关重要。妇产疾病是影响女性生殖健康的主要卫生问题，独立性强又涉及面广泛。从新生儿期到老年期，女性在不同年龄阶段有不同的生理特点和健康问题，青春期以前主要面临生殖器发育畸形、异常子宫出血、闭经及痛经问题。育龄期妇女易患各种炎症、子宫内膜异位症、多囊卵巢综合征、不孕症及肿瘤。妊娠和分娩带来的风险也不容忽视。围绝经期前后要注意绝经综合征、盆腔器官脱垂。

2019 年我国妇科疾病的患病率、伤残调整寿命年（Disability Adjusted Life Years，DALY）、伤残损失寿命年（Years Lived With Disability，YLD）均较 1990 年下降，但妇科疾病的健康寿命损失年（Years of Life Lost，YLL）上升，年龄标化 YLL 增长了 60.83％。我国妇科疾病负担整体呈现下降趋势，但是因妇科疾病导致的寿命损失仍不可忽视。

妇产疾病威胁患者的生命及生活质量，为患者与社会带来了沉重的疾病与经济负担。那么在医疗卫生服务的提供、规划或政策制定过程中，应如何系统性地促进妇产科疾病诊疗干预技术的合理使用？是否应当在中小学适龄儿童中普遍推广接种宫颈癌疫苗？对于妇科恶性肿瘤患者，最佳的生育力保护管理策略是怎样的？对于不明原因不孕的夫妇，最佳的辅助生殖技术（Assisted Reproductive Technology，ART）方案是怎样的？对于患有子宫内膜异位症的青少年患者，何时选择手术治疗？何时选择药物治疗？如何进行长期管理？经历过一次剖宫产的女性再度怀孕应选择阴道分娩还是剖宫产？

以上这些问题都涉及卫生技术的选择，也涉及卫生服务资源的分配和使用。对于如何优化医疗流程，合理分配稀缺的医疗资源，需要强有力的证据辅助卫生政策制定者和妇女保健规划者来做出明智的决定。卫生技术评估（HTA）指由多学科研究团队使用明晰的评估方法，确定卫生技术在生命周期不同阶段中的医学、社会、伦理和经济价值，是提供相关证据的最有效的工具。

我国自 20 世纪 80 年代引入 HTA，由卫生部门组织在大学试点建立了卫生技术评估机构。ART 是妇产领域首先纳入技术评估和政策转化的卫生技术。随后国家卫生计生委卫生技术评估重点实验室（复旦大学）相继开展了产前诊断技术评估和管理模式研究、出生缺陷的疾病负担和预防措施的经济学评估等，根据相关研究成果，从 2000 年起，我国相继制定并出台了《产前诊断技术标准》《胎儿常见染色体异常与开放性神经管缺陷的产前筛查与诊断技术标准》《人类辅助生殖技术管理办法》《体外受精－胚胎移植技术标准与规程》等政策。HTA 在政策转化方面逐渐发挥作用。之后随着妇产科学医疗技术的进步和 HTA 的推广，针对妇产疾病筛查、诊断和治疗干预的 HTA 逐渐增多，HTA 越来越多地采用决策树模型、马尔可夫模型等。与国外相比，我国妇产领域的 HTA 研究起步稍晚，发展较快，但仍然不系统、不全面，缺少深入浅出、针对性及专业性强的参考资料。

第二节　妇产疾病卫生技术评估的常用方法

根据目前国际指南共识，HTA 的流程一般包括确定评估主题、明确评估问题、确定评估角度、进行评估设计、收集相关数据、分析数据、综合证据、形成评估结果与建议、转化决策依据和检测技术使用效果。但并非所有的评估报告都要完成所有步骤。

一、技术特性评估

在妇产疾病干预技术评估中，应遵循研究人群（Population）、干预措施（Intervention）、对照措施（Comparator）、干预结果（Outcome）、研究设计（Study Design）的原则（PICOS）界定研究问题，并应充分考虑妇产疾病的特殊性。对于干预技术的适应证进行详尽研究与描述，包括疾病定义、流行病学研究现状、临床表现、自然病史、诊疗现状、卫生服务利用情况及疾病负担等。对照措施应选择适应证相同的标准或常规治疗方案，也可采用目前临床实践中的普遍治疗手段作为对照措施。

二、安全性评估

安全性评估是 HTA 的基础工作。妇产领域需要考虑卫生技术对生育力的影响。妇产科一些非致死性疾病不会缩短患者寿命，但会严重影响患者生活质量和生育力，例如，子宫内膜异位症，以疼痛、不孕、复发为特征；许多妇科癌症化疗药物会产生不同程度的毒副作用，从而影响卵巢功能；辅助生殖技术中促排卵方法有造成卵巢过度刺激的风险等。由于孕产妇人群的特殊性，无法直接针对孕产妇进行临床试验来评估不良反应，应充分发挥循证医学的优势，基于国家药品不良反应监测系统和全国危重孕产妇监测系统，收集不良事件发生情况，对已上市或批准的卫生技术进行持续监测。充分利用大数据和互联网信息技术，实现医疗机构间信息公开、共享，为孕产妇疾病相关卫生技术的安全性评估提供全面及时的数据。

三、有效性评估

传统的随机对照试验（Randomized Control Trial，RCT）是判断干预性研究效果科学性最佳的研究设计，其优势在于能够有效控制潜在混杂和偏倚因素。研究通常采用临床终点结局指标，例如，产科结局中的临床妊娠、持续妊娠、活产或分娩，妇科结局中的生存年、治愈率、复发率等。在难以开展 RCT 的情况下，还可以考虑其他临床试验设计，包括交叉试验、前后对照试验等。然而，受严格的纳入排除标准限制，RCT 的研究结果外部推广性存在一定局限性。真实世界研究，包括观察性研究、实效性临床试验（Pragmatic clinical trial，PCT）和混合研究，可以作为补充评估干预措施在临床实践、更广泛人群中的效果。真实世界研究的实施应参考现有的指南，包括《中国临床医学真实世界研究施行规范》《真实世界研究指南（2018 版）》《采用真实世界证据支持医疗器械的法规决策》等。

干预措施有效性评估最高等级证据来自高质量 RCT 数据的系统评价和 Meta 分析（Meta-analysis）。研究者需要根据研究目的，选择符合事先制定的纳入排除标准的研究，如 RCT、队列研究等，采用系统评价的方法进行客观评价、数据筛选、效应量合并和总结归纳。若结果存在显著异质性，则需要通过亚组分析、敏感性分析等方法进一步解释。当评估的干预措施是多个药品且缺乏直接比较证据时，可采用间接比较和网络 Meta 分析。

四、经济学评估

目前妇产领域还未产生相关的卫生经济学评估指南，但涉及药物、医疗器械等干预技术的评估，可以参考国外经济学评估指南的规范来设计和实施。经济学评估应采用全社会视角，计算干预成本。

常用的经济学评估方法包括成本-效益分析（CBA）、成本-效果分析（CEA）、成本-效用分析（CUA）、预算影响分析等。

CEA 是妇产领域应用最广泛的经济学分析方法，主要通过计算增量成本-效果比（Incremental Cost-effectiveness Ratio，ICER）来进行比较，ICER 为一个干预方案比另一个干预方案多花费的成本与多得到的效果之比。例如，对于不同筛查方案对宫颈癌易感人群的预防效果，人乳头瘤病毒（Human Papilloma Virus，HPV）检测和宫颈细胞学联合筛查效果更好但成本更高，利用 ICER 可评价不同方案在临床和经济学上的影响，以指导临床决策。CEA 在对效果进行测算时需要注意，有时某个医疗措施的直观效果只是中间结果而非最终结果。中间结果是指一些症状、数值的改变，但这些不是真正关注的对象，小幅度变化对临床及患者的意义不明。一般研究真正需要关注的是反映健康状况的最终结果，如病残天数、延长的生命年数、无进展生存期（Progress Free Survival，PFS）、总生存期（Overall Survival，OS）、预防的病例数、失去的健康日等。例如不同胚胎移植方案对不孕患者辅助生殖结局的影响，以累计活产率（Cumulative Live Birth Rates，CLBR）为产出指标。

当治疗措施能同时影响生命预期和生活质量时，CUA 更适用。例如比较不同化疗方案对卵巢癌患者的治疗效果，以质量调整 PFS 或 OS 为产出指标。质量调整生命年（Quality-adjusted Life Years，QALY）是妇科疾病 CUA 中应用最广的产出指标，此外还有伤残调整寿命年和健康等价年等。QALY 等于预期寿命年乘以一个基于 0~1 范围的健康状态效用值（0 代表死亡，1 代表完全健康），健康效用值一般是通过对评估对象的问卷调查和访谈进行测量，可量化疾病的严重程度和负担。通用型量表在妇科领域应用广泛，与疾病分级分期具有较好的相关性和一致性。产科与大多数其他医学专业的不同之处在于，决策问题涉及两名患者（母亲和孩子）的健康，而干预或治疗可能会影响双方的健康。通常，对母亲有益的干预会给孩子带来更高的风险，反之亦然，新生儿的分娩对产妇也有重大影响。因此产科的 CUA 还需要观察母婴双方的健康结局。

妇产疾病中常用的经济学评估设计方案主要包括两类：一类是基于临床试验（Trial－based）的卫生经济学评估，另一类是基于模型（Model－based）的卫生经济学评估。

基于临床试验的卫生经济学评估，应充分利用真实世界数据，主要通过设计、开展前瞻性和（或）回顾性的队列研究收集干预措施相关的成本和健康结局指标，进行 CEA 和（或）CUA。

基于模型的卫生经济学评估，通过建立经济学评估模型、纳入检索文献、查阅报告等途径获取数据，计算不同干预措施在真实世界研究观察期的长期成本及效果。相比于临床研究的患者个体数据在短期内很难获得，基于模型的卫生经济学评估不需要实际的患者参与，可以模拟疾病的长期治疗和干预结果，更加节省时间和成本，比临床试验更适用于慢性病的分析。常用的妇产疾病评价模型包括决策树模型和马尔可夫模型。选择的模型必须能反映所评价疾病的临床病程和疾病预后。决策树模型是一种简单的分析模型，一般适用于急性或临床过程较短的疾病研究。马尔可夫模型作为一种多状态模型，主要适用于时间长、健康状态和病情反复的疾病研究。马尔可夫模型在国内外妇科疾病卫生经济学评估中被广泛使用。马尔可夫模型的构建是最基础且重要的步骤，需与疾病相关的理论一致，能根据一定时间窗内各状态之间的转换概率反映疾病的发展过程和临床转归，明晰干预组和对照组的差异。最好选择终生时间跨度进行分析，保证囊括所有的成本和效果。模型参数应通过系统的方法收集，并说明收集过程和来源，最后使用单因素、多因素和（或）概率敏感性分析处理参数的不确定性。关键的效果参数应尽可能来源于系统评价或 Meta 分析，成本参数应来源于国内研究或医保报销系统。在数据允许的前提下，使用蒙特卡洛模拟对马尔可夫模型进行计算。

五、社会和伦理评估

新技术的引入、卫生技术的发展离不开人体医学研究，这一过程包含伦理价值冲突和平衡。国际上已发布了《涉及人的生物医学研究的国际伦理准则》《纽伦堡法典》《赫尔辛基宣言》等法则，提出了尊重、自主、知情同意和不伤害等医学研究基本原则。伦理委员会的评估是正式开展临床研究之前的一条必经之路。卫生技术在临床实践过程中的伦理评估同样值得重视。评估内容包括医疗卫生服务的安全性和有效性；新技术使用；昂贵或高风险技术应用的知情同意；医疗卫生资源分配的公平性；对家庭、社会产生影响，如辅助生殖技术导致生育与婚姻分离，代孕母亲引发社会问题；医学监护和数据安全保护，如基因诊断的数据保护。2009 年国家卫生计生委发布的《医疗技术临床应用管理办法》，对卫生技术的临床应用进行分类、分级管理，卫生技术的应用必须在法律允许和支持的范围之内。

伦理评估大致分为描述性伦理评估和规范性伦理评估两类。描述性伦理评估常采用定性研究方法，如访谈、问卷调查和小组讨论，描述医生、卫生保健组织、患者和其家人以及整个社会的基于经验的伦理判断、态度、观点或实践。规范性伦理评估是以论证为基础，使用伦理分析和论证的工具来探索医学伦理学概念在临床实践和卫生保健政策中的应用，常用方法包括清单、文献综述、参与式途径和实证研究。总的来说，收集和分析伦理数据的方法取决于评估技术的背景、分析的目的和所需资源的可用性。评估内容可参考 INAHTA 伦理学工作组（Ethics Working Group）推荐使用的 Hofmann 评价法。此处仅摘取部分条目：①技术实施引起哪些道德问题？此条目涉及的系列问题包括技术的应用对特定患者（或群体）的风险或益处，如假阳性与假阴性诊断结果对个体造成的伤害。②技术的实施和使用对患者的自主性有何影响？许多技术会改变自主性，如胚胎植入前的遗传学诊断对自主性产生影响。③技术是否以某种方式违背或干涉基本人权？④技术是否影响完整性？⑤技术是否影响尊严？⑥技术的普遍应用是否改变特定人群的观念（如对某种疾病的看法）？⑦技术是否有违宗教、社会理念或是文化信条？⑧技术的使用是否以某种方式改变相关法律？⑨技术引起的相关争论是关于医学化、过度诊断还是过度治疗？

第三节 妇产疾病卫生技术评估实践案例

一、国产 HPV 疫苗价格与预防宫颈癌的经济回报：一项成本－效果分析

（一）评估介绍

1. 研究背景和目的

宫颈癌是妇科恶性肿瘤中唯一病因明确、可防可控的疾病。有效的筛查和预防方案可有效降低宫颈癌的发病率，缓解公共卫生服务压力。WHO 在 2018 年呼吁采取全球行动消除宫颈癌，90％的 9~14 岁女孩接种 HPV 疫苗，70％的成年女性至少在 35 岁和 45 岁接受两次宫颈癌筛查。在过去 20 多年里，我国宫颈癌发病率和死亡率逐年攀升，但因进口疫苗价格昂贵，供应有限，疫苗接种率和筛查覆盖率很低。寻找经济有效的疫苗和宫颈癌筛查战略是中国宫颈癌预防和控制的当务之急。2019 年中国首个国产二价 HPV 疫苗获批上市，疗效与进口二价疫苗类似而成本降低了一半，以往两项关于中国宫颈癌预防措施的成本－效果研究均发布于 2016 年，未纳入国产 HPV 疫苗的干预方案。国产二价 HPV 疫苗的上市凸显了在国内重新评估预防性接种 HPV 疫苗计划的重要性。此外，宫颈癌筛查技术近年来得到了飞速发展，传统的筛查方法包括醋酸着色肉眼观察（Visual Inspection Acetic Acid，VIA）、巴氏细胞学（Papanicolau Smear Test，PAP）、液基细胞学检查，以 HC2、careHPV 为代表的 HPV 检测方案也得到了中国食品药品监督管理局的批准。本研究旨在评估中国女性少年期（9~14 岁）普遍接种疫苗和成年后各种宫颈癌筛查方法组合的多种干预方案的成本－效果，以及降低疫苗价格对成本－效果的影响。

2. 研究设计和方法

本研究以 10 万名 9~14 岁（预期寿命 80 岁）的女孩为研究对象，采用 TreeAge

Pro 2019 构建宫颈癌自然史马尔可夫模型，模拟高危型 HPV 感染发展至宫颈癌或回归到易感状态的疾病进展过程。从医疗保健系统角度评估筛查方法、不同筛查频次、是否接种疫苗以及疫苗接种组合的共 61 种干预方案的 ICER。模型起点为易感状态，根据不同年龄阶段的 HPV 感染概率进入 HPV16、HPV18 和其他高危型 HPV 感染状态（活检为 CIN1 也归入此阶段）。进展率和消退率与感染持续时间相关，各状态间的转换概率从宫颈癌自然史文献中得出。CIN2、CIN3 和宫颈癌的不同阶段（Ⅰ、Ⅱ～ⅣA、ⅣB）可通过主动筛查或出现症状就医而诊断，确诊的个体都接受了相应的治疗，任何治疗后存活 20 年及以上时间的患者视为临床痊愈状态。30 岁及以上的被诊断为 CIN3 的妇女中有 20% 行子宫切除术，定义为子宫切除术后状态，不再有患宫颈癌的风险。任何状态的妇女都存在固定的背景年龄别死亡率，宫颈癌患者还面临额外的疾病死亡风险。模型周期为 1 年，采用半周期校正。本研究共调查了 61 种干预策略。其中包括六种筛查方法（VIA、Pap、careHPV、HC2、Pap+HC2 和液基细胞学+HC2）的组合，在有或无疫苗接种计划的情况下，以五种筛查频率（35 岁筛查一次、35 岁和 45 岁各筛查一次、每 10 年一次、每 5 年一次和每 3 年一次）进行筛查，以及仅接种疫苗不进行筛查的干预方案。疫苗接种是在队列进入模型时实施的，而筛查是在队列进展到指定年龄时通过运行模型来实施的。预期的筛查覆盖率将达到 50%。各种筛查方案的敏感度和特异度根据 Meta 分析计算。假设以学校为基础开展国内国产二价 HPV 疫苗接种计划，9～14 岁女孩的预期覆盖率将达到 70%。根据既往研究结果，估计国产二价 HPV 疫苗的保护效力为 94%，不考虑对其他种类的高危型 HPV 的交叉保护作用，假设疫苗对接种疫苗并产生免疫反应的接种者提供终生保护。筛查计划的成本包括筛查、诊断、治疗和管理的费用。宫颈癌治疗成本包括初始住院费用和后续的年度随访医疗费用。疫苗接种成本包括疫苗价格（95.4 美元）、接种疫苗的员工服务（包括一次性注射器）成本（4 美元）和接种疫苗宣传成本（0.4 美元/人）。因此，国产二价 HPV 疫苗的总成本估计为 99.8 美元（以 2019 年 1 美元＝6.8968 元人民币的汇率进行换算）。若国家启动 HPV 疫苗接种资助计划，疫苗接种的成本可能会进一步下降，因此敏感性分析中假设该参数下降。HPV 相关状态的健康效用值来自中国宫颈病变患者的生活质量评估研究：冷冻或 LEEP 为 0.98，子宫切除术后为 0.85，宫颈癌Ⅰ期为 0.83，宫颈癌Ⅱ～ⅣA 期为 0.72，宫颈癌ⅣB 期为 0.6，癌症治愈为 0.87。效果和成本的贴现率为 3%。干预效果的指标即健康产出的衡量单位为 QALY，计算每种干预方案与不干预相比的增量成本和增量 QALY。构建成本－效果边界曲线，并计算 ICER，其定义为与低成本非受控方案相比，不同干预方案每获得一个 QALY 所需要增加的成本。参照 WHO 对成本－效果的定义：ICER<人均 GDP，表示增加的成本完全值得；人均 GDP<ICER<3 倍人均 GDP，表示增加的成本可以接受；ICER>3 倍人均 GDP，表示增加的成本不值得。采用单因素和概率敏感性分析评估模型输出结果的稳健性。

3. 研究结果

模拟 10 万少年期（9～14 岁）女性队列终生结果显示，各种筛查结合疫苗接种的干预方案与不干预相比将获得 691～970 个 QALY，同时需花费 6157000～22146000 美元的额外成本。若以 3 倍人均 GDP 作为支付意愿阈值，为 9～14 岁女孩接种国产二价

HPV 疫苗，并在成年女性中每 5 年进行一次筛查，将是成本－效果最优干预方案，其与成本－效果边界曲线上紧邻的低成本非受控方案相比的增量成本－效果比为 21799 美元/QALY，且具有成本－效果的概率（44%）高于其他所有方案。当疫苗接种总成本降低至 50 美元时，即使以 1 倍人均 GDP 作为支付意愿阈值，疫苗接种结合筛查的方案也将比单独筛查方案更具成本－效果。除非支付意愿阈值非常低，否则单独接种疫苗并不是最具成本－效果的策略。

4. 研究结论

国产二价 HPV 疫苗接种结合每 5 年一次 careHPV 筛查是中国宫颈癌预防最具成本－效果的方案。降低国产 HPV 疫苗价格才可为中国宫颈癌预防带来高的经济回报。此研究为相关卫生政策的制定提供了重要参考证据。

（二）评估简析

这篇研究主要比较了宫颈癌的一级预防措施——接种 HPV 疫苗和不同筛查方案的成本－效果。研究整体设计合理，对观察指标、数据来源、分析方法的介绍较为具体细致。这篇文章的亮点之一是建立了一个较为完整清晰的宫颈癌自然史马尔可夫模型，将目前可用的筛查方案进行详尽的组合分类，提示了宫颈癌预防方案的有效性和成本－效果。研究选取医疗保健系统的角度进行评估，提示国家和地区卫生部门在开展宫颈癌预防策略时，应更加关注 9~14 岁女孩的疫苗接种情况，并适度降低国产疫苗价格。面对我国资源分布不均衡、经济发展差异较大的现状，筛查技术的应用需考虑可推广性、操作难易性、投入成本，须与当地经济环境相适宜。筛查技术评估若只围绕方法本身的灵敏度和特异度来进行，难免有失偏颇，必须重视有效模型的建立以及对筛查效果的综合评估，特别是卫生经济学评估。该篇文章的局限性在于没有考虑疫苗对 HPV16 和 HPV18 型以外的其他基因型的交叉保护作用，也没有考虑由 HPV16 和 HPV18 型感染引起的其他疾病，如外阴癌、阴道癌、口咽癌和肛门癌等，可能低估了疫苗接种干预策略的人口影响和成本－效果。另外，疫苗接种计划只考虑了 9~14 岁女孩群体，没有评估成年女性和男性的疫苗接种效果。

二、美国剖宫产后试产的终生成本－效果

（一）评估介绍

1. 研究背景和目的

在美国，每年大约有 30 万名妇女经历过一次剖宫产后计划生二胎，面临着是否尝试阴道分娩的选择。目前研究认为对于大多数有过剖宫产经历的妇女来说，剖宫产后阴道分娩是合理和安全的选择。但为了给妇女提供充分的咨询，必须考虑这一决定对母婴的短期和长期影响，其后续影响不仅包括阴道分娩的不良围产期结局，如脑瘫，还包括未来怀孕的不良后果，如前置胎盘和胎盘植入。关于剖宫产的研究，大多数只考虑了短期的卫生服务费用，并没有关于剖宫产潜在的中长期不良后果经济负担的研究。因此评估选择不同分娩方式的费用、资源使用情况和长期后果相关的卫生服务费用情况，有助于医务人员和产妇更全面地认识阴道分娩和剖宫产这两种分娩方式各自的近期、远期后

果及经济负担。本研究旨在评估有一次剖宫产经历的妇女在后续怀孕期间选择阴道试产或剖宫产的长期健康结局和成本－效果。

2. 研究设计和方法

本研究以 10 万名既往进行过一次低位横切口剖宫产的孕妇作为研究对象，用决策树模型模拟不同的分娩方式，建立决策树－马尔可夫模型，综合考虑了初始成本、并发症治疗成本、生存率、并发症发生率和生活质量等因素，从社会角度探讨女性在初次剖宫产后不同怀孕次数以及分娩选择方式对产妇与胎儿远期健康的影响和成本－效果。模型开始年龄设定为 28 岁，终止年龄设定为 78 岁。利用 TreeAge Pro 2012 软件完成模型的构建和运算。分娩方式包括成功或失败的剖宫产后阴道试产（Trial of Labor After a Previous Cesarean，TOLAC）、择期剖宫产（Elective Repeat Cesarean Delivery，ERCD）、指定选择 ERCD（子宫破裂）。根据后续是否继续怀孕进行下一步分析。假设分娩二胎后，22％的妇女将生三胎，14％的妇女将生四胎。每次怀孕之间的周期为 2 年，代表生育之间的平均间隔时间，而其他健康状态的周期为 1 年。在这个模型中，经历了一次成功 TOLAC 的孕妇有资格再尝试 TOLAC。最初选择 ERCD，或者经历了失败的 TOLAC 或子宫破裂的妇女，若继续怀孕将指定选择 ERCD。产妇结局包括子宫内膜炎、伤口并发症（水肿、血肿或感染）、手术损伤（阔韧带血肿、膀胱切开、肠或输尿管损伤）、围产期子宫切除、子宫破裂、前置胎盘、胎盘植入、血栓栓塞和产妇死亡。压力性尿失禁纳入敏感性分析。新生儿结局包括新生儿一过性呼吸急促、呼吸窘迫综合征、感染（疑似或确诊的败血症）、酸血症（脐带动脉血 pH<7.0）、缺血缺氧性脑病、脑瘫和新生儿死亡。分娩方式和不良后果状态的负效用值及负效用天数来自文献研究：产妇死亡 0；ERCD 或指定选择 ERCD 0.45，21 天；子宫破裂 0.45，21 天；失败的 TOLAC 0.47，21 天；成功的 TOLAC 0.35，7 天；胎盘植入或子宫切除 0.49，21 天；压力性尿失禁 0.19，全周期；脑瘫 0.44，全周期；缺血缺氧性脑病 0.75，42 天；婴儿死亡 0。QALY 是根据负效用值和预期寿命决定的。假设分娩方式本身不会改变产妇或新生儿的预期寿命，患有脑瘫的婴儿预期寿命为 50 岁。每个 QALY 边际成本比率小于50000 美元视为具有成本－效果。基于分娩方式的下列成本被纳入该模型：医院、产科医生、儿科医生、麻醉师以及产妇和护工的机会成本。医院费用来自 2009 年美国健康研究及质量委员会的医疗成本和全国住院样本项目（Utilization Project Nationwide Inpatient Sample，HCUPnet）（一个全国性的住院患者住院时间数据库，包含美国大约95％的出院情况，包含直接和间接医院费用）。产科医生和儿科医生的费用来自美国医学会 2010 年的当前程序术语（Current Procedural Terminology，CPT）。麻醉费用从文献中估算得出。产妇和护工的机会成本来自劳工统计局，分别使用 25～34 岁妇女和16 岁及以上所有个人的 2009 年平均时薪和工资中位数。由于与孕产妇和婴儿死亡相关的成本很难量化，使用 0～100 万美元的范围，医院基线估计分别为 20000 美元和50000 美元。脑瘫新生儿的住院费用是缺血缺氧性脑病基本费用的 2 倍，并在接下来的49 年里，每年增加大约 9000 美元的儿科医生费用和 23800 美元的直接与间接费用。与产妇压力性尿失禁相关的成本从文献中获得，年成本为 400 美元。对所有概率、成本和QALY 进行单向敏感性分析，每次一个变量在其范围内从低到高变化，而其他变量保

持不变。成本和 QALY 的贴现率为 3%。使用 10000 次的蒙特卡罗模拟进行概率敏感性分析，并给出了成本－效果可接受性曲线。

3. 研究结果

TOLAC 策略在 ERCD 策略中占主导地位，每 10 万名女性节省 1.642 亿美元，每 10 万名女性获得 500 个 QALY。该模型对 6 个变量敏感：无阴道分娩的妇女子宫破裂的概率、无阴道分娩的妇女 TOLAC 成功率、压力性尿失禁的频率、TOLAC 失败的成本、TOLAC 成功的成本、ERCD 的成本。当 TOLAC 成功率以 67.2% 为基准值，子宫破裂概率为 3.1% 或更低时，TOLAC 为首选。当子宫破裂概率以 0.8% 为基准值时，只要成功率≥47.2%，则首选 TOLAC 策略。概率敏感性分析证实了基本案例分析。

4. 研究结论

在基线条件下，当成功概率为 47.2% 或更高时，TOLAC 比 ERCD 更便宜、有效。

（二）评估简析

剖宫产后选择阴道分娩或重复剖宫产的成本－效果比较不仅对临床医生具有指导意义，也是产妇感兴趣的问题。类似对比二者的研究不算太少，本研究的亮点在于总成本的计算和分娩方式选择场景的应用。本研究完备而详细地介绍了总成本的组成、数据来源和计算，考虑到了直接成本、间接成本和机会成本，非常值得借鉴学习。

三、美国胚胎植入前染色体非整倍体检测的成本－效果：对 158665 例体外受精周期的成本和出生结局的分析

（一）评估介绍

1. 研究背景和目的

生活环境差、工作压力大、初婚初育年龄推迟导致全球不孕不育率逐年攀升。辅助生殖技术已成为当下治疗不孕不育症的主要选择。胚胎植入前染色体非整倍体检测（Preimplantation Genetic Testing for Aneuploidy，PGT－A）是生殖医学中一个有争议且尚未解决的问题。PGT－A 从囊胚的外滋养层外层获取活检细胞，分析这些细胞的遗传组成，并转移平衡或正常的胚胎。研究表明，PGT－A 可以降低流产率，提高着床率，并缩短治疗到怀孕的时间。然而，在所有体外受精（In Vitro Fertilization，IVF）患者中普遍采用 PGT－A 的价值是有争议的。美国生殖医学协会在 2018 年对 PGT－A 进行了审查，只检索出 3 个随机对照试验，且样本量相对较小，纳入的患者预后良好，仅在囊胚期（而不是在周期开始时）随机分组，限制了结果的推广。另一项多中心、大型随机对照试验显示，随机进行 PGT－A 的大龄患者（年龄 35~40 岁）每次移植的妊娠率更高；然而，在 35 岁以下的女性中没有发现差异，也没有显著的益处。目前暂无成本－效果研究利用大数据评估从 IVF 治疗开始的成本，这也是患者做出决定的最佳时机。此外，以前的研究集中在与 IVF 周期和 PGT－A 检测平台相关的成本，而没有纳入与多胎妊娠相关的社会成本。本研究的目的是使用提交给美国辅助生殖技术临床结果报告系统（Society for Assisted Reproductive Technology Clinic Outcome Reporting System，SART CORS）的真实世界数据，从患者和第三方支付的角度评估 PGT－A 在

周期开始时治疗不孕症患者的成本-效果。

2. 研究设计和方法

根据提交给 SART CORS 的研究数据，对美国 2014—2016 年的 IVF 周期进行分析。使用 TreeAge Pro 2020 R1.2 创建概率决策树模型，模拟与 IVF 和 PGT-A 相关的事件和结果。治疗策略为：①进行 PGT-A 的 IVF；②常规 IVF。患者经过治疗后实现活产或停留在卵巢刺激后 12 个月，被指定为终点。对于进行 PGT-A 的 IVF，患者仅进行冻胚移植（PGT-A 无法进行早期胚胎移植，因为必须培养到囊胚期进行检测），常规 IVF 可选择鲜胚移植或冻胚移植。每次胚胎移植都有 5 种不同的可能结果：未怀孕（包括生化妊娠）、临床流产、单胎活产、双胎活产、高阶多胎活产。任何没有实现活产的妊娠，如终止妊娠或异位妊娠，都被列为临床流产。按年龄分组统计（<35 岁、35 岁、36 岁、37 岁、38 岁、39 岁、40 岁、41 岁、42 岁、>42 岁），结果指标包括从周期开始到治疗结束这两种治疗策略之间的增量成本、CLBR、ICER。成本从患者和第三方支付者两个角度考虑。从患者角度来看，患者负责所有与 IVF 相关的费用，包括药物、IVF 周期和 PGT-A 的费用。第三方支付者负责 IVF 相关费用和与产前护理、流产管理和分娩相关的产科费用。计算数据均从文献中估算和提取。对成本进行离散单因素敏感性分析，估计特定成本参数的改变对总体预期成本的影响，并根据流产管理成本的最大界限（期待治疗，0 美元；手术，1383 美元）运行两个模型场景。

3. 研究结果

研究包括 114157 个鲜胚移植周期和 44508 个冻胚移植周期。PGT-A 组的获卵数、原核胚胎数更多，单胚移植率更高。在<35 岁和 35 岁的队列中，每个移植周期的 CLBR 无显著差异，在 36 岁之后 PGT-A 组的 CLBR 明显更高。从患者的角度来看，PGT-A 相比常规 IVF 周期成本更高，平均增加了 3633 美元，从>42 岁的 2956 美元到 37 岁的 3953 美元不等。从第三方支付者的角度来看，PGT-A 的成本在 35 岁时增加了 969 美元，到 41 岁时增加了 5716 美元。对于≤38 岁的患者，进行 PGT-A 比常规 IVF 每获得一个活产婴儿需增加成本 7852～1856 美元。而从 39 岁开始，常规 IVF 组比 PGT-A 组每获得一个活产婴儿多需要 1696～169519 美元。从第三方支付者的角度来看，所有年龄段的患者在常规 IVF 组比 PGT-A 组每次活产的 ICER 为 3235～183990 美元。

4. 研究结论

PGT-A 的成本-效果在很大程度上取决于患者年龄和第三方支付者，不应该被普遍采用。在<35 岁的患者中，从患者角度来看，PGT-A 增加了成本而活产率更低；从第三方支付者角度来看，PGT-A 可以通过减少多胎妊娠来降低每次活产的增量成本。随着患者年龄的增加，PGT-A 可以优先选择，但从成本-效果角度来看，对于<35 岁没有临床益处的患者，常规 PGT-A 不应普遍采用。

（二）评估简析

本研究主要比较了辅助生殖技术中 PGT-A 应用的成本-效果。亮点在于从患者和第三方支付者两种角度对比了不孕症患者治疗过程中应用 PGT-A 的 ICER，并在不同年龄段患者中进行比较，提示 PGT-A 不太可能在所有人群中同样有效或具有成本-效益。产科领域成本－效果分析的一个难题在于缺乏用来解释 ICER 结果的支付意愿阈值参数，在美国，一个 QALY 的支付意愿（Willingness－to－pay，WTP）通常设定在100000~150000 美元，但这个范围很难转化为出生结果。因此，本研究没有设置支付意愿阈值，而是提供可以被患者或第三方支付者解释的结果。例如，从第三方支付者的角度来看，对于 38 岁的女性来说，PGT－A 是一种具有成本－效益的策略，WTP 为36000 美元，累计 LBR 增加 1％。

四、子宫移植引发的伦理和政策问题

（一）评估介绍

1. 研究背景和目的

绝对性子宫因素不孕症是指先天性缺少子宫或子宫发育不良而无法植入胚胎或维持妊娠。据估计，全世界约 1/500 的妇女患有绝对性子宫因素不孕症。此类患者通常只能通过代孕或领养获得后代，尽管代孕在英国是合法的，但出于文化、道德或其他争议，包括中国在内的许多国家禁止代孕。子宫移植可以同时提供母亲与小孩的遗传学联系和亲身孕育的体验，以满足生育需求，也许是治疗绝对性子宫因素不孕症的一种比较好的方案。子宫移植是器官移植和辅助生殖技术的创新结合，作为一种非救命性器官移植，大多数研究模型建议在移植子宫完成生育后切除子宫。从 2000 年人类子宫移植开始至今，多个国家共开展子宫移植手术 56 例，手术成功 44 例，分娩 16 例。与此同时，子宫移植的伦理争议和法律讨论一直未曾停歇。本研究利用文献综述的方法探讨了子宫移植的伦理和政策方面三个最引人关注的问题：怀孕的价值、活体或亡体捐赠来源的选择以及获得治疗的途径。

2. 研究内容

（1）怀孕的价值。怀孕的价值是子宫移植伦理讨论的一个重要主题。目前研究主要探讨了两个问题：子宫移植在多大程度上加强了有关生殖的社会偏见，加剧了不孕不育造成的伤害；提供子宫移植是否会导致替代方案的不接受或不可取。对辅助生殖技术的许多批评涉及对"母性使命"的关注，母性使命的意义在于母亲是女性身份的核心。辅助生殖技术，尤其是子宫移植形成了一种特殊的家庭，即生物核心家庭，在这种家庭中，接受者将是任何孩子出生的遗传学和妊娠母亲。虽然医学的进步为妇女提供了更多的生殖选择，研究者担心的是，反映现行社会和文化规范的选择越来越多，可能会加强使用辅助生殖技术进行生育的愿望，从而使那些不能或选择不这样做的人（比如选择代孕、领养或者丁克的妇女）遭受更多心理和社会上的压力和痛苦。

（2）活体或亡体捐赠来源的选择。目前子宫移植研究中供体来源大多数为活体捐赠者，主要是接受者的近亲（母亲、阿姨和姐妹），只有少部分使用脑死亡捐赠者的子宫，每种模式各有优势。根据有利和不伤害原则，脑死亡捐赠模式对于捐赠者没有任何风险，但脑死亡供体的子宫移植存活率可能会受到脑死亡状态的负面影响。而对于活体捐赠者，存在与子宫全切和血管蒂切除相关的手术和后遗症风险，其中围绝经期或绝经后的老年妇女捐赠者，其身体健康状况呈下降趋势，额外的手术风险和对生活质量的影响更加值得关注。随着微创手术技术和术后护理的改进，这些风险可能会随着时间的推移而减少。此外，活体捐赠者可能承受移植手术失败带来的"愧疚感"或重新面临生育要求而后悔切除子宫，移植手术的不可逆性可能会造成捐赠者极大的精神或心理负担。根据尊重自主原则，理论上讲，可以允许活体捐赠者自主选择是否捐赠。然而实际情况中，部分人可能会受到家庭或社会的压力，导致她们做出违背个人意愿的决定。脑死亡捐赠者由家庭成员委托做决定，无法根据死者的偏好做出知情同意。目前没有统一的标准表示应该选择哪种供体来源，大部分研究认为活体捐赠是合理的，必须保证捐赠者在医生和心理学专家的强制深入咨询后给予有效的知情同意，保证捐赠者所受到的伤害与所产生的利益成比例，并且低于可接受的阈值，尽量减少使用活体捐赠者以及对他们造成的任何伤害。最大限度地减少伤害可以通过以下方式实现：①推广替代移植的方法，例如代孕和收养（在允许的情况下）；②使用已完成生育或正在接受健康子宫切除手术的活体捐赠；③扩大亡体捐赠者的范围，包括非标准风险捐赠者；④支持对生物工程子宫的研究等。

（3）获得治疗的途径。在考虑使用子宫移植时，出现了三个主要问题：是否应该由公共资金资助？界定合格接受者应采取什么纳入和排除标准？在分配供体时应考虑什么因素保证非指定捐赠子宫的公平分配？子宫移植的时间周期长、技术复杂，因此费用也比较昂贵。一些研究者认为子宫移植的安全性和有效性方面的记录尚不够完善，作为非救命性技术，大规模的公共投资妨碍了有限的卫生资源流向更具成本－效果的技术或手术。并且，若强调子宫移植所带来的使妇女能亲身经历妊娠的好处，可能会贬低其他家庭模式的价值。代孕或领养是否会比子宫移植更有价值，部分取决于患者的个人偏好。如果经历妊娠对患者个人意义重大，在子宫移植的有效性和安全性都得到全面评估的基础上，把更广泛的社会和心理背景考虑在内，公共资金的资助对于增强患者的自主权和幸福感可能是合理的。子宫移植在选择适用患者的纳入、排除标准和为建立公平的器官分配制度而采用的分配标准方面产生了特殊问题，只有选择那些有成功前景的患者进行治疗才是明智的。为此，研究者根据各种社会心理和医学因素提出了子宫移植的分配排名标准。经历过妊娠和分娩的妇女，或者说已经存在有生物学关系的子女者，应该得到较低的优先权。目前受到技术限制，所有子宫移植患者术后都只能借助辅助生殖技术受孕而无法自然受孕，需要优先考虑治疗不孕症所需的费用是否合乎成本－效益。优先考虑一些难以找到合适捐赠者的患者（例如高敏感群体、抗体水平高的群体和少数民族群体等）。基于接受者年龄的排名标准也引起了较多讨论。妇女的生殖功能会随着年龄增长而下降，一些研究者认为，排名标准应该模仿自然生殖生命周期，只接纳那些处于正常生育年龄的妇女。但对于什么是正常生育年龄，各个国家观点不一致，由于不同的社会规范和做法，可能难以达成国际共识。

3. 研究结论

子宫移植提出了重要的道德、社会和监管问题，主要是由于子宫移植研究尚不成熟，随着有关子宫移植的益处和风险的更多可靠研究数据的出现，根据这些数据进行政策修订，在短期至中期内可能会出现答案或解决方案。然而，一些关于最终价值论的问题无法通过试验数据得到完整的答案。这些问题包括但不限于：应该对人们在子宫内孕育自己未来孩子的能力赋予什么价值？在社会方面，有什么责任来减轻不孕症造成的社会和心理伤害？医学的适当限制是什么？对于提高生活质量的移植手术（而不是延长生命的移植手术），捐赠者和接受者可接受的风险水平是多少？与其他健康相关的干预措施相比，不孕不育治疗服务应优先分配哪些资源？

（二）评估简析

辅助生殖技术往往会产生社会、伦理和法律等多方面的争议。子宫移植作为有望替代代孕或领养解决绝对性子宫因素不孕症的新型研究技术，具有较好的应用前景，但需要严格的监控和管理。国际上关于子宫移植的指南规范文件较少，尚未达成共识。本研究综述了子宫移植的伦理争议现状，并通过分析给出了一些建议和未来研究方向。

第四节　展望

HTA 在妇产领域发展较快，研究数量逐年增加，研究质量得到了很大提升。但总体而言还存在部分问题，包括研究设计不完善、结果报告不规范等。不同研究的成本和效果指标的确定与测量方面存在较大差异，导致各研究的可比性较小，甚至出现对治疗方案的研究结果不同的现象，不利于政策制定者进行卫生决策，也给临床医生造成困惑。

（1）缺乏产科干预对健康影响的长期随访数据，导致 HTA 研究中的时间窗范围较小。

（2）缺乏产科干预后的孕产妇和新生儿的健康相关生活质量评分，无法计算效用指数，导致成本-效用分析的应用受限，无法使用 QALY 作为效果衡量指标，只能选用临床效果指标来评估成本-效果。即使研究人员尝试使用 EQ-5D 等量表收集数据，因围产期干预的特殊性，如引产、产程相对较短，对于仅影响产程和分娩而不影响婴儿健康的干预措施，使用 QALY 作为结局指标则无法反映出差异。

（3）对于干预技术对产妇和婴儿的健康影响应如何同时衡量尚无共识。当同时考虑产妇和婴儿时，目前建议倾向于分别和合并报告产妇和婴儿的 QALY。例如，如果干预导致婴儿的 QALY 增加，但产妇的 QALY 减少，只报告合并结果会产生偏颇。

（4）HTA 方法学专家的参与对于保证研究质量和真实性有重要作用。目前国内外发表的妇产疾病经济学分析研究文章中，一半研究仅有临床科室参与，应注重多学科团队构建，综合运用循证医学、流行病学、临床医学、临床药学、HTA、药物经济学、卫生管理、卫生政策、生物统计、信息学和项目评估等知识体系。

（5）基于模型的卫生经济学评估依赖可获得的临床数据的准确性、完整性和可靠性。我国以往妇产领域卫生经济学研究多用单中心的回顾性或前瞻性队列研究数据，或者参考国外文献，可能不符合我国国情，缺少大型诊疗和医保报销数据库。

（6）一些 HTA 研究实际上比较的是不同的技术或服务组合。例如，有研究将地诺孕素和左炔诺酮宫内节育器预防子宫内膜异位症复发的效果进行比较。这种 HTA 的不同组合既要考虑其临床适用条件和合理性，又要注意研究报告中给出具体、详细的特点描述。

（7）对于需要长期管理的妇科疾病，如恶性肿瘤、子宫内膜异位症、多囊卵巢综合征等，随访是一个重要的医疗管理环节，但目前尚无高质量的研究探讨随访模式对疾病复发、生存率和成本-效果的影响，需通过合理设计的随机试验（包括成本-效果分析）加以评估。

随着对高质量医疗保健的需求不断增长，有必要重新评估卫生领域的优先事项，以及如何获得和提供卫生保健。《"健康中国2030"规划纲要》指出，要面向全人群提供覆盖全生命周期、连续的健康服务，其中妇女和儿童是需要重点关注的人群。妇女全生命周期管理工作是一项科学性、群众性、社会性强，涉及面广，且具有很大挑战性与艰巨性的工作。由于妇女全生命周期各个阶段都有不同的健康满足风险及需求，确定实际工作策略及重点优先领域时，首先应解决母婴生存权问题，即满足降低孕产妇和婴幼儿死亡率，重视分娩并发症、孕产妇感染（疟疾、梅毒和 HIV/AIDS）、产妇疾病（尤其是高血压、肥胖和糖尿病）、胎儿生长受限和先天性异常的研究需求。在此基础上依据不同年龄阶段妇产疾病负担和患病特征，进行有针对性的普查，扩大普查受益范围，同时提升妇科疾病的诊疗技术，推广经循证研究得到的健康管理适宜技术和指南规范，实现从局部到全身、从功能到结构、从统一到个性化的管理。

值得肯定的是，近年来中华医学会妇产科学分会、围产医学分会、计划生育学分会、中国医师协会生殖医学专业委员会和中国妇幼保健协会等发布了多项专家共识和指南规范。例如，针对不孕不育疾病管理的《高龄女性不孕诊治指南》《生育力保存中国专家共识》在我国"三孩"政策全面放开的背景下，对于规范我国高龄不孕女性的诊治流程和生育力保存咨询具有重要意义。《孕前和孕期保健指南（2018）》针对单胎妊娠、无妊娠并发症和合并症的孕妇的产前检查方案和产前筛查技术进行了总结。《高龄妇女妊娠前、妊娠期及分娩期管理专家共识（2019）》的发布，为加强我国高龄妇女妊娠前的评估及妊娠期、分娩期的规范管理奠定了基础。根据中华医学会《临床诊疗指南：妇产科学分册》所述，自 2009 年起，国家卫生和计划生育委员会相继发布了关于子宫腺肌病、剖宫产、阴道分娩、产钳助产、异位妊娠、子宫平滑肌瘤、产后出血、产褥感染、前置胎盘、胎膜早破、ABO 血型不合溶血、不孕症宫腹腔镜手术治疗、子宫内膜异位症、子宫脱垂、人工流产、中期妊娠引产的相关临床路径，部分已更新至 2019 年版，同时发布了县医院适用版，针对不同层次医疗资源的可得性进行规范指导。选择合理恰当的检查和治疗方案可提高临床医疗效率和准确度，减少患者痛苦和医疗成本。妇产科常用检查包括细胞学与组织学检查、影像学检查、实验室检查、穿刺检查及内镜检查，在疾病的筛查、诊断、分期、治疗方案制订和预后评估中起着重要指导作用。盆腔超声是女性盆腔疾病检查的首选和常规方法，也是产前诊断检查胎儿结构畸形的主要手段。妇科炎症常用检测方法为微生物检查。妇科内分泌疾病的主要检查是激素水平测定，盆腔超声可辅助诊断。妇科恶性肿瘤明确诊断主要依赖细胞学与组织学检查，结合影像学、肿瘤标志物等检查辅助分期、疗效观察及预后判断。不孕症主要检查包括男性精液检查、女性性激素检查、排卵监测、输卵管造影等。妇产科常用治疗药物和技术包括性激素、抗生素、中药、节育环、宫腔镜、腹腔镜、经阴道内镜手术、现代介入技术和放、化疗等。未来女性全生命周期管理道路的建设，需要更多的适宜卫生技术支撑。适宜卫生技术的发展离不开科技创新以及 HTA 的推广和进步，需要走"政、产、学、研、用"相结合的道路。借鉴国外高质量 HTA 指南，结合我国人种、疾病负担及卫生资源条件等，针对妇产疾病特点，制定本土化参考案例作为妇产领域方法学指南，有助于提高相关评估和研究的透明度、质量和政策适用性，促进 HTA 研究的科学开展。

（袁爽　王红静）

【主要参考资料】

［1］ Sung H，Ferlay J，Siegel R L，et al. Global cancer statistics 2020：Globocan estimates of incidence and mortality worldwide for 36 cancers in 185 countries ［J］. CA：A Cancer Journal for Clinicians，2021，71（3）：209－249.

［2］ GBD 2019 Diseases and Injuries Collaborators. Global burden of 369 diseases and injuries in 204 countries and territories，1990－2019：a systematic analysis for the Global Burden of Disease Study 2019 ［J］. The Lancet，2020，396（10258）：1204－1222.

［3］ 李宏，祁美霞，关晓蕊. 1990—2019 年中国妇科疾病的疾病负担变化趋势 ［J］. 现代预防医学，2021，48（18）：3322－3326，3336.

［4］ Zhou M，Wang H，Zeng X，et al. Mortality，morbidity，and risk factors in China and its provinces，1990—2017：a systematic analysis for the Global Burden of Disease Study 2017 ［J］. The Lancet，2019，394（10204）：1145－1158.

［5］ Zou Z，Fairley C K，Ong J J，et al. Domestic HPV vaccine price and economic returns for cervical cancer prevention in China：a cost－effectiveness analysis ［J］. The Lancet Global Health，2020，8（10）：e1335－e1344.

［6］ Gilbert S A，Grobman W A，Landon M B，et al. Lifetime cost－effectiveness of trial of labor after cesarean in the United States ［J］. Value in Health，2013，16（6）：953－964.

［7］ Lee M，Lofgren K T，Thomas A，et al. The cost－effectiveness of preimplantation genetic testing for aneuploidy in the United States：an analysis of cost and birth outcomes from 158，665 in vitro fertilization cycles ［J］. American Journal of Obstetrics and Gynecology，2021，225（1）：55. e1－55. e17.

［8］ O'Donovan L，Williams N J，Wilkinson S. Ethical and policy issues raised by uterus transplants ［J］. British Medical Bulletin，2019，131（1）：19－28.

［9］ Wei M L，Ruether A，Hailey D，et al. The newcomer's guide to HTA：handbook for HTAi early career network ［EB/OL］. https：//www. htai. org.

［10］ 许良智. 临床循证治疗手册——妇产科疾病 ［M］. 北京：人民卫生出版社，2008.

［11］ Hay－Smith J，Mφrkved S，Fairbrother K A. 一些证据显示盆底肌训练可减少分娩 12 个月内的孕妇尿失禁 ［J］. 卫茂玲，译. 英国医学杂志：中文版（BMJ），2010，13（4）：238－239.

第十章　儿科疾病卫生技术评估

第一节　概述

依据 WHO 的定义，卫生技术泛指一切用于疾病筛查、预防、诊断、治疗、康复过程的管理流程、后勤支持等相关技术手段，具体包括药物、医疗器械、外科手术、医疗方案、提供服务的模式、公共卫生干预措施、卫生材料、技术程序、后勤支持系统和行政管理组织等。2020 年，国际卫生技术评估机构网络（International Network of Agencies for Health Technology Assessment，INAHTA）和国际卫生技术评估组织（Health Technology Assessment international，HTAi）共同制定并发表卫生技术评估的新定义，具体如下：卫生技术评估是一个多学科交叉过程，即使用明晰的方法发现卫生技术在生命周期不同阶段的价值，旨在为决策提供信息，以促进公平、高效和高质量的卫生系统发展。儿科疾病卫生技术评估是围绕某项卫生技术展开的临床综合评价，其内容主要包括技术特性、有效性、安全性、经济性、社会适用性、社会伦理和公平性，其评估流程依次为主题遴选、评估范围确定、证据评估以及评估结果评审。

尽管早在 1972 年美国就成立了卫生技术评估组织，1976 年发表了首个卫生技术评估报告，但截至 2018 年，儿科领域的卫生技术报告仍较少，且仅英国国家卫生与健康优化研究所（National Institute for Health and Care Excellence，NICE）、苏格兰医药协会（Scottish Medicines Consortium，SMC）和加拿大药物和技术评估局（Canadian Agency for Drugs and Technologies in Health，CADTH）三家卫生技术评估机构的网站公开发布的 230 份卫生技术评估文件（NICE 150 份，SMC 65 份，CADTH 15 份）中提供了足够的详细信息以确定 21 份年龄≤18 岁人群适应证的卫生技术评估报告，其中 NICE 14 份，SMC 6 份，CADTH 1 份。在上述报告中，仅 11 份报告专门针对儿童（NICE 7 份，SMC 4 份），其余 10 份报告同时涵盖成人和儿童（NICE 7 份，SMC 2 份，CADTH 1 份），其中 5 份报告分别对儿童和成人进行独立分析（NICE 4 份，CADTH 1 份），其余 5 份报告没有对儿童进行独立分析（NICE 3 份，SMC 2 份）。16 份针对儿童独立报告的卫生技术评估均涉及儿童慢性病，包括生长障碍、慢性乙型肝炎、斑块性银屑病、肾移植、哮喘、严重活动性溃疡性结肠炎、精神分裂症、双相情感障碍 I 型、幼年特发性关节炎、维生素 E 缺乏、短肠综合征、特应性湿疹、重度至极重度耳聋、重度持续性过敏性哮喘、急性淋巴细胞白血病和特发性血小板减少性紫癜。

第二节　儿科疾病卫生技术评估的常用方法

儿科疾病卫生技术评估遵循以下基本步骤：确定选题、确定具体评估问题、确定评估机构、收集已有文献资料或新的研究数据、评价证据、合成资料、得出结论和提出建议、传播评估结果和建议、检测评估结果的影响。这些步骤的实施涉及多学科方法的应用。

确定选题时，优先考虑能带来巨大健康效益的技术，例如儿童单纯性先天性心脏病的介入手术，改善健康结局、降低疾病危险度的技术或昂贵的卫生技术相关健康问题（如生物治疗药物治疗幼年特发性关节炎、大剂量丙种球蛋白治疗儿童川崎病、青霉素防治儿童先天性梅毒等），临床应用差异大的技术，不确定的伦理、法律、社会问题，涉及社会资源分配的政策问题等。

卫生技术评估为循证指南及政策制定提供群体决策依据，因此确定具体的评估问题时需多视角考虑，因为不同的身份（如医务人员、患者、政治家、研究者、医院管理者和公司负责人等）看问题的角度、牵涉的相关利益以及所具备的专业知识差别较大，尤其是儿科领域的健康问题，小年龄儿童的个人偏好和需求不能自主报告而由监护人提供，大年龄儿童的偏好却可能与监护人不同，因此不同角度对同一项卫生技术的关注点不同，利益最相关的具体问题也会不同，这些都会影响评估的内容、报告的形式和结果的传播等。综上，确定具体评估问题时至少应包括以下基本要素：具体健康问题、涉及的患者人群、评估的技术类型、技术的使用者、技术应用的场所、评估内容等。

由于研究者综合多方面评估某一项卫生技术，且儿科相关的研究几乎是分散在各大数据库或各个卫生组织网站中，因此需要广泛的数据、文献和信息。因为资料分散、质量不同，收集文献资料时应咨询信息专家制订专业的检索策略，以保证合理选择数据库并获得所有相关的信息，避免漏检的同时保证检索效率。应尽量避免漏检合并报告儿童和成人数据的研究，同时需进一步阅读全文，尽可能获得儿童可评价的独立数据。一些非常新的技术往往先用于成人，儿童资料常常缺乏，即便有也难以查寻，需要收集新的研究数据。

一、卫生经济学评估

（一）主要经济学分析类型

卫生经济学评估是儿科疾病卫生技术评估的重要方法之一，主要的经济学分析有疾病成本分析、成本最小化分析、成本－效果分析、成本－效用分析、成本－效益分析。这些经济学分析包括原始数据的收集和资料合成，且必须同时分析两种或两种以上卫生技术的成本和所获得的结果才算完整，面临独特的挑战和困难。

（二）儿科学领域进行成本－效用分析的挑战

所有的卫生技术评估相关的经济学分析中，成本－效用分析为全球卫生技术评估和报销决策提供重要信息，反过来卫生技术评估和报销决策会影响患者获得新治疗的机会和制造商的投资回报。然而，由于认知和语言的局限性，儿童几乎不能自我报告，这给效用测量带来了巨大困难。儿科适应证经济模型的健康效用估计正面临方法学的挑战，专门针对儿童和青少年的方法仍在开发和验证中，许多研究使用的方法尚未被验证适用于儿童和青少年。尽管目前已经开发了几种用于儿童和青少年的效用测量，但这些测量在儿科适应证中获得数据的使用价值很有限。已发表的儿科学成本－效用分析回顾报告显示，只有不足 1/3 的研究使用基于偏好的测量（Preference－based Measures，PBM）收集的效用数据，且最常使用的 PBM 是欧洲五维健康量表（EQ－5D）成人版，大多数受访者是家长代理人而不是患儿本人，即使在青少年人群中也是如此。标准 EQ－5D 尚未被设计用于儿童，尽管有针对 7~12 岁儿童的替代版本（EQ－5D－Y），但许多国家仍缺乏经验证的本土估计值。CADTH、荷兰 ZiN、挪威医药局（Legemiddelverket，NoMA）等大多数卫生技术评估机构并没有对儿科人群的效用测量提供具体建议。NICE 方法学指南及其决策支持部门制定的技术支持文件中没有适用于儿科人群的任何特定措施。法国高级卫生局（French National Authority for Health，HAS）指南承认幼儿不可能报告自己的健康状况，并声明如果有正当理由，可从其他人处获得数据，最好由近亲属报告，最后才是由医疗保健专业人员报告。目前 NICE 指出，应考虑设计专门用于儿童的标准化和经验证的基于偏好测量的健康相关生命质量（HRQoL PBM）来评估儿科人群的效用。此外，尽管卫生技术评估机构均建议经济学评估包括估计卫生技术对患儿照护者或患儿家庭产生的溢出效应，但由于缺乏可用数据，目前鲜有卫生技术评估涉及该方面。

（三）儿科急性疾病卫生经济学分析的挑战

儿科疾病以急性疾病为主，但目前卫生技术评估相关的经济学分析主要针对疾病负担较重的慢性病，急性疾病相关的卫生技术评估方法开发不足。目前适用于儿科急性疾病的单项卫生技术评估方法同成人。对于由多种卫生技术组成的医疗方案，例如，基于循证指南的临床路径，有效的卫生技术评估方法开发仍是难点，急需理论发展的支持。作为一种循证实施策略，临床路径在真实世界临床环境中的实施效果不等同于在相对受控的试验环境中各项技术治疗效果的总和。医疗方案实施失败可能是由于一个或多个技术在新环境中无效（干预策略失败），也可能是因为有效技术使用不当（实施策略失败）。然而因无法确定医疗方案的实际运行过程，传统的队列研究或随机对照试验设计研究只能对医疗方案的有效性进行笼统的测量，报告结果不能归因于医疗方案实施的有效，也难以根据报告结果进一步探索或了解医疗方案技术组成的因果关系，无法就证据的适用性和资源分配的合理性提供有价值的反馈。

二、伦理与社会适应性评估

所有群体和社会都面临在其可以为成员提供的各种保护和支持中做出选择。健康并不是社会必须提供给成员的唯一重要保护和支持，卫生支出必会受到合理的资源限制。这意味着社会不能为所有成员提供所有的健康保护，必定要在可以为成员提供的各种卫生健康保护和支持措施中做出取舍。要使这些取舍对利益相关成员来说是合理的，就需为决策提供良好的证据和合理的理由。仅限于某项措施安全性、有效性和成本－效益的评估并不足以指导决策者，还需考虑该措施覆盖的成员范围和对社会可能产生的预算影响、机会成本、社会伦理及公平性问题。例如，为早期筛查和手术治疗先天性心脏病提供保险可以挽救许多儿童的生命并改善长期的生命质量，但社会可能无法为每位先天性心脏病患儿提供服务，仅为治疗效果和预后良好的单纯性先天性心脏病患儿而不是复杂性先天性心脏病或有其他合并症患儿提供服务，必定会涉及社会道德问题及对公平性的担忧，因病致贫也会影响其他家庭成员的幸福。因此，作为决策的重要证据来源，卫生技术评估必须涉及伦理与社会适应性评估。

伦理与社会适应性评估是一项艰巨的任务，属于价值判断问题，需在多种保护和支持措施中做出选择和取舍，权衡结果或目标对社会和成员的影响。现代社会的价值判断极其个体化，普遍存在社会与社会之间的分歧及相同社会成员之间的分歧，很难就决策的公平性达成统一意见，但接受通过公平且深思熟虑的过程产生的结果是合理的，它是满足利益相关社会成员合理问责需求的条件。因为极具挑战性，多年来各种方法被应用于解决卫生技术的伦理、公平性等社会适应性问题，如通过伦理原则和理论进行反思（经典方法）、利用各方利益相关者参与和互动补充经典方法、提供获取和综合伦理数据的工具、制定卫生技术评估决策中伦理的讨论框架。然而，由于技术评估的背景、分析目的以及所需资源可用性的社会差异，对于何时使用、如何选择以及如何使用这些方法或框架并没有统一指导，也没有一种程序性的系统方法可以使伦理问题以最佳方式整合到卫生技术评估程序中。最终，仅有很少的卫生技术评估报告以系统的方式对技术涉及的伦理问题做出评估。对于如何在卫生技术评估中进行伦理、公平性等社会适应性问题的评估也几乎没有达成一致意见。

就儿科领域而言，绝大多数国家目前卫生技术评估和卫生政策制定很少考虑儿童健康和疾病的独特特征，尤其是伦理和社会价值维度及儿童人群覆盖决策在相关研究或政策中关注度不高，缺乏对大量现实的儿童健康问题的深入理论性理解和认识，也无解决方案。例如，《联合国儿童权利公约》指出儿童有权利参与影响其利益的决策过程，但如何解决参与能力与参与权之间的不匹配关系问题？何时以及如何将儿童价值观和偏好吸收到决策过程中？如何处理利益相关儿童家庭的影响和想法？这些问题未能得到回答。此外，在成人中很少考虑的事情却可能是儿童特定治疗的关键决定因素，例如，药物配方的剂型、给药部位、口感等细节问题（婴儿口服药问题）。

第三节　儿科疾病卫生技术评估实践案例

本节以 NICE 2015 年 12 月发布的关于生物治疗药物阿巴西普（Abatacept）、阿达木单抗（Adalimumab）、依那西普（Etanercept）和托珠单抗（Tocilizumab）治疗幼年特发性关节炎（JIA）的卫生技术评估为例，介绍儿科疾病卫生技术评估的实践。

一、选题

卫生技术评估确定选题为"生物治疗药物阿巴西普、阿达木单抗、依那西普和托珠单抗治疗幼年特发性关节炎的临床效果及成本-效果"，使用 NICE 多种技术评估流程。

二、评估范围

该项卫生技术评估范围如下：①相关人群为患有 JIA 的儿童和青少年，在发病时被诊断为多关节炎（RF＋ve 和 RF－ve）或持续性寡关节炎（EO），以及其他形式的多关节过程性关节炎（如 ERA、PA 或未分化关节炎），有葡萄膜炎的 JIA 儿童和青少年。②评估技术是生物治疗药物阿巴西普、阿达木单抗、依那西普和托珠单抗。③对照为耐受改变病情抗风湿药（Disease Modifying Antirheumatic Drugs，DMARDs）情况下的甲氨蝶呤治疗，不耐受 DMARDs 情况下的最佳支持治疗（Best Supportive Care，BSC），以及适应证范围内生物性 DMARDs（依那西普、阿巴西普、阿达木单抗和托珠单抗）相互作为对照技术。④决策相关临床疗效结果指标包括疾病活动、疾病发作、身体功能、关节损伤、疼痛、减少皮质类固醇的使用，以及关节外表现（如葡萄膜炎）的发生、体重和身高的变化、死亡率、治疗的不良反应以及与健康相关生命质量（HRQoL）。⑤评估目标包括对阿巴西普、阿达木单抗、依那西普和托珠单抗治疗 JIA 的临床疗效、成本－效果、JIA 儿童和青少年的 HRQoL 进行系统评价；针对阿巴西普、阿达木单抗、依那西普和托珠单抗向 NICE 提交的公司意见书进行评论，并确定各自意见书的优缺点；进行经济学评估以确定阿巴西普、阿达木单抗、依那西普和托珠单抗治疗儿童和青少年 JIA 的成本－效果。⑥生物治疗药物阿巴西普、阿达木单抗、依那西普和托珠单抗本身是比较新的卫生技术，故没有专门划分时间范围。

三、资料收集

该项卫生技术评估基于二手资料，证据来源于数据库文献资料检索、相关医药公司提供的书面资料（包括卫生技术的临床效果审查）以及专家群体、护理群体、卫生部门及政府、评价组织、临床专家、患者代表等的评论意见。文献检索覆盖卫生领域各方面：①循证医学和卫生技术相关系统评价数据库，如 Cochrane 系统评价数据库、约克大学效果评价摘要评价与传播中心数据库、NHS 经济评价数据库和卫生技术评估数据库；②原始研究或临床试验注册登记数据库，如 Cochrane 对照试验登记中心、临床试验注册网站（Clinical Trials. gov）、国际标准随机临床试验编号、英国临床试验网关、世界卫生组织国际临床试验研究平台；③医学综合数据库，如 MEDLINE、EMBASE 数据库；④其他信息数据库，如科学引文索引扩展和会议记录引文索引－科学（ISI 知识网）、Biosis 预览（ISI 知识网）、Zetoc（Mimas）、国家卫生研究所（NIHR）－临床研究网络组合，以及 HRQoL 研究数据库［PsycINFO（EBSCOhost）］。此外，还包括收录文章和系统评论的参考书目。

检索时间均从数据库建立到 2015 年 5 月，试验设计不限，研究选择过程仅检索英语文章全文。依据确定评估范围，制定检索策略。基于 PICOS 原则制定纳入和排除标准并形成筛选表格，所有研究都通过两个阶段的筛选过程选择纳入：①首先由两名评审员通过阅读标题和摘要依据筛选表格独立筛选潜在相关研究。②由一名评审员获得潜在相关研究全文，阅读全文，基于 PICOS 原则制定更为详细的筛选表格进行筛选并提取数据，由第二名评审员进行检查。任何分歧通过讨论或由第三名评审员参与解决。

四、证据评价

该项目对纳入的临床疗效研究质量的各方面进行评估，主要使用 Cochrane 制定的偏倚风险标准评估。所用关键评估清单由评审员综合已发表的两个清单以及 NICE 参考案例中规定方法改编而成，在本项卫生技术评估报告中给出了清单及参考文献。相关医药公司提供的书面资料也会接受评审员审查。所有资料质量评价和审查过程有任何分歧，通过协商或第三位评审员参与解决。

五、资料合成

因为存在显著临床异质性，该项目未将四种生物治疗药物的试验数据合并分析，而是通过叙述性报告纳入研究的试验结果和列表综合。因为确定的证据仅包括每个生物治疗药物的一个试验，所有试验均使用安慰剂作为对照，不可能对临床疗效研究结果直接定量汇总比较。该项目使用 Bucher 及其同事 1997 年报告的方法，对四种生物治疗药物进行调整后的间接比较。

六、证据总结

四项临床随机安慰剂对照试验符合临床疗效评估的纳入标准，每项试验评估一种生物治疗药物。四种生物治疗药物的临床疗效均有安慰剂对照。经调整后的间接比较表明，四种生物治疗药物相似，在随机接受持续生物治疗药物者中，疾病发作较少，按照美国风湿病学会 ACR Pedi-50 和 ACR Pedi-70 标准，治疗有效率较高，但效应值可信区间宽，试验数量少，试验之间存在临床异质性。治疗有效率在双盲期后开放标签的延续试验阶段保持不变，甚至增加。治疗组和安慰剂组的不良事件和严重不良事件的发生率大体相似。对 JIA 患者的生物治疗药物进行了四次经济评估，但均存在局限性。两项生命质量研究之一涉及成本-效用模型。阿达木单抗、依那西普和托珠单抗与甲氨蝶呤的 ICER 分别为 38127 英镑/QALY、32526 英镑/QALY 和 38656 英镑/QALY。作为二线生物治疗药物的阿巴西普与甲氨蝶呤的 ICER 为 39536 英镑/QALY。

七、得出结论和提出建议

综合各方面信息和证据，该评估得出下述结论：

（1）该卫生技术评估委员会综合各方证据，考虑到阿巴西普和托珠单抗的患者准入计划（为患者药费提供一定程度的折扣）和技术创新性，这些生物治疗药物的潜在益处尚未被纳入经济学评估，由于数据有限，临床实践卫生技术的成本-效益可能被低估。最后得出结论：建议在其市场授权范围内使用阿巴西普、阿达木单抗、依那西普和托珠单抗治疗。NICE 发布适应证：全部四种生物治疗药物用于治疗多关节型 JIA、多关节过程性 JIA 和扩展型 JIA。依那西普和阿达木单抗用于治疗附着点炎症相关 JIA。依那西普用于治疗银屑病性 JIA。

（2）考虑当前临床实践中患者的临床需求及其他替代治疗的可用性，这些生物治疗药物有超过 10 年的治疗经验，与非生物治疗药物治疗相比是一个阶段性进步，减少了临床实践中皮质类固醇的长期使用及其副作用。

（3）考虑这些生物治疗药物本身的技术性：①与非生物治疗药物治疗相比，这是JIA疾病管理的一个阶段性进步，具有创新性。②在当前临床诊疗实践中这些生物治疗药物已占据重要地位。若甲氨蝶呤不能控制疾病活动，则在甲氨蝶呤治疗后使用阿达木单抗、依那西普和托珠单抗治疗，在甲氨蝶呤和阿达木单抗、依那西普或托珠单抗治疗后使用阿巴西普治疗。若JIA患者对他们正在接受的生物治疗药物无反应，可能会转向另一种生物治疗药治疗。是否选择生物治疗药物取决于患者之前的治疗。若甲氨蝶呤不能控制银屑病性JIA的疾病活动，会在甲氨蝶呤治疗后使用依那西普治疗。阿达木单抗和依那西普被用于治疗常规治疗无法控制疾病活动的附着点炎症相关JIA。③就不良反应而言，这些生物治疗药物的安全性可被接受。

（4）卫生技术的临床疗效：①虽然临床试验与临床实践有广泛相关性，但临床实践中开始生物治疗药物治疗前患者的JIA病程比临床试验中受试者的JIA病程短，且所有生物治疗药物治疗时会同时使用甲氨蝶呤，因此卫生技术评估委员会预计依那西普在临床实践中的疗效优于临床试验中对其估计的疗效。②鉴于现有临床试验异质性，四种生物治疗药物的临床疗效比较不可靠，也无法通过量化试验之间的差异来评价疗效。③没有任何临床相关亚组存在疗效有差异的证据。④就具体临床疗效来说，通过疾病复发率和美国风湿病学会制定的反应测定，所有四种生物治疗药物对多关节型JIA均具有临床疗效；没有证据表明阿巴西普、阿达木单抗、依那西普和托珠单抗治疗多关节型JIA的临床疗效不同；阿达木单抗和依那西普治疗附着点炎症相关JIA临床有效；依那西普治疗银屑病性JIA临床有效。这些亚型临床疗效预期与多关节型JIA相似。

（5）卫生技术的成本－效果：①现有经济学评估没有充分体现四种生物治疗药物减少JIA疾病活动的益处，因为只模拟评价了减少疾病复发相关效果，没有对这些技术可能带来的其他临床益处进行模拟评价。②由于缺乏数据，模型中使用的效用值存在相当大的不确定性。如果疾病得到很好控制，生活质量应随着时间推移而提高，如果疾病仍然不受控制，生活质量应该下降，但建模未完全体现出来。这与建模中包含护理者效用相关。③最可能的成本－效果估算（作为ICER给出）：与甲氨蝶呤相比，所有四种生物治疗药物的ICER预计将低于评估组模型估计的ICER，包括卫生技术评估委员会首选方案（略低于30000英镑/QALY或每30000~40000英镑/QALY范围的下限）。考虑到可能带来的额外临床效益（未建模），卫生技术评估委员会预计将进一步降低ICER。

（6）其他需考虑因素：①持有阿巴西普和托珠单抗上市许可证的公司均与英国卫生部商定了患者准入计划，即对每种药物（阿巴西普或托珠单抗）的标价提供简单折扣。卫生部认为，该项患者准入计划不会造成过度的行政负担。②目前没有终结考虑。③该卫生技术评估考虑了社会公平性和价值判断问题，推荐意见的形成考虑了每项药物市场授权范围内所涵盖的所有年龄段患者。

第四节　展望

综上所述，儿科疾病卫生技术评估有待发展（数量及质量）。首先，改进和验证适合儿科适应证经济模型的健康效用测量方法，收集效用相关参考数据建设数据库。其次，增加卫生技术对患儿照护者或患儿家庭产生的溢出效应评估，并开发相应的测量工具。再次，发展多种卫生技术组成医疗方案的卫生技术评估方法理论和技术，以提升儿科急性疾病的管理效率及资源分配的合理性。最后，儿科疾病卫生技术评估应建立在对儿童健康问题深入理解的基础上，考虑儿童健康和疾病的独特性，制定儿童相关卫生技术评估规范，包括伦理、公平性等社会适应性评估的合法程序等。

（罗双红　刘瀚旻）

【主要参考资料】

[1] Thorrington D, Eames K. Measuring health utilities in children and adolescents: a systematic review of the literature [J]. PLoS One, 2015, 10 (8): e0135672.

[2] Kwon J, Kim S W, Ungar W J, et al. Patterns, trends and methodological associations in the measurement and valuation of childhood health utilities [J]. Quality Life Research, 2019, 28 (7): 1705-1724.

[3] Bégo-LeBagousse G, Jia X, Wolowacz S, et al. Health utility estimation in children and adolescents: a review of health technology assessments [J]. Current Medical Research Opinion, 2020, 36 (7): 1209-1224.

[4] National Institute for Health and Care Excellence (NICE). The clinical and cost-effectiveness ofabatacept, adalimumab, etanercept and tocilizumab for treating juvenile idiopathic arthritis: a systematic review and economic evaluation [EB/OL]. https://www.nice.org.uk/guidance/ta373.

[5] Wei M L, Ruether A, Hailey D, et al. The newcomer's guide to HTA: handbook for HTAi early career network [EB/OL]. https://www.htai.org.

[6] 孙鑫, 杨克虎. 循证医学 [M]. 2版. 北京: 人民卫生出版社, 2021.

[7] 李雨, 张崇凡, 刘瀚旻, 等. 基于现代思想理解现代医学困境和循证医学实践 [J]. 中国循证儿科杂志, 2021, 16 (5): 398-401.

[8] Luo S, Wu C, Luo Q, et al. The design and evaluation of clinical pathway for disease management to maximize public health benefit [J]. Risk Management and Healthcare Policy, 2021 (14): 5047-5057.

[9] Denburg A E, Giacomini M, Ungar W, et al. Ethical and social values for paediatric health technology assessment and drug policy [J]. International Journal of Health Policy and Management, 2020, 11 (3): 374-382.

[10] Hofmann B, Lysdahl K B, Droste S. Evaluation of ethical aspects in health technology assessment: more methods than applications? [J]. Expert Review of Pharmacoeconomics & Outcomes Research, 2015, 15 (1): 5-7.

[11] Daniels N, Porteny T, Urritia J. Expanded HTA: enhancing fairness and legitimacy [J]. International Journal of Health Policy and Management, 2015, 5 (1): 1-3.

第十一章 口腔疾病卫生技术评估

第一节 概述

口腔疾病的发病率和患病率较高，是影响健康的主要公共卫生问题之一。我国的口腔医疗现状受经济、文化等因素的影响。社会大众的口腔保健意识薄弱，口腔健康水平差。在社会不同收入人群中，尤其在低收入人群中，口腔疾病已经成为主要疾病负担之一。口腔疾病卫生技术评估的开展有助于社会卫生资源的优化分配及医疗卫生服务质量与效率的提高。龋病、牙周病和失牙是国内外口腔疾病的三大主要问题。

一、龋病

龋病是一种常见口腔疾病。在工业国家，龋病作为一个重要健康问题，影响着 60%～90% 的学龄儿童和绝大部分成人。在影响 DALY 的前 100 个原因中，龋病排名第 80 位。2015 年全球疾病负担数据显示，恒牙龋是最普遍的口腔疾病，影响着全球 25 亿人，在全球疾病负担（Global Burden of Disease，GBD）三级病因患病率排名中位列第一。第四次全国口腔健康流行病学调查结果显示，我国 5 岁、12 岁儿童患龋率分别为 70.9%、34.5%，比 10 年前均有所上升。

二、牙周病

5%～20% 的成人患有重度牙周炎。WHO 全球口腔健康数据中心（Global Oral Health Data Bank）统计的 35～44 岁年龄组人群社区牙周指数表明有牙周病的成人非常多。2015 年，牙周病在 GBD 三级病因患病率排名中排在第 14 位。在影响 DALY 的前 100 个原因中，牙周病排名第 77 位。侵袭性牙周炎的主要罹患人群为青春期人群，可能导致多颗恒牙缺失，影响大约 2% 的年轻人。此外，全球大多数儿童和青少年有牙龈炎的症状。我国居民牙周情况调查结果显示，12 岁、35～44 岁、65～74 岁人群牙龈出血检出率分别高达 57.7%、77.3%、68.0%，牙结石检出率分别高达 59.0%、97.3%、88.7%，后两个年龄段牙周袋检出率分别为 40.9% 和 52.2%。

三、失牙

2015 年，失牙在 GBD 三级病因患病率排名中排在第 28 位，相比 2005 年增长了 27.3%。2015 年全球疾病负担数据显示，我国失牙人数近 3500 万，比 2005 年增长

34.6%。全国第四次口腔健康调查数据显示，65～74岁的老年人平均存留牙数为22.5颗，全口无牙的比例为4.5%；缺牙已修复治疗的比例为63.2%。与10年前相比，老年人存留牙数平均增加了1.5颗，全口无牙的比例下降了33.8%，缺牙已修复治疗的比例上升了29.5%。

传统的治疗方案以及不断出现的新治疗方案和预防策略均被用于治疗龋病、牙周病、失牙等口腔疾病，这些治疗方案与成本和医疗资源相关。口腔卫生政策制定者、医院管理者、口腔卫生耗材生产商、口腔医生等迫切需要口腔疾病卫生技术评估（HTA）给予证据，以做出明智合理的政策和治疗决定，合理分配稀缺的医疗资源。

口腔疾病HTA被定义为一种综合的政策研究形式，用来考察口腔疾病医学技术应用的短期和长期社会效应，并且对未预料到的间接或滞后的社会影响进行系统研究，为政策制定者提供做出适宜技术选择的决策信息。评估内容包括口腔医学技术的特性、安全性、有效性（效能和效果等）、经济学特性（成本－效果、成本－效益、成本－效用）及社会因素（伦理、道德、法律）等。口腔HTA的定义需要注意以下几点：①这个过程是正式、系统和透明的，并使用最先进的方法来考虑最好的可用证据。②口腔疾病卫生技术的价值维度可以通过审查与现有替代技术相比使用新的口腔疾病卫生技术的预期和非预期后果来评估。这些维度包括临床有效性、安全性、成本和经济影响、伦理、社会、文化、法律、组织和环境，以及对患者、家属、护理人员等人群的广泛影响。口腔疾病卫生技术总体价值可能依据所采取的视角、涉及的人群以及决策内容不同而产生变化。③口腔疾病HTA可以用于卫生技术生命周期的不同阶段。

在世界范围内，口腔疾病卫生技术未能像其他新型卫生技术一样实现HTA的广泛应用。究其原因，许多发达国家的口腔卫生保健服务大部分私有化，只有少数接受社会援助者和一些特定地区儿童才被纳入口腔公共保健计划。在私有化市场中，口腔医生在诊所中选择、接受和实施技术，鲜有机会接触口腔卫生新技术。早期口腔疾病HTA利用比较简单的方法对一些预防性、大规模的龋病干预手段进行成本－效果比较。口腔疾病HTA主要是以成本－效益研究为主的经济因素评估并结合临床优势评估。核算口腔技术的成本以维持它的供给固然是口腔疾病HTA的重要一环，然而，卫生技术的社会、伦理、环境、法律等影响因素的评估也非常重要。

目前国内对口腔疾病HTA，在课题研究层面已经做了非常多的工作，从经济学、临床技术、伦理、社会、环境、法律等层面对特定人群或区域性人群开展全面有效的评估。口腔疾病HTA可为卫生决策者提供决策依据。在技术的早期阶段，可防止无效甚至有害技术的推广使用。由于技术的不断完善和更新，HTA在不同阶段反复进行可以监测口腔卫生技术的各方面特性，及时纠正卫生技术的错误决策。

口腔疾病HTA的基本步骤如下（具体应用时可根据实际情况调整）。

（1）立项：首先应该确定口腔疾病HTA的主题，明确评估问题，确定评估角度。口腔疾病卫生技术需要评估的项目繁多，需要在众多项目中优选。常见优选标准包括可否减轻疾病负担（如发病率、患病率、死亡率及并发症发生率），可否降低价格或费用，临床实践应用中是否有过大的差异，可否改善健康结局并降低危险性，可否降低医疗成本，可否解决存在的伦理、法律等社会问题，是否有足够的资料用于评估，是否符合公众利益及政策需要，是否可用于制定调控费用支付的政策等。

（2）进行口腔疾病 HTA 设计。

（3）收集相关数据和分析数据：收集数据是口腔疾病 HTA 的挑战，也是保证评估成功的关键。收集与某一评估题目相关的数据、文献和其他信息，并对收集的数据进行合理分析。

（4）综合和评价证据：HTA 需要从不同类型、不同质量的研究中获得科学的证据。一般来说，评价证据包括三个步骤：首先，根据方法学类型和研究特征，采用证据表格汇总多个证据，有利于系统比较研究的特征，总体概括可用证据的数量和质量。汇总信息包括研究设计特征（随机、对照、盲法）、患者特点（病例数、年龄、性别）、患者结局（死亡率、并发症发生率、健康相关生活质量）、统计量（P 值、CI）。其次，对所有纳入研究，根据是否有严格的纳入、排除标准，方法学是否严谨，是否减少了偏倚影响，对研究质量给予适宜的权重，根据公认标准对证据进行分级，从中选择可用的研究。评价证据结束后，需要将不同研究类型的结果进行综合，常用的方法有定性的文献综述（或定性的系统评价）、定量的系统评价或 Meta 分析，以及其他定量合成方法、决策分析、小组讨论决策等。

（5）得出评估结果，提出建议：结论和建议必须基于已有的证据，并与证据的质量和强度相联系，不能根据主观感觉进行推断。

（6）传播评估结果和建议，转化决策依据：进行口腔疾病 HTA 的目的是为相关机构的决策提供依据，因此需要对评估结果进行有效传播，转化决策依据。

（7）监测口腔疾病卫生评估结果的使用效果及影响：HTA 可产生多方面的影响，例如改变政策、影响新技术的认证和使用、改变技术的使用率、改变医务人员和患者的行为、再分配卫生资源、改变技术市场营销等。评估结果的传播、使用效果和影响受到诸多因素制约，需对其进行监测。

第二节　口腔疾病卫生技术评估的常用方法

越来越多的新预防策略和治疗方案用于治疗口腔疾病，但往往成本高。因此，全球口腔医学界呼吁加强对技术评估重要性的认知。口腔卫生政策制定者、口腔健康规划者也迫切需要根据口腔疾病 HTA 报告做出决定，以便合理使用新技术并合理分配稀缺资源。当一项技术被列为标准治疗时，无论是在医疗领域还是口腔健康领域，HTA 均有助于迅速开展和传播新技术。

总体而言，HTA 在口腔医学中起步较晚，但发展较为迅速。口腔疾病 HTA 出现于 20 世纪 80 年代，主要应用相对简单的方法对一些预防性、大规模的龋病干预手段进行成本-效果比较。例如，针对地区饮用水加氟、氟化牙膏、口腔卫生宣教等的 HTA。之后，随着口腔医学技术的进步和 HTA 的推广，针对口腔疾病治疗干预的 HTA 日益增加，例如地区学龄前儿童氟预防乳牙龋齿项目的经济学评估，针对活动义齿、固定义齿、种植支持式义齿的修复牙列缺失/缺损的比较，各类正畸方法治疗错𬌗畸形的比较，口腔癌不同术式的比较研究等。研究者广泛采用马尔可夫模型、决策树模型等，不断优化口腔资源配置，为口腔健康及预防政策的制定、口腔临床疾病的预防或治疗选择提供依据。

口腔疾病 HTA 对口腔疾病卫生技术的技术特性、安全性、有效性（效能、效果、生存质量）、经济学特性（成本－效果、成本－效用、成本－效益）和社会适应性（社会、伦理、法律、政治）等进行系统全面的评估，其目的是为决策者提供信息，以促进公平、高效和高质量的卫生系统建设。口腔疾病 HTA 的简单图解见图 11－1。

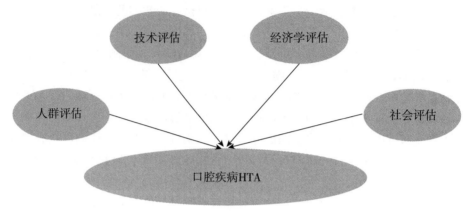

图 11－1　口腔疾病 HTA 的简单图解

一、人群评估

人群评估包括高危人群评估和普通人群评估，如哪些人群将由于口腔疾病卫生技术决策的实施而受益（高危人群），对人群的生活质量将造成何种影响。从不同的视角对不同人群进行评估，将对后续的经济学评估和社会评估等产生影响。

二、技术评估

评估口腔疾病卫生技术的技术特性、安全性、有效性。①技术特性：是否符合该技术在设计、组成、加工、耐受性、可靠性、易使用性和维护等方面的规范。②安全性：在特定条件下发生的风险及其严重程度，以及患者的可接受度。③有效性：在应用时改善患者健康状况的能力，包括效力和效果。效力是指在理想情况下将口腔疾病卫生技术应用于某一特定的健康问题。效果是指在一般或日常条件下将口腔疾病卫生技术应用于某一特定的健康问题。

口腔疾病卫生技术的安全性和有效性可采用健康结局指标进行测量，比如疾病的发病率、患病率和死亡率等，此外，对于慢性病，联合采用健康相关生存质量（Health－related Quality of Life，HRQL）指标与传统的结局指标描述健康结局能提供较为完善的评估信息。其中质量调整寿命年、伤残调整寿命年、健康等价年（Healthy－years Equivalents）等是较为常用的 HRQL 指标。

三、经济学评估

经济学评估包括卫生技术决策对资源配置的影响，如国家健康费用、卫生资源在不同健康项目或健康领域中的分配对门诊和住院患者的影响，对调控政策、卫生技术改革和技术革新、技术竞争、技术转换和应用的影响。对成本、价格、支付等的评估可采用最小成本分析、成本－效果分析、成本－效益分析和成本－效用分析等方法。

（一）成本－效果分析

当所比较的医疗卫生干预产生的结果不同时，可以使用成本－效果分析。该方法要求比较的治疗方法或干预措施必须限定在相同单位的维度上，以保证后续比较。成本－效果分析不能用于衡量不同治疗或干预措施。例如，将减少龋病的治疗方法和口腔癌的治疗方法进行比较是不合适的，单一维度的结果衡量是成本－效果分析的公认缺陷。如果被比较的干预措施产生的效果一致，则可以忽略效果比较，单纯比较成本即可，此情况下成本－效果分析即简化为最小成本分析（Cost Minimization Analysis，CMA）。当期望某种医疗干预产生相同或类似结果时，可以评估每项干预的成本以判断哪一项成本最低，从而在决策时选择最经济的措施。

（二）成本－效益分析

成本－效益分析被认为是一种相当灵活的经济评估方法。当比较完全不同的医疗技术或措施时，由于所得到结果的表达方式或单位不同，无法进行比较。这时成本－效益分析将结果换算为货币单位进行比较。成本－效益分析将货币价值同时加入投入和产出两方面，使得健康成本及结果不仅可以与其他和健康相关的费用及健康结果相比较，还可以与一些非健康相关费用和健康结果相比较。由于是以货币单位进行衡量，计算某种干预措施为社会带来的整体收益变为可能。

（三）成本－效用分析

成本－效用分析不同于成本－效果分析对评估单位的一维限制，用基于效用的结果衡量单位来比较不同的干预措施和干预效果。效用是可用来表达某种健康状态的基本价值观，是个体对某些健康状况或疾病状态持有的衡量标准。

口腔疾病的成本包括医疗成本、非医疗成本、直接成本、间接成本、有形成本、无形成本等。口腔疾病的干预效果、效用的计量具有自身特点。例如，评价龋病常用的指数有恒牙龋、失、补牙数（Decayed，Missing，Filled Teeth，DMFT）或龋、失、补牙面数（Decayed，Missing，Filled Surface，DMFS）。DMFT 和 DMFS 常以患者个人统计，是指患者龋、失、补牙数或牙面数之和。在评价某人群患龋程度时，多使用该人群的平均龋、失、补牙数（龋均，mean DMFT）或牙面数（龋面均，mean DMFS）。乳牙的龋、失、补指数则用对应的小写英文字母表示，乳牙龋、失、补牙数为 dmft，乳牙龋、失、补牙面数为 dmfs。此外，还有龋补充填比、患龋率、龋病发病率、根面龋补指数（Decayed，Filled Roots，DF－root）等评价龋病的指标。

牙周病是另一类严重影响人类口腔健康的疾病。牙周病是中老年人失牙的主要原因。评价牙周健康的指数有简化口腔卫生指数（Oral hygiene index，OHI－S）、菌斑指数（Plaque Index，PII）、Turesky 改良的 Q－H 菌斑指数、牙龈指数（Gingival Index，GI）、牙龈出血指数（Gingival Bleeding Index，GBI）、龈沟出血指数（Sulcus Bleeding Index，SBI）、改良社区牙周指数（Community Periodontal Index，CPI）等。其他口腔疾病如氟牙症用 Dean 分类法计分，牙本质敏感用 Schiff 冷空气敏感指数评价，酸蚀症用 Eccles 指数、TWI 指数等评价，口腔癌、口腔黏膜疾病用发病率、患病率等评价。

四、社会评估

口腔疾病 HTA 对患者、卫生健康从业者、纳税人等人群的影响包括伦理、法律和政策等方面。

第三节 口腔疾病卫生技术评估实践案例

本节通过案例分享提供 HTA 在口腔医学中的应用和分析过程。案例一为口腔龋病预防性技术的 HTA，案例二为牙列缺损患者中螺丝固位和粘接固位种植支持式义齿技术的 HTA。

一、高、中、低患龋风险患者接受预防性涂氟临床应用的成本-效果分析

（一）研究背景

牙齿涂氟（Fluoridevarnish）已被证明可有效减缓龋病在儿童和青少年中发生发展，并且涂氟安全性高。如果严格筛选适应证，控制涂氟剂量，可降低不良事件的风险。多项研究结果证实涂氟在改变牙体硬组织方面疗效确切。涂氟的临床应用在口腔专业卫生技术人员和材料方面均产生成本，尽管单次涂氟成本低，但长期重复使用涂氟技术依然会导致个体和群体层面的较高成本。例如，德国 2014 年儿童和青少年应用涂氟技术 718.4 万次，花费德国社会保险大约 8300 万欧元。

涂氟的成本-效果不仅体现在交付成本上，还与避免龋齿增加，从而减少后期可能的龋齿修复相关。如果涂氟非常有效，那么节省的成本甚至足以抵消涂氟的成本。为了真正量化成本-效果，应该合并新形成龋齿修复后并发症（如更换修复体或冠修复）。这种"再治疗"被发现是成本的关联驱动因素，它通常比首次治疗更复杂、花费更多。此外，有研究发现，低患龋风险人群涂氟的疗效较低。本研究旨在评估涂氟在不同患龋风险人群中的临床应用成本-效果。

（二）研究方法

人群评估方法：研究选取德国医疗保健中应用最为广泛的公私混合支付视角。为模拟涂氟对不同风险人群的健康促进和成本，将 6 岁作为起始年龄，对不同风险人群进行全生命周期追踪，使用 TreeAge Pro 2013 构建决策树模型。选择 6 岁作为起始年龄是因为本研究只考虑涂氟对恒牙的作用。此外，该模型考虑了不同风险人群中不涂氟时新出现的龋齿以及涂氟对新发生龋齿的预防效果。

技术与经济评估：该研究比较两种策略，一是不使用涂氟技术，二是诊所环境中口腔医生（或护士）给患者涂氟（一个运营成本较高的环境）。本研究假设涂氟产生成本，同时减少龋病的增加。涂氟效果测量所需数据来自最新的 Cochrane 系统评价。在所纳入研究的基础上，用随机效应 Meta 分析（Random-effects Meta-analysis）和 Meta

回归分析（Meta-regression Analysis）评估不同人群中龋病的减少，用优势比（Odds Ratios）进行描述。研究结果显示，龋病增加显著减少（优势比 0.61，95%CI：57%~66%），Meta 回归分析发现此减少和年化龋病增加显著相关。因此，假设新龋坏风险与龋病增加相关，根据龋病年增长风险将患者分为三组：低风险组（<0.50DMFS/y）、中风险组（0.50~1.29DMFS/y）和高风险组（≥1.3DMFS/y）。

根据纳入研究确定涂氟的常见频率和使用时间。没有充分研究确定不同涂氟频率和涂氟效果的相关性。因此，本研究假定涂氟效果不随频率而改变，并假定涂氟在基本情况下每年使用两次。本研究涂氟服务提供到 18 岁，并由德国公共健康保险支付。

如前所述，模型人群从 6 岁开始模拟，并假设 6 岁萌出第一恒磨牙，8 岁萌出中切牙，10 岁萌出尖牙和前磨牙，12 岁萌出第二恒磨牙。在高、中、低三个患龋风险组中，模型将模拟每颗牙出现龋病的风险。本研究主要健康结果是 DMFT 的龋齿增加，次要健康结果为牙齿保留年数，即牙在患者口腔中的平均保留时间。经验概率决定模型中一颗牙从一种健康状态过渡到另一种健康状态。涂氟成本通过德国公共和私人混合费用目录计算。由于缺乏原始数据，患者治疗时间的机会成本不包括在内。

本研究采用蒙特卡洛微模拟法（Monte Carlo Microsimulation）在平均预期寿命周期内追踪 1000 名独立个体。使用成本（欧元）和有效性（DMFT 或年数）的估值来计算 ICER。ICER 表明实现一个单位有效性差异的成本差异。需要注意的是，ICER 可以反映不同治疗方式的区别，低 ICERs 表明卫生技术有效性高、花费低。由于引入参数的不确定性，本研究采用了几种单变量敏感性分析。

（三）研究结果

本评价使用 DMFT 为主要健康结局指标。在患龋低风险组中，试验组涂氟成本（293 欧元，8.1DMFT）几乎是对照组不涂氟成本（163 欧元，8.5DMFT）的两倍，但其临床有效性差异不明显。在患龋中等风险组中，两组的成本差别较小（试验组 419 欧元，对照组 312 欧元），但其有效性差异较大（试验组 15.2DMFT，对照组 16.3DMFT），导致 ICER 明显降低，即避免每个 DMFT 需要花费 93 欧元。患龋高风险组的 ICER 更低，避免每个 DMFT 需花费 8 欧元。

当使用牙齿保留年数作为健康结果时，涂氟在患龋低风险组中几乎无差别，牙齿保留时间分别为 70.0 年（试验组）和 69.8 年（对照组）。在患龋中风险组和患龋高风险组中，试验组牙齿保留时间可分别延长 0.5 年和 2.4 年。

（四）研究结论

涂氟在患龋低风险人群中的临床应用成本-效果低，有必要以患龋高风险人群为目标以较低的成本提供牙齿涂氟，有效预防龋病的发生。

二、卫生技术评估报告：螺丝固位和粘接固位种植义齿在牙列缺损患者中的比较

（一）研究背景

牙列缺损患者是使用种植义齿修复的人群，据文献报道，美国约有 1.78 亿牙列缺损患者。加拿大健康调查（2007—2009）报告显示：21.4％的 15～74 岁人群使用局部修复义齿，71.5％的 65～74 岁个体缺失不少于 1 颗天然牙。牙列缺损影响患者的功能、语言和自尊，并降低生活质量，因此牙列缺损患者的治疗是必需的。

可摘局部义齿、固定局部义齿和种植义齿是牙列缺损的三种主要修复方式。其中可摘局部义齿接受率最低，其报道的 5 年成功率为 40％，10 年成功率为 20％。固定局部义齿的应用已有 60 多年历史，其使用寿命为 9.6～10.3 年。然而超过 20％的基牙有龋坏风险，15％支持局部固定义齿的基牙需要牙髓治疗。就经济因素比较，长期来看，种植义齿在单颗缺牙修复时较固定局部义齿具有更好的成本－效益。基于种植义齿修复缺失天然牙时不需损伤邻牙和支持组织的事实和优势，种植义齿修复是牙列缺损的理想修复方案。

在影响种植义齿修复成功的众多因素中，固位方式具有重要作用。种植义齿修复中，螺丝固位和粘接固位两种方式应用广泛。过去 30 多年的系统评价和 Meta 分析显示，螺丝固位和粘接固位具有相似的成功率和失败率。随着人类寿命增加，患者需要种植义齿行使数十年功能，螺丝固位和粘接固位的评估可以帮助患者和决策者做出明智决定。本研究基于现有证据，比较种植义齿修复牙列缺损时螺丝固位和粘接固位的成本－效果。

（二）研究方法

使用 HTA 并在报告中提出以下科学问题。

（1）临床问题：螺丝固位和粘接固位的临床有效性证据。

（2）临床有效性分析：该项目已经注册并制定了详细的评价方案（CRD42015024649）。通过搜索 10 个数据库（Ovid 接口：MEDLINE、EMBASE、PubMed、INHATA、CRD、CADTH、CENTRAL、Cochrane Registry、Clinical trials. gov、Google Scholar）来确定相关已发表文献。补充搜索 IADR 摘要和期刊数据库（Wiley、Elsevier、Quintessence、Sage Pub）。搜索不限于出版年代，搜索日期更新到 2015 年 10 月 7 日。

（3）经济分析：从卫生服务角度考察螺丝固位和粘接固位的成本－效果。

（4）其他因素分析：道德和法律方面需要考虑的问题。

（5）纳入和排除标准：排除观察期限不足 1 年者、系统回顾、Meta 分析和共识声明。纳入观察时间长并具有多个观察时间点的队列研究。两名评价员根据纳入和排除标准对相关文献独立进行评估。全文选择和质量评估进行 Kappa 一致性检验。利用有效的公共卫生实践项目质量评估工具严格评估纳入研究。质量评估工具从选择偏倚、研究设计、混杂因素、是否双盲、数据收集、数据提取、丢失率等方面将研究质量分为高、

中、低三个档次。研究质量低者将不纳入最后分析报告。提取植体植入失败、基台螺丝松动、义齿螺丝松动、牙冠松动、再粘接、基台螺丝折裂、基台折裂、义齿螺丝折裂等资料，据此计算失败率、存活率和无事件率，并计算失败率和无事件率的 95％可信区间。

（6）经济分析：本研究评估了成本－效果，并以增量成本－效果比为主要分析指标，使用 TreeAge Pro 软件。目前尚没有针对种植支持义齿固位体系的普遍适用的标准策略或临床操作指南。文献检索和研究数据收集时均设定患者口腔处于正常状态，以粘接固位作为此研究经济因素评价的标准策略。利用马尔可夫模型评估牙列缺损患者中种植支持义齿的寿命，以 15 年为周期的决策树模型评估无事件率。无事件率是指修复体功能正常，无任何症状和并发症事件。马尔可夫模型描述了个体保持无事件或者到另一个状态（失败等）的周期概率和持续时间。以此模型估算成本，并比较螺丝固位和粘接固位的成本－效果。成本包含放置植体、基台、牙冠等前期成本以及后期调整成本。

本研究中成本－效果分析采用蒙特卡洛模拟法（Monte Carlo Simulation）研究 30000 个样本和 10000 个试验。更低成本－效果比提示更有效的治疗决策。基于 10000 个样本队列，利用马尔可夫队列分析（Markov Cohort Analysis）方法并获得超过 5 年、10 年和 15 年的每阶段的概率，而后利用 Meta 分析数据比较其概率。为检查成本因素和临床有效性的不确定因素，本研究采用单变量敏感性分析（1－Way Sensitivity Analysis）和概率模型。

（三）研究结果

（1）临床有效性：无事件结果用于评估固位体系的有效性。基于种植支持单冠修复结果显示，粘接固位 15 年的无事件率约为 57.9％（95％CI：43.7％～72.2％），螺丝固位 15 年的无事件率约为 48.8％（95％CI：37.3％～60.4％）。基于种植支持局部固定修复结果显示，螺丝固位 15 年的无事件率约为 55.4％（95％CI：38.7％～71％），粘接固位 15 年的无事件率约为 65.2％（95％CI：47.6％～79.5％）。固位方式影响并发症的发生，相比于粘接固定，螺丝固位发生更多的技术事件。在这些技术事件中，螺丝松动和再粘接在单冠修复中最常发生。螺丝折断和基台折断是螺丝固位的主要并发症。更换牙冠和基台在粘接固位中最常见。

（2）经济分析：在基本情况下，当贴现率为 3％时，与粘接固位单冠相比，若一年无事件发生，螺丝固位单冠需要额外花费 450.88 美元的成本。当无贴现时，每年无事件发生，增量成本－效果比为 1604.95 美元，当贴现率为 6％时，每年无事件发生，增量成本－效果比为 361.54 美元。当贴现率为 0 时，若每年无事件发生，相比于粘接固位，螺丝固位需额外花费 15028.76 美元。当贴现率为 3％时，此比例为 5317.18 美元。当贴现率为 6％时，此比例为 3766.10 美元。基于成本－效果的低阈值水平，在螺丝固位具有更高的偏好概率的假设下，成本－效果接受曲线遵循相似的规律。随着阈值的提高，螺丝固位的偏好降低，粘接固位选择的可能性增加。当成本－效果阈值小于 5000 美元时，粘接固位偏好超过螺丝固位偏好。

（3）其他因素分析：在粘接固位和螺丝固位种植义齿领域，没有发现从道德、社会、社会政治以及法律层面进行阐述的文献。粘接固位和螺丝固位的单冠和固定义齿在全球范围内使用，仅有一项研究提到粘接固位单冠修复的安全问题，一位患者吞下了粘接固位单冠，后续未采取进一步措施。

（四）研究结论

本研究提示在种植义齿修复牙列缺损时，相比于螺丝固位，粘接固位是更优的成本-效果策略。

第四节　展望

随着我国医药卫生体制改革的不断深化，HTA已从单纯的课题研究发展到卫生政策决策的必要工具。2016年10月，国家卫生和计划生育委员会联合科学技术部等五部委印发了《关于全面推进卫生与健康科技创新的指导意见》，同期印发了《关于加强卫生与健康科技成果转移转化工作的指导意见》。2017年我国HTA飞速发展，HTA这一工具先后在国家医保乙类药物目录调整、创新药物价格谈判、国家高值医用耗材谈判方面运用。

在影响伤残调整生命年的100种疾病中，重度牙周炎、未经治疗的龋病和失牙分别排在第77、80和81位。2016年全球疾病、伤害和危险因素负担研究显示，世界范围内恒牙龋病患病率最高。此外，在十大发病率最高的疾病中，恒牙龋病的发病率和乳牙龋病的发病率分别排在第2位和第5位。在大多数工业国家财政负担中口腔疾病排在第4位。口腔疾病的直接治疗费用估计为每年2980亿美元，相当于全球卫生平均支出的4.6%。口腔疾病的间接费用估计为每年1440亿美元。此外，口腔疾病与全身健康也紧密相关。

第四次全国口腔流行病学调查显示，龋病和牙周病仍然是影响中国居民口腔健康的主要疾病，也是中老年人牙齿缺失的主要原因。此外，中老年人的牙周健康率为12.6%。口腔疾病在中国仍然非常普遍。然而，专业口腔诊疗往往不能被广泛获得，而且由于医保无法完全覆盖，许多人往往无法负担高昂的治疗费用，从而导致严重的公共卫生问题。因此，我国政府发布了一系列卫生政策促进口腔健康。为实施"2030健康计划"，国务院于2016年12月发布了《"十三五"卫生与健康规划》，该规划是《中华人民共和国国民经济和社会发展第十三个五年规划纲要》和《"健康中国2030"规划纲要》的重要组成部分。根据该规划，2016—2020年口腔健康促进的主要任务：①将口腔健康检查纳入常规体检；②将重点人群口腔疾病综合干预纳入慢性病综合防控；③深入开展全民健康教育和健康促进活动，深入推进以减盐、减油、减糖、健康口腔、健康体重、健康骨骼为重点的全民健康生活方式；④加快口腔健康相关产业的发展，以满足人们日益增长的口腔健康需求。

国家卫生部门于2016年10月20日印发《国家慢性非传染性疾病综合防控示范区管理办法》，要求在所有小学和幼儿园提供口腔健康教育，并对儿童和其他高危人群采取适当措施，如局部涂氟和窝沟封闭。

国务院办公厅2017年1月22日印发了《中国防治慢性病中长期规划（2017—2025年）》，其中与口腔健康有关的策略包括：①全面加强幼儿园、中小学口腔保健健康知识和行为方式教育；②推进全民健康生活方式行动，开展"三减三健"（减盐、减油、减糖，健康口腔、健康体重、健康骨骼）等专项行动，增强群众维护和促进自身健康的能力；③将口腔健康检查纳入常规体检；④加大牙周病、龋病等口腔常见病的干预力度，实施儿童局部涂氟、窝沟封闭等口腔保健措施，12岁儿童患龋率控制在30%以内；⑤重视老年人常见慢性病、口腔疾病、心理健康的指导与干预。这些政策和办法是我国政府将口腔健康作为全身健康的重要组成部分，并将口腔疾病作为重点防控疾病的重大举措。

随着医药卫生体制改革深化，口腔医疗新产品、新技术层出不穷，对口腔疾病卫生技术的安全性、有效性、经济性、伦理、社会等方面的评估需求更加迫切。目前，我国口腔疾病HTA存在以下挑战：①口腔循证医学、循证决策的观念和工作机制尚处于初步阶段。卫生技术决策者和执行者尚未完全形成关于口腔疾病HTA决策转化的充分认知，部分决策者仍沿用经验主义决策的做法来进行相关决策，学术成果无法形成有效的决策影响。HTA并没有制度化进入决策程序，限制HTA转化。②组织机构不完善，缺乏行业发展标准，来自行政主体或市场的推动依然不足，虽然已经出版过一些HTA方面的指南，但在口腔疾病HTA方面尚未形成完整指南并推广使用。③评估人员不足、评估水平不高直接影响到卫生技术报告的质量和数量。对此，国家卫生健康委员会卫生发展研究中心组建了国家卫生技术评估网络，但提高HTA研究团队的能力和整体质量尚需时日。④大部分口腔疾病HTA仍局限在课题研究层面，对卫生政策的影响仍十分有限。⑤口腔疾病HTA的标准和程序不够明确，伦理机制尚不完善。

HTA能为卫生决策做出贡献，可从不同层面影响决策，合理分配有限资源。卫生决策通常是在宏观、中观和微观三个不同的层面做出。宏观决策由利益相关者（例如政府）做出，并能影响整个卫生系统。中观决策位于宏观决策之下，由环境内参与技术实现的相关机构和组织（例如健康维护组织、医院）做出，各机构和组织的出发点可能不同。最后由卫生专业人员和患者做出微观决策。微观决策虽不改变卫生政策，但大多数人都能感受到其影响。

口腔疾病HTA影响国家口腔医保的覆盖和实施，推动口腔高值耗材的集采，支持卫生技术相关政策的制定。目前，拔牙、根管治疗等口腔疾病诊疗费用已纳入医保基金支付，氯己定、替硝唑等口腔常用药物已纳入医保药品目录。口腔种植修复义齿（种植牙）也将开展集采。这些均得益于口腔疾病卫生技术的发展和评估。

此外，政府卫生部门可利用口腔疾病HTA来设计口腔公共健康项目，或发展技术创新、研究和管理的政策，并且决定如何分配公共资金以支付和宣传新技术。近年来，HTA影响已经辐射至中层和基层决策者（图11-2）。医院和健康网络用口腔疾病HTA来帮助制定卫生技术获得和管理中的相关决策。制药和其他卫生保健产品公司用HTA来制定市场策略。口腔疾病患者和口腔医生可能将HTA用于指导恰当使用口腔卫生保健和干预措施。

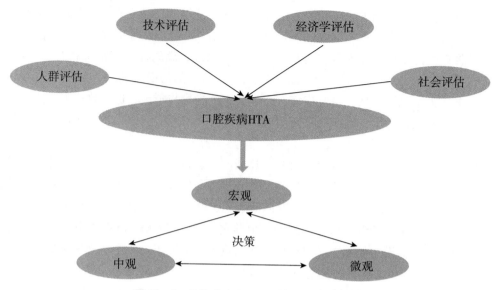

图 11-2 口腔疾病 HTA 及使用的决策层面

（唐琦　田卫东）

【主要参考资料】

［1］ Esfandiari S, Feine J. Health technology assessment in oral health ［J］. The International Journal of Oral & Maxillofacial Implants, 2011（26 Suppl）: 93-100.

［2］ Kassebaum N J, Smith A G C, Bernabe E, et al. Global, regional, and national prevalence, incidence, and disability-adjusted life years for oral conditions for 195 countries, 1990—2015: a systematic analysis for the Global Burden of Diseases, Injuries, and Risk Factors ［J］. Journal of Dental Research, 2017, 96（4）: 380-387.

［3］ 孟圆, 刘雪楠, 郑树国. 国内外口腔疾病负担的现况和分析 ［J］. 中华口腔医学杂志, 2017, 52（6）: 386-389.

［4］ 史宗道, 华成舸, 李春洁. 循证口腔医学 ［M］. 3 版. 北京: 人民卫生出版社, 2019.

［5］ 王海银, 何达, 王贤吉, 等. 国内外卫生技术评估应用进展及建议 ［J］. 中国卫生政策研究, 2014, 7（8）: 19-23.

［6］ Schwendicke F, Splieth C H, Thomson W M, et al. Cost-effectiveness of caries-preventive fluoride varnish applications in clinic settings among patients of low, moderate and high risk ［J］. Community Dentistrg and Oral Epidemiology, 2018, 46（1）: 8-16.

［7］ Ramamoorthi M, Esfandiari S, Screw-vs. Cement-retained implant-supported prosthesis in partially edentulous patients: an oral health technology assessment report［J］. JDR Clinical & Translational Research，2016，1（1）：40－50.

［8］ Marcenes W，Kassebaum N J，Bernabe E，et al. Global burden of oral conditions in 1990—2010：a systematic analysis［J］. Journal of Dental Research，2013，92（7）：592－7.

［9］ Cooper C. Global，regional，and national，prevalence，and years lived with disability for 328 diseases and injuries for 195 countries，1990—2016：a systematic analysis for the Global Burden of Disease Study 2016［J］. The Lancet，2017，390（10100）：1211－1259.

［10］ Wei M L，Ruether A，Hailey D，et al. The newcomer's guide to HTA：handbook for HTAi early career network［EB/OL］. https：//www. htai. org.

［11］ Listl S，Galloway J，Marcenes W，et al. Global economic impact of dental diseases［J］. Journal of Dental Research，2015，94（10）：1355－1361.

［12］ 国务院.《"十三五"卫生与健康规划》［EB/OL］. https：//www. gov. cn/zhengce/content/2017－01/10/content＿5158488. htm.

［13］ 国家卫生和计划生育委员会.《国家慢性非传染性疾病综合防控示范区管理办法》［EB/OL］. https：//www. gov. cn/zwgk/2011－03/24/content＿1830841. htm.

［14］ 国务院.《中国防治慢性病中长期规划（2017—2025 年)》［EB/OL］. https：//www. gov. cn/zhengce/content/2017－02/14/content＿5167886. htm.

［15］ 欧阳伟. 卫生技术评估在口腔牙科窝沟封闭中的应用［M］. 北京：科学出版社，2019.

第十二章　诊断试验卫生技术评估

疾病的正确诊断是临床治疗的基础，只有正确诊断，才能保证有效干预。新的实验诊断项目或新的实验方法一般均需与已公认、视为金标准的实验项目和方法进行比较。如何正确判断新项目的临床应用价值，是医学面临的一大课题。目前临床诊断项目已超过 1000 多种，其数量还在继续增长，但与疾病诊断直接相关或具有独立实验诊断价值的指标并不多。许多实验项目的结果对疾病诊断的特异度并不强，任何一种疾病都可出现多种实验项目的异常。传统意义上，患者到医院就医首先要解决的问题是诊断问题，医生要判断患者是否患病、患何种疾病、疾病发展程度等，在肯定和排除诊断中，需要考虑诊断试验的准确性、可靠性、安全性、费用及患者的可接受性等方面，并合理解释结果，达到提高疾病的诊断水平和治疗效果的目的。

第一节　概述

一、诊断试验的定义

诊断试验（Diagnosis Test）指临床上用于疾病诊断的各种试验，涉及临床采用的各种诊断手段和方法，它可为疾病正确诊断及其鉴别诊断提供重要依据，也可用于判断疾病的严重程度，估计疾病的临床过程、治疗效果及其预后，筛选无症状的患者和检测药物不良反应等。

二、诊断试验的分类与实施

（一）诊断试验的分类

诊断试验一般可分为两种：一是基于诊断性随机对照试验（Diagnostic Randomized Controlled Trial，D-RCT）；二是基于诊断准确性试验（Diagnostic Accuracy Test，DAT），主要包括病例对照研究和队列研究。

（二）诊断试验的实施

1. 确立金标准

金标准指当前医学界公认的诊断疾病最可靠的诊断方法，或者是一种广泛接受或认可的具有高敏感度和特异度的诊断方法。金标准的选择应结合临床具体情况，如果金标准选择不当，就会造成对研究对象"有病"和"无病"划分上的错误，从而影响对诊断试验的正确评价。

2. 选择研究对象

纳入诊断试验的患者需要有合适的疾病谱，以保证样本具有代表性，即研究中所检查患者的疾病谱与诊断试验在临床应用时患者的疾病谱相同。首先，研究者确定想利用这个诊断试验解决什么问题，某一临床问题的定义决定了研究时患者的选择。其次，患者样本是否有代表性：经过金标准确诊的研究疾病的患者需要合适的疾病谱，应包括早、中、晚期患者，或轻、中、重型患者，理想的情况各期比例与临床一致。

3. 样本量估算

进行诊断试验研究时需要一定的样本量，其作用是估计研究中的误差与降低研究中的抽样误差。通常根据被评价诊断试验的敏感度和特异度分别计算研究所需的患者数和非患者数，应用总体率的样本含量计算方法。

4. 独立、盲法比较测量结果

独立指所有研究对象都要同时进行诊断试验和金标准的测定，不能根据诊断试验的结果有选择地进行金标准测定。原则上要求所有研究对象都经过金标准的评价以确定是否患有研究的疾病。盲法指诊断试验和金标准结果的判断或解释相互不受影响。这里涉及两个概念：一是金标准的判断是否为盲法？意为金标准结果的判定与诊断试验的结果是否无关。二是诊断试验判断是否为盲法？意为诊断试验结果的判断是否不受金标准结果的影响。

5. 诊断试验的可靠性

诊断试验的可靠性又称重复性，是指诊断试验在完全相同条件下进行重复试验获得相同结果的稳定程度。对于计量资料，可采用标准差及变异系数来表示；对于计数资料，可采用观察符合率与卡帕值（Kappa Value）表示。

三、诊断试验的评价指标

评价诊断试验的指标包括敏感度、特异度、似然比、受试者工作特性曲线等。诊断试验临床应用性指标包括阳性预测值和阴性预测值等。为了便于理解，根据诊断试验的结果和金标准的结果建立一个四格表（表 12-1）。

表 12-1　评价诊断试验的四格表

诊断性试验		金标准诊断		
		患病	未患病	合计
	阳性	a（真阳性数）	b（假阳性数）	$a+b$（阳性数）
	阴性	c（假阴性数）	d（真阴性数）	$c+d$（阴性数）
	合计	$a+c$（患病数）	$b+d$（非患病数）	$a+b+c+d$（受检总数）

（一）准确性指标

（1）敏感度（Sensitivity，SEN）又称真阳性率（True Positive Rate，TPR），是实际患病且诊断试验结果阳性的概率，反映被评价诊断试验发现患者的能力，该值越大越好。

$$SEN = \frac{a}{a+c} \times 100\%$$

（2）特异度（Specificity，SPE）又称真阴性率（True Negative Rate，TNR），是实际未患病且诊断试验结果为阴性的概率，反映鉴别未患病者的能力，该值越大越好。

$$SPE = \frac{d}{b+d} \times 100\%$$

（3）似然比（Likelihood Ratio，LR）是反映敏感度和特异度的复合指标，全面反映诊断试验的诊断价值，且非常稳定，比敏感度和特异度更稳定，更不受患病率的影响。

1）阳性似然比（Positive Likelihood Ratio，LR$^+$）为出现金标准确定患病的受试者阳性试验结果与出现非患病受试者阳性试验结果的比值大小或倍数，即真阳性率与假阳性率之比，LR$^+$越大，表明该诊断试验误诊率越小，也表示患目标疾病的可能性越大。

$$LR^+ = \frac{真阳性率}{假阳性率} = \frac{SEN}{1-SPE}$$

2）阴性似然比（Negative Likelihood Ratio，LR$^-$）为出现金标准确定患病的受试者阴性试验结果与出现非患病受试者阴性试验结果的比值大小或倍数，即假阴性率与真阴性率之比，LR$^-$越小，表明该诊断试验漏诊率越低，也表示患目标疾病的可能性越小。

$$LR^- = \frac{假阴性率}{真阴性率} = \frac{1-SEN}{SPE}$$

（4）诊断比值比（Diagnostic Odds Ratio，DOR）指患病组中诊断试验阳性的比值（真阳性率与假阴性率之比）与非患病组中诊断试验阳性的比值（假阳性率与真阴性率之比）。

$$DOR = \frac{a/c}{b/d}$$

DOR 和似然比密切相关，可以相互转换：

$$DOR = \frac{LR^+}{LR^-}$$

DOR 的取值范围在 0~∞，值越大，表明诊断试验的效能越好。DOR 等于 1，说明诊断试验结果在患病组和未患病组没有差异。DOR 小于 1，说明诊断试验效能较差（在患者中诊断试验判断为阴性者多）。与似然比类似，DOR 数值大小也不受患病率的影响，因此在诊断试验的评价中很重要。

（5）准确度（Accuracy，Ac）表示诊断试验中真阳性数和真阴性数之和占全部受检总人数的百分比，反映正确诊断患病者与非患病者的能力。准确度高，真实性好。

$$Ac = \frac{a+d}{a+b+c+d} \times 100\%$$

（6）ROC 曲线：受试者工作特性曲线（Receiver Operator Characteristic Curve，ROC Curve）。诊断试验结果以连续分组或计量资料表达结果时，将分组或测量值按大小顺序排列，将随意设定出多个不同的临界值，从而计算出一系列的敏感度/特异度（至少 5 组），以敏感度为纵坐标，"1−特异度"为横坐标绘制出的曲线叫 ROC 曲线。

（二）临床应用性指标

（1）预测值（Predictive Value，PV）是反映应用诊断试验的检测结果来估计受试者患病或不患病可能性大小的指标。根据诊断试验结果的阳性和阴性，预测值分为阳性预测值和阴性预测值。

1）阳性预测值（Positive Predictive Value，PV^+）指诊断试验结果为阳性者中真正患者所占的比例。对于一项诊断试验来说，PV^+越大，表示诊断试验阳性后受试者患病的概率越高。

$$PV^+ = \frac{a}{a+b} \times 100\%$$

2）阴性预测值（Negative Predictive Value，PV^-）指诊断试验结果为阴性者中真正无病者所占的比例。PV^-越大，表示诊断试验阴性后受试者未患病的概率越高。

$$PV^- = \frac{d}{c+d} \times 100\%$$

（2）验前概率（Pre－test Probability）和验后概率（Post－test Probability）。验前概率是临床医生根据患者的临床表现及个人经验对该患者患目标疾病可能性的估计值。验后概率主要指诊断试验结果为阳性或阴性时，对患者患目标疾病可能性的估计值。验前概率和验后概率常被用来评价诊断试验。临床医生希望了解当诊断试验为阳性时，患目标疾病的可能性有多大，阴性时排除目标疾病的可能性有多大，这就需要用验后概率来进行估计。验后概率相对验前概率改变越大，则该诊断试验被认为越重要。

$$验前比（Pre－test\ Odds）= \frac{验前概率}{1-验前概率}$$

$$验后比（Post－test\ Odds）= 验前比×似然比$$

$$验后概率 = \frac{验后比}{1+验后比}$$

第二节　诊断试验卫生技术评估的常用方法

诊断试验卫生技术评估主要包括诊断试验准确性和临床应用性评价、经济学评估、患者的价值观和偏好分析等内容，其中诊断试验准确性和临床应用性评价可以采用原始研究方法，也可以采用系统评价/Meta 分析对同质性研究进行综合。经济学评估可以采用成本－效果分析、成本－效益分析、成本－效用分析和预算影响分析，也可以采用系统评价/Meta 分析。患者的价值观和偏好分析可以采用访谈法和观察法。

目前，较多文献介绍诊断试验系统评价/Meta 分析制作步骤，概括起来，可分为 9 个步骤：①确定待评价的临床问题；②制定纳入和排除标准（研究对象、待评价诊断试验、对照诊断试验和研究设计）；③制定检索策略并实施检索（应该包括电子数据库和其他资源）；④筛选研究（根据纳入和排除标准选择研究）；⑤评估纳入研究的方法学质量（使用相关量表评价纳入研究质量）；⑥提取数据（设计数据提取表，内容涉及研究对象、待评价诊断试验、对照诊断试验、四格表数据和研究设计等）；⑦分析数据并在合适的情况下进行 Meta 分析（考虑亚组分析、敏感性分析、荟萃回归和发表偏倚）；

⑧陈述结果和制作结果摘要表格（列表呈现纳入研究基本情况和质量评价结果，如果可能，以森林图形式呈现 Meta 分析结果，以流程图形式呈现研究的筛选过程）；⑨撰写讨论与结论（总结主要研究结果、优势与不足和实用性）。建议基于诊断试验系统评价/Meta 分析报告规范（Preferred Reporting Items for Systematic Reviews and Meta－analyses，PRISMA）撰写和报告诊断试验系统评价/Meta 分析。

诊断试验系统评价/Meta 分析流程见图 12－1。

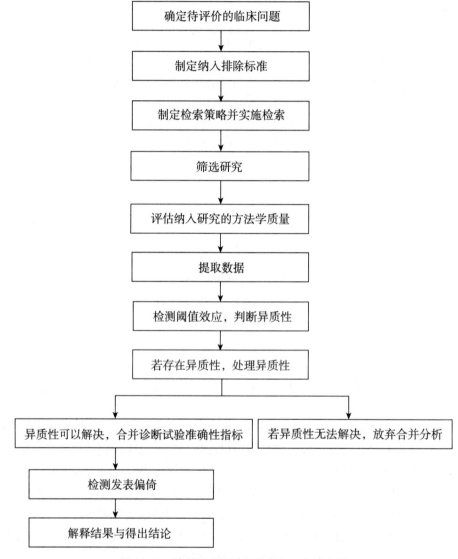

图 12－1 诊断试验系统评价/Meta 分析流程

一、选题与注册

选择诊断试验系统评价的题目，首先必须了解选题的原则，其次要熟悉选题方法。诊断试验系统评价课题来源有临床实践和诊断方法理论本身的发展。最佳选题产生在临床需要与诊断方法内在发展逻辑的交叉点上。选题是否恰当、清晰、明确，关系到诊断试验系统评价是否具有重要的临床意义和可行性，并影响整个诊断试验系统评价研究方案的设计和制订。

Cochrane 诊断试验系统评价必须在 Cochrane 协作网注册，非 Cochrane 诊断试验系统评价可以在 PROSPERO 和 INPLASY 平台注册。

二、撰写研究方案

确立题目后，首要任务是撰写研究方案，主要内容包括诊断试验系统评价的题目、背景与目的、研究方法（检索文献、筛选文献、质量评价、资料提取、分析资料等）。

（一）题目

诊断试验系统评价题目涉及诊断方法和特定人群，有四种格式：①诊断试验 1 和诊断试验 2 诊断特定人群的某疾病，如衣原体抗体滴度检测与子宫输卵管造影诊断低生育力妇女的输卵管病理改变。②诊断试验 1 和诊断试验 2 诊断某疾病，如磁共振成像与超声诊断缺血性脑卒中。③诊断试验诊断特定人群的某疾病，如硝酸盐还原法诊断耐乙胺丁醇的结核患者。④诊断试验诊断某疾病，如抗环瓜氨酸肽抗体诊断类风湿性关节炎。

（二）背景与目的

背景部分主要阐述诊断试验系统评价研究的主要内容和目的；解释所提出问题的重要性；相关问题为何未得到有效解决；开展该系统评价的原因；该问题是否有类似或相关系统评价发表，若有，需阐述已发表系统评价研究之间的异同点，特别是与目前拟开展的系统评价研究之间的差异。

评估多个问题/试验的诊断试验系统评价研究，应将目的分为主要目的和次要目的。如主要目的是比较两个诊断试验之间的准确性，次要目的是估计每个诊断试验阈值的准确性。异质性观察可以发现影响诊断准确性的因素有哪些。

（三）检索文献

根据诊断研究与评价的贝叶斯图书馆（The Bayes Library of Diagnostic Studies and Reviews）的方法制定诊断试验 Meta 分析检索策略，检索词分为目标疾病、待评价试验、诊断准确性指标三大部分。在检索源方面，检索综合性数据库的同时，还应当重视诊断试验的检索特异性数据库（如 IFCC 数据库等）和灰色文献、手工检索、追踪参考文献和检索搜索引擎等。

实施检索的过程中应注意：①系统、全面、多渠道的文献检索是产生高质量诊断试验系统评价的保障；②不要过分依靠已有的检索策略或检索过滤工具；③咨询信息检索专家，提高纳入研究的可信度。

（四）筛选文献、质量评价与资料提取

诊断试验 Meta 分析的纳入标准应该遵从研究的主要目的和次要目的，可根据纳入的研究类型、研究对象、待评价诊断试验、对照诊断试验、目标疾病和金标准等核心要素进行细化，并充分考虑研究的可行性。纳入标准和排除标准的关系：基于纳入标准确定研究主体，根据排除标准排除主体中对研究结果有影响的个体。

文献筛选和资料提取方法与其他类型 Meta 分析没有差别，但一般采用 QUADAS-2 对纳入研究进行质量评价，其主要由四部分组成：病例选择，待评价诊断试验，金标准，失访、金标准和待评价试验检测的间隔时间。所有组成部分在偏倚风险方面都会被评估，前三部分也会在临床适用性方面被评估。

（五）分析资料

1. 常用诊断效能指标

利用软件进行 Meta 分析，计算各组合并诊断比值比、合并敏感度、合并特异度、合并预测值、合并似然比、验前概率、验后概率和集成 ROC（Summary ROC，SROC）曲线下面积等，相关结果均用 95% 可信区间表示。

（1）合并诊断比值比。诊断比值比表示诊断试验的结果与疾病的联系强度，其大小与选择的诊断界点有关。诊断比值比的数值越大，表示该诊断试验的判别效果越好；诊断比值比等于 1，表示该试验无法判别患者与非患者。

（2）合并似然比。似然比指诊断试验的结果在患者中出现的概率与非患者中出现的概率之比。LR^+ 越大越好，它表明阳性结果的正确率高，研究对象的患病率高。LR^- 越小越好，它提示患病可能性小，阴性结果正确率高。$LR=1$，表示验前概率和验后概率相同，对诊断无价值。$LR^+>1$，表示诊断试验后，患该病的可能性增大。值越大，患该病的可能性越大。$LR^-<1$，表示诊断试验后，患该病的可能性变小。值越小，患该病的可能性越小。$LR^+>10$ 或 $LR^-<0.1$：验前概率到验后概率发生决定性变化，基本可以确定或排除诊断。LR^+ 在 5~10 或 LR^- 在 0.1~0.2：验前概率到验后概率发生中等程度变化。LR^+ 在 2~5 或 LR^- 在 0.2~0.5：验前概率到验后概率发生较小程度变化。LR^+ 在 1~2 或 LR^- 在 0.5~1：验前概率到验后概率基本不发生变化，对疾病诊断的帮助有限。

（3）合并预测值。预测值指诊断试验结果与实际（参考试验结果）符合的概率。当确诊试验 $PV^+>85\%$ 时，认为试验结果阳性可确诊该病；当筛检试验 $PV^->95\%$ 时，认为试验结果阴性可排除该病而不需进一步检查。

（4）SROC 曲线。曲线下面积是诊断试验的整体表现，用于评判诊断试验的准确性，可解释为：一种诊断试验能正确识别患病与非患病的概率。对同一检测指标的多个不同试验进行 Meta 分析，可根据它们效应量的权重，用 SROC 曲线表示。通过 SROC 曲线下面积来分析、评价和比较两种或两种以上诊断试验的价值。曲线越接近坐标轴左上角，曲线下面积越接近于 100%，说明该诊断试验的确诊或排除价值越高。

2. 异质性分析

Cochrane 系统评价指导手册将 Meta 分析的异质性分为临床异质性、方法学异质性和统计学异质性。临床异质性指研究对象的病情、病程和诊断方法的差异（如核磁的磁场强度不同）等导致的变异；方法学异质性指由于诊断试验设计和质量方面的差异，如不同研究设计和盲法的应用等导致的变异；统计学异质性指不同诊断试验被估计效应量在数据上表现出的差异。

按不同的诊断方法分组，采用卡方检验对各研究 DOR 结果进行异质性分析，用 I^2

评估异质性大小，$I^2 \leqslant 25\%$ 则异质性较小，$25\% < I^2 < 50\%$ 则为中等程度的异质性，$I^2 \geqslant 50\%$ 则研究结果之间存在高度的异质性。

3. 阈值效应分析

在诊断试验中，引起异质性的重要原因之一是阈值效应。探讨阈值效应可以利用 Meta-Disc 软件计算敏感度对数值与（1-特异度）的对数值的 Spearman 相关系数，也可通过森林图判断。如果存在阈值效应，森林图显示敏感度增加的同时特异度降低，同样的负相关现象可见于阳性似然比和阴性似然比。也可通过 SROC 曲线判断，如果是典型的"肩臂"状分布，提示存在阈值效应。阈值效应的分析结果决定纳入研究能否进行合并分析及合并分析方法的选择。

4. SROC 曲线绘制

诊断试验 Meta 分析中能否合并效应量（诊断试验准确性指标和临床应用性指标）及模型选择取决于异质性分析和阈值效应分析的结果。

当异质性分析无异质性时，可以选择 SEN、SPE、LR^+、LR^- 和 DOR 为效应量指标，采用固定效应模型进行合并分析。若异质性明显但不存在阈值效应，可以利用随机效应模型。由于诊断试验样本量相对干预性试验普遍偏小，在实际合并分析效应量的时候，即使异质性分析显示无异质性，也最好使用随机效应模型估计合并效应量。

若存在阈值效应。只能用绘制 SROC 曲线的方法进行合并分析。有三种模型可供选择。

（1）Littenberg-Moses 固定效应模型：SROC 曲线采用 DOR 将诊断研究的敏感度和特异度通过相应的转化形式转化为单一指标，评价诊断试验的准确性。该方法最初由 Kardaum 等研究者于 1990 年提出，随后经 Littenberg 和 Moses 等对最初提出的模型进行修正，提出 Littenberg-Moses 固定效应模型，这是当前最常用拟合 SROC 曲线的方法。

（2）双变量随机效应模型：2005 年 Reitsma 等给出的双变量随机效应模型有两个水平，分别对应研究内变异和研究间变异。双变量随机效应模型通过似然函数进行拟合可获得五个参数估计结果：敏感度与特异度 Logit 转换值 [E（logit）Se、E（logit）Sp] 和方差 [Var（logit）Se、Var（logit）Sp] 及两者的相关系数 [Corr（logits）]，在 Stata 软件中可通过 midas 命令实现。

（3）分层 SROC 模型：2001 年分层 SROC 模型由 Rutter 和 Gatsonis 提出，是对 Littenberg-Moses 固定效应模型 SROC 曲线的扩展，用于合并评价多个诊断试验的敏感度和特异度。在 Stata 软件中，可通过 metandi 命令实现，分层 SROC 模型的五个参数估计结果分别为形状参数（Lamda）、诊断比值比（Theta）、阈值（Beta）及两者方差（s2theta、s2alpha）。

此外，还有等比例风险模型（基于 ROC 曲线 Lehmann 模型假设的方法）和基于 Logistic 分布最大加权 Youden 指数模型等。

（六）软件操作

目前，可用于诊断试验 Meta 分析的软件有 Stata、WinBUGS、R、OpenBUGS、RevMan、MIX、Comprehensive Meta-Analysis、Meta-Disc 和 Meta-Test 等。这里

主要讲解 Meta－Disc、RevMan 和 Stata 软件合并分析诊断试验数据，对于其余软件感兴趣者可参考相关书籍和文献。

1. Meta－Disc

（1）简介：Meta－Disc 是采用菜单操作、功能全面而专用于诊断和筛查试验的 Meta 分析软件，其操作系统为 Windows。

（2）数据输入：①利用键盘直接输入四格表数据。②从资料提取表中复制并粘贴四格表数据至 Meta－Disc 数据表（注意 TP、FP、FN 和 TN 的顺序）。③点击 "File"，在下拉菜单中选择 "Import Text File..." 菜单导入 "＊.txt" 或 "＊.csv" 格式文件。在导入相应的文件之前，需了解文件以何种标点符号作为数据分界格式，若文件中的数据以 "；" "：" 和 "." 分界，则要在数据输入界面的对话框中分别选 "Semicolon" "Colon" 和 "Comma"，以便正确显示，然后点击 "Import columns"，即可导入到 Meta－Disc 数据表。

如果想探索异质性来源，需要增加列数目，具体步骤：点击 "Edit/Data Columns"，选择 "Add Column"，在弹出 "New variable name" 界面输入变量名称，点击 "Aceptar" 完成列的增加。

如果四格表的数据中含 0，则需对每个格子加 0.5 来校正，可以手工输入时校正；也可点击 "Analyzed/Options..."，在弹出 "Options" 对话框的 "Statistics" 界面，选择 "Handing studies with empty cells" 选项中的 "Add 1/2 to all cells" 实现软件自动校正。

（3）数据分析。

1）探索阈值效应：选择 "Analyzed" 菜单中的 "Threshold Analysis"，弹出计算结果，敏感度对数值与（1－特异度）的对数值的 Spearman 相关系数 $r=0.817$，$p=0.007$，表明可能存在阈值效应。

2）探讨异质性：在诊断试验 Meta 分析中，除阈值效应外，其他原因包括研究对象（如疾病的严重程度和病程等）和试验条件（如不同技术、不同操作者等）等也可引起研究间异质性。如果各研究间确实存在异质性，可用 Meta 回归和亚组分析探讨异质性来源，Meta 回归具体步骤如下：选择 "Analyzed" 菜单中的 "Meta－regression..."，在弹出 "Meta regression" 界面点击 "＋"，依次将 "Covariates" 下面框中的协变量添加到 "Model" 下面的框中，点击 "Analyze" 即可，但要逐个剔除协变量分别进行 Meta 回归。

亚组分析的具体步骤如下：选择 "Analyzed" 菜单中的 "Filter Studies..."，弹出 "Filter" 界面，在 "Variable" 的下拉框中选择协变量名称，在协变量名称后面的方框中选取值范围，在 "Value" 下面的方框中输入具体值，点击 "Apply" 完成亚组分析。

3）合并效应量：点击 "Analyzed/Tabular Result"，选择 "Sensitivity/Specificity" "Likelihood Ratio" 和 "Diagnosis OR"，分别显示敏感度和特异度、似然比和诊断比值比合并结果。

4）绘制森林图：点击 "Analyzed/Plot..."，在 "Meta－Disc－［Plots］" 界面选择 "Sensitivity" "Specificity" "Positive LR" "Negative LR" "Diagnosis OR"，分别显示

敏感度、特异度、阳性似然比、阴性似然比和诊断比值比的森林图。

在森林图界面：①点击"Options"按钮，弹出"Options"对话框，在"Statistics"界面对"Pooling method""Confidence Interval""Handing studies with empty cells"进行选择；在"Graphics"界面对"Logarithmic Scale""Identify studies with""Forest plot additional data"进行选择。②点击"Export"按钮，在弹出的窗口中选择保存位置和格式（"＊．Bitmap""＊．Metafile""＊．EMF""＊．jpg""＊．PNG"），输入文件名后，点击"保存"完成森林图保存。③点击"＋"或"－"改变森林图的大小；在"Pooling Symbol"和"Individual study symbol"下拉框选择合并效应量的图示（No Symbol、Diamond、Circle、Square、Triangle和Star），也可对其颜色进行选择（红色、黑色、白色、灰色、黄色、蓝色、粉色、绿色和紫色）。

5）绘制SROC曲线：首先，判断SROC曲线是否对称，并选择相应的方法拟合SROC曲线。如果SROC曲线是对称的，可以通过"Mantel－Haenszel""DerSimonian－Laird""Moses'constant of liner model"（在SROC界面选择）模型拟合SROC曲线；如果SROC曲线不对称，则只能用"Moses'constant of liner model"模型拟合SROC曲线。其次，拟合SROC曲线，点击"Analyzed/Plot..."，在"Meta－Disc－［Plots］"界面选择"SROC Curve"，则可拟合出SROC曲线，在SROC曲线图上，还可以得到$AUC=0.8802$，Q指数$=0.8107$等。

2. RevMan

（1）简介：RevMan全称为Review Manager，是Cochrane协作网为系统评价工作者提供的专用软件，是Cochrane系统评价的一体化、标准化软件，主要用来制作和保存Cochrane系统评价的计划书及全文，对录入的数据进行Meta分析，并且将Meta分析的结果以森林图等比较直观的形式展示，以及对系统评价进行更新。目前，该软件为免费软件，其最新版本为"RevMan 5.3"。

（2）创建诊断试验系统评价：①点击操作主界面"Create a new review"或选择菜单"File/New"，点击"New Review Wiazard"窗口中的"Next"。②选择"Type of Review"中"Diagnosis test accuracy review"创建Cochrane诊断试验系统评价，点击"Next"。③在"Title"中输入诊断试验系统评价的标题，共有四种（详见本章第一节），点击"Next"。④在"Stage"中选择诊断试验系统评价阶段，"Title only""Protocol""Full review"分别表示标题阶段（此阶段不可选）、计划书阶段和全文阶段（一般选择），选择后点击"Finish"完成诊断试验系统评价创建。

RevMan 5.3操作主界面见图12－2。

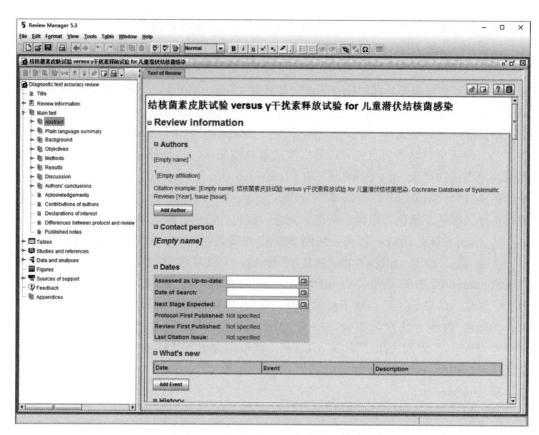

图 12-2　RevMan 5.3 操作主界面

（3）添加研究：①点击图 12-2 大纲栏中的"Study and references"下面的"References to studies"。②点击"Included studies"后点击鼠标右键选择"Add Study"或点击内容栏"Included studies"下面的"Add Study"按钮，弹出"New Study Wizard"窗口。③录入 Study ID（第一作者姓＋研究发表时间，如 Grare 2010）后，点击"Next"。④在"Data Source"后下拉框选择数据来源："Published data only（Unpublished not sought）（默认）""Published and unpublished data""Unpublished data only""Published data only（Unpublished sought but not used）"，点击"Next"。⑤在"Year"后录入研究发表时间，如 2021，点击"Next"。⑥在"Identifier"界面点击"Add Identifier"，在"Identifier"下拉框选择"Identifier"类型（ISRCTN、DOI、Clinical Trials. gov 和 Other）后，点击"Next"。⑦在"What do want to do after the wizard is closed?"界面，选择"Add another study in the same section"，表示继续添加其他研究，点击"Finish"。⑧重复步骤②～⑦添加纳入的其他研究。⑨当添加最后一个研究时，在"What do want to do after the wizard is closed?"界面，选择"Nothing"，点击"Finish"完成研究的添加。⑩点击内容栏"Included studies"，即可查看所有已经添加的新的研究列表。

说明：若需要修改 RevMan 5.3 录入的研究类型和 Identifier 类型，在大纲栏或内容栏双击打开拟修改的研究，对研究类型和 Identifier 类型进行修改。如果同一作者在同一年发表了多篇研究，可以在第一作者姓+研究发表时间后面加（a）、（b）、（c）等以示区分。若需要编辑录入的研究，在大纲栏或内容栏找到预编辑研究，选中预编辑研究后点击鼠标右键选择编辑方式完成相应的编辑工作。

注意：添加和编辑参考文献的方法与添加和编辑研究类似。

（4）表：RevMan 5.3 提供的表格主要有三种：研究基本特征表（Characteristics of Studies）、结果总结表（Summary of Findings Tables）和其他表格（Additional Tables）。其中研究基本特征表包括纳入研究基本特征表（Characteristics of Included Studies）、排除研究基本特征表（Characteristics of Excluded Studies）、待分类研究基本特征表（Characteristics of Studies Awaiting Classification）和正在进行的研究基本特征表（Characteristics of Ongoing Studies）。点击纳入研究基本特征表纳入研究前⊶，可以展开质量评价条目，点击具体质量评价条目，在内容栏可以对纳入研究进行质量评价。

（5）建立四格表数据。

1）添加诊断试验名称：①选中图 12－2 大纲栏中的“Data and analyses”下面的“Data tables by test”，点击鼠标右键选择“Add Test”或点击内容栏“Data tables by test”下面的“Add Test”按钮，弹出“New Test Wizard”窗口。②在“New Test Wizard”窗口界面“Name”和“Full Name”后输入框输入诊断试验名称及其全称，如 QFT 和 QuantiFERON©－TB Gold，点击“Next”。③在“Description”界面对诊断试验进行描述说明，点击“Finish”完成诊断试验。④重复①～③，添加 T－SPOT.TB。

若需要编辑 RevMan 5.3 录入的诊断试验，在大纲栏或内容栏找到预编辑诊断试验，选中预编辑诊断试验后点击鼠标右键选择编辑方式完成相应的编辑工作。诊断试验编辑方式包括添加诊断试验数据（Add Test Data）、编辑诊断试验（Edit Test）、删除诊断试验（Delete Test）、重命名诊断试验（Rename Test）、上移（Move Up）、下移（Move Down）、属性（Properties...）和注释（Notes...）。

2）添加纳入研究：①点击“Add Test Data”。②在“New Test Data Wizard”窗口选择纳入的研究，点击“Finish”完成纳入研究添加。

（6）Meta 分析。

1）数据输入：①利用键盘直接输入四格表数据。②从资料提取表中复制并粘贴四格表数据至 RevMan 数据表中（注意真阳性、假阳性、假阳性和真阳性的顺序）。

2）数据分析：①选中图 12－2 大纲栏中“Data and analyses”下面的“Analyses”，点击鼠标右键选择“Add Analysis”，弹出“New Analysis Wizard”窗口。②在“New Test Wizard”窗口界面“Name”后输入框输入分析名称，如 γ 干扰素释放试验，点击“Next”。③在弹出界面中选择 Type（Single test analysis、Multiple tests analysis、Analyse paired data only、Investigate sources of heterogeneity）和 Test（QFT 和 QuantiFERON©－TB Gold），点击“Finish”完成数据分析。

说明：若要显示 HSROC 图，需要通过其他软件（如 SAS、STATA）获取参数 Theta、Beta、Var（accuracy）、Var（threshold）估计值。

3）属性设置：在“General”界面，可以重新选择分析类型和诊断试验以及特异度和敏感度可信区间（90％、95％和99％），在"SROC plot"界面，可以对是否显示 SROC曲线［Display SROC curve（s）］（默认）、单个研究（Display Study Points）（默认）、坐标轴（Axis Off）和单个研究的可信区间（Display CI on Study Points）进行选择，也可对对称性（Symmetric）和分析权重（Weights for Analysis）等进行选择。在"Forest plot"界面，可以选择在敏感度和特异度森林图上是否呈现质量评价条目（Risk of bias and applicability items displayed on forest plot）和协变量（Covariates Displayed on Forest plot）。在"Source of Heterogeneity"界面，可以对 SROC 曲线亚组分析的呈现情况进行选择（None、Quality Item 和 Covariates）。属性设置好后，点击"Apply"完成属性设置。

（7）绘制纳入研究质量评价图：①选中图12－2的"Figure"，点击鼠标右键选择"Add Figure"，弹出"New Figure Wizard"窗口。②在"New Figure Wizard"窗口界面选择"Risk of bias and applicability concerns graph"或"Risk of bias and applicability concerns summary"，点击"Next"。③在"Caption"界面，点击"Finish"完成质量评价图制作。

3．Stata

（1）简介：Stata 是一个功能强大而又小巧玲珑的统计软件，最初由美国计算机资源中心（Computer Resource Center）研制，现为 Stata 公司的产品。购买和安装 Stata 后，同时安装 Meta 分析相关命令包和诊断试验 Meta 分析的命令 midas 和 metandi。

Stata/SE12.0界面主要包括如下内容。①菜单栏：文件（File）、编辑（Edit）、数据（Data）、图形（Graphics）、统计（Statistics）、用户（User）、窗口（Windows）和帮助（Help）。②工具栏：提供打开文件、保存、打印、数据编辑、数据编辑浏览、变量管理等工具。③Stata 运行窗口：命令回顾窗口（Review）、结果窗口（Stata Results）、命令窗口（Stata Command）和变量名窗口（Variables）。变量名窗口位于界面右侧，列出当前数据集中的所有变量名称。

（2）数据输入：点击"Windows"，在下拉菜单中选择"Data Editor"，或点击工具栏的 ，弹出"Data Editor（Edit）－［Untitled］"界面，直接录入数据，也可从资料提取表中直接复制、粘贴数据。在该界面右下方"Variables"栏中对变量名称进行修改，在"Name"栏输入变量名称，在"Label"栏输入变量标签，在"Type"栏选择变量类型，在"Format"栏选择变量数据格式。数据输入完成后，关闭返回 Sata/SE12.0 工作界面。

也可以点击"File"，在下拉菜单中选择"Import"，在展开的菜单中选择相应导入数据的类型，在弹出的对话框中点击"Browse..."进入数据保存的路径，最后点击"OK"即可完成数据导入。

（3）midas 命令的应用。

1）合并统计量：在命令窗口输入"midas tp fp fn tn，es（x）res（all）"，分析结果如下。

SUMMARY DATA AND PERFORMANCE ESTIMATES

Bivariate Binomial Mixed Model

Number of studies＝10

Reference－positive Subjects＝776

Reference－negative Subjects＝1234 　　　　　　　基本信息

PretestProb of Disease＝0. 386

Between－study variance（varlogitSEN）＝2. 407，95％ CI＝［0. 941－6. 155］

Between－study variance（varlogitSPE）＝1. 564，95％ CI＝［0. 572－4. 277］　　异质性检验

Correlation（Mixed Model）＝－0. 785

ROC Area，AUROC＝0. 89［0. 86－0. 91］────→SROC 曲线下面积

Heterogeneity（Chi－square）：LRT _ Q＝296. 992，df＝2. 00，LRT _ p＝0. 000

Inconsistency（I－square）：LRT _ I2＝99. 33，95％ CI＝［99. 04－99. 62］　　异质性检验

Parameter	Estimate 95% CI
Sensitivity	0. 518［0. 284，0. 744］
Specificity	0. 936［0. 862，0. 971］
Positive Likelihood Ratio	8. 064［4. 562，14. 253］
Negative Likelihood Ratio	0. 516［0. 319，0. 832］
Diagnostic Score	2. 750［2. 025，3. 475］
Diagnostic Odds Ratio	15. 643［7. 576，32. 300］

主要准确性指标统计分析结果

2）绘制敏感度和特异度森林图：在命令窗口输入"midas tp fp fn tn，id（author）year（year）es（x）ms（0. 75）ford for（dss）texts（0. 80）"，绘制敏感度森林图和特异度森林图。

3）绘制似然比森林图：在命令窗口输入"midas tp fp fn tn，id（author）year（year）es（x）ms（0. 75）ford for（dlr）texts（0. 80）"，绘制阳性似然比森林图和阴性似然比森林图。

4）绘制诊断比值比森林图：在命令窗口输入"midas tp fp fn tn，id（author）year（year）es（x）ms（0. 75）ford for（dlor）texts（0. 80）"，绘制诊断比值比森林图。

5）绘制验后概率：在命令窗口输入"midas tp fp fn tn，es（x）fagan prior（0. 20）"，绘制验后概率。

6）绘制 SROC 曲线：在命令窗口输入"midas tp fp fn tn，es（x）plot sroc2"，绘制 SROC 曲线。

7）绘制双变量箱式图：在命令窗口输入"midas tp fp fn tn，bivbox scheme（s2color）"，绘制双变量箱式图。

8）绘制似然比点状图：在命令窗口输入"midas tp fp fn tn，lrmat"，绘制似然比点状图。

9）绘制 Deeks 漏斗图：在命令窗口输入"midas tp fp fn tn，pubbias"，绘制 Deeks 漏斗图。

（4）metandi 命令的应用。

1）合并统计量：在命令窗口输入"metandi tp fp fn tn"，有关双变量模型和

HSROC 模型的参数估计及 95％可信区间，敏感度、特异度、诊断比值比和似然比等准确性指标合并结果及 95％可信区间见图 12－3。

```
Meta-analysis of diagnostic accuracy

Log likelihood    = -69.940322                    Number of studies =      10

                    Coef.      Std. Err.     z     P>|z|    [95% Conf. Interval]

Bivariate
  E(logitSe)       .0703648    .5077761                     -.924858    1.065588
  E(logitSp)       2.679618    .4316657                     1.833568    3.525667
Var(logitSe)       2.406614    1.152773                     .9411947    6.153661
Var(logitSp)       1.563471    .8024536                     .571754     4.275335
Corr(logits)       -.784919    .1595724                     -.9538413   -.2386858

HSROC
  Lambda           3.047881    .4631201                     2.140183    3.95558
  Theta            -1.460768   .453117                      -2.348861   -.5726755
  beta             -.2156564   .2469371    -0.87   0.382    -.6996443   .2683314
  s2alpha          .8344113    .54974                       .229392     3.035164
  s2theta          1.731158    .8299094                     .6765102    4.429951

Summary pt.
  Se               .517584     .126787                      .2839691    .7437569
  Sp               .9358132    .0259288                     .8621863    .9714093
  DOR              15.64236    5.784224                     7.577837    32.28934
  LR+              8.063708    2.342582                     4.563025    14.25006
  LR-              .5155047    .1258789                     .3194341    .8319246
  1/LR-            1.939847    .4736831                     1.202032    3.130536

Covariance between estimates of E(logitSe) & E(logitSp)   -.1537175
```

图 12－3 双变量模型和 HSROC 模型

2）绘制 HSROC 曲线：在命令窗口输入"metandi tp fp fn tn，plot"，绘制 HSROC 曲线。

三、解释结果，撰写报告

诊断试验系统评价结果部分包括文献检索结果、纳入研究基本特征、纳入研究质量评价、纳入研究结果及 Meta 分析结果、其他（亚组分析、敏感性分析和发表偏倚）等。

（一）文献检索结果

文献检索结果呈现：①根据预先制定的检索策略和计划检索数据库所获得的检索结果及通过其他途径检获的文献数量；②利用文献管理软件去重后获得的文献数量；③采用文献筛选方法，依据纳入和排除标准筛选去重文献，确定初步符合纳入标准的研究、排除的研究及其原因；④阅读全文后，确定符合纳入标准的研究中有多少个研究被排除及其原因，最终有多少个研究被纳入定性分析和定量分析。

（二）纳入研究基本特征

推荐用纳入研究基本特征表呈现这部分内容，除研究对象数量、来源、选择和疾病谱，待评价诊断试验和参考试验实施过程及其使用的仪器和试剂等，对于评价指标（敏感度、特异度、诊断比值比、似然比和 SROC 曲线等内容外）还必须考虑有哪些特征是重要的、证据使用者和患者所关注的。

（三）纳入研究质量评价

可通过图和（或）表格呈现采用 QUADAS 或 QUADAS-2 条目评价纳入研究质量的具体结果。

（四）纳入研究结果及 Meta 分析结果

纳入研究结果及 Meta 分析结果是诊断试验系统评价的主要部分，呈现诊断试验系统评价全部诊断准确性指标，主要包括敏感度森林图、特异度森林图、诊断比值比森林图、似然比森林图、验后概率图和 SROC 曲线等。

（1）敏感度森林图、特异度森林图、诊断比值比森林图和似然比森林图：森林图中小方块表示每个研究的敏感度、特异度、诊断比值比和似然比，穿过小方块的横线表示可信区间，横线长度表示可信区间宽度，横线左端为可信区间最低值，右端为最高值。括号内的值为敏感度、特异度、诊断比值比或似然比 95％ 可信区间。菱形为敏感度、特异度、诊断比值比和似然比的合并效应量（通常位于最下端）。

（2）验后概率图：验后概率图的左侧为验前概率，中间上半部分为阳性似然比，中间下半部分为阴性似然比，右侧为验后概率，实线（红色）连接了验前概率、阳性似然比和推算出的验后概率，破折线（浅蓝色）连接了验前概率、阴性似然比和推算出的验后概率。根据验前概率和验后概率的变化判断某患者患病的可能性或该诊断试验的重要性。

（3）SROC 曲线：SROC 曲线中的每个◇、×和○分别代表 1 个研究，其数量表示纳入研究的数量，弯曲的实线为合并的 SROC 曲线。RevMan 和 Meta-Disc 生成的 SROC 曲线以"1-特异度"为横坐标，敏感度为纵坐标绘制；而 Stata 生成的 SROC 曲线以特异度为横坐标，敏感度为纵坐标绘制。SROC 曲线中红色实心◇为点估计，红色实心◇周围由里向外第 1 条虚线为 95％ 可信区间椭圆，第 2 条虚线为 95％ 预测椭圆。

（4）HSROC 曲线：HSROC 曲线中的每个○分别代表 1 个研究，其数量表示纳入研究的数量，弯曲的实线为合并的 HSROC 曲线，红色实心□为点估计，红色实心□周围由里向外第 1 条虚线为 95％ 可信区域，第 2 条虚线为 95％ 预测区域。双变量随机效应模型（BRM）包括 5 个参数估计结果，敏感度与特异度 Logit 转换值［E（logit）Se、E（logit）Sp］和方差［Var（logit）Se、Var（logit）Sp］及两者的相关系数［Corr（logits）］。HSROC 的 5 个参数估计结果分别为形状参数（Lamda）、诊断比值比（Theta）、阈值（Beta）及两者方差（s2theta、s2alpha）。其中阈值（Beta）估计值及其 95％ 可信区间提示 SROC 的对称性，反映诊断试验判别能力的效应指标对应 Lambda 的估计值及其 95％ 可信区间提示诊断试验的准确性。

（5）Deek 漏斗图：通过取对数后的诊断比值比（Diagnostic Odds Ratio，lnDOR）对有效样本量平方根的倒数进行线性回归后得到。当发表偏倚不存在时，得到对称的漏斗图。

四、定期更新

诊断试验系统评价发表后，随着新研究证据不断产生，作者要定期更新诊断试验系

替代动物研究与卫生技术评估前沿

统评价，一般至少两年更新一次。每次更新时需重新核实检索策略是否仍然能够有效地检出相关文献，否则需重新设计编写检索策略，检索各数据库以纳入新的研究。有时，诊断试验系统评价的作者可决定采用新的分析策略检索更新系统评价。

第三节　诊断试验卫生技术评估实践案例^①

一、临床问题的提出

肺癌指发生于支气管黏膜、腺体和肺泡上皮的恶性肿瘤，是全球发病率和死亡率最高的恶性肿瘤。在中国，肺癌是发病率和病死率最高的癌症，并且发病率和病死率仍呈明显上升的趋势。肺癌分为小细胞肺癌（Small Cell Lung Cancer，SCLC）和非小细胞肺癌（Non-small Cell Lung Cancer，NSCLC），其中 NSCLC 占肺癌的 80%。基于铂类药物的联合化疗治疗 NSCLC 的效果不尽如人意，靶向治疗为 NSCLC 开拓了新的方向，最具代表性和普遍性的是 NSCLC 患者中突变激活的表皮生长因子受体（Epidermal Growth Factor Receptor，EGFR）。EGFR－酪氨酸激酶抑制剂（Tyrosine Kinase Inhibitor，TKI）是 *EGFR* 基因突变局部晚期或转移 NSCLC 患者的标准治疗方案，但大多数患者会在用药后 9~14 个月发生耐药，其中 *EGFR* 基因第 20 外显子发生错义突变（即 *T790M* 突变）是耐药突变中最主要的类型。*EGFR T790M* 突变的检测对 EGFR－TKI 耐药的晚期 NSCLC 患者的后续治疗具有重要的指导意义。液态活检是精准医疗时代的代表性诊断手段之一。研究者发现，细胞代谢过程中，正常细胞和肿瘤细胞会分泌和释放 DNA 进入血液循环，称为细胞游离 DNA（Cell Free DNA，cfDNA），其中携带肿瘤突变信息的 DNA，称为循环肿瘤 DNA（Circulating Tumor DNA，ctDNA）。高通量捕获测序（Targeted Capture Next－generation Sequencing，NGS）因其通量高、灵敏度高、捕获区域可灵活设定，成为液态活检的主要检测手段，以 NGS 为基础的 ctDNA 检测，无创、实时、全面地揭示全身多病灶突变信息。因此，HTA 主要聚焦在 ctDNA 检测晚期 NSCLC 的 *EGFR T790M* 突变的准确性、经济性与预算影响分析，以及患者的价值观和偏好分析。

二、准确性评价

（一）转化临床问题

（1）具体临床问题：与组织活检相比，ctDNA 检测晚期 NSCLC 的 *EGFR T790M* 突变的准确性。

（2）研究对象（P）：晚期 NSCLC。

（3）待评价诊断试验（I）：ctDNA。

① Ontario Health（Quality）. Cell－free circulating tumour DNA blood testing to detect EGFR T790M mutation in people with advanced non－small cell lung cancer：a health technology assessment［J］. Ontario Health Technology Assessment series，2020，20（5）：1－176.

（4）参考诊断试验（C）：组织活检。

（5）测量指标（O）：准确性指标。

（二）纳入和排除标准

（1）研究设计：2000 年 1 月 1 日至 2018 年 5 月 25 日以英文形式发表的随机对照试验、队列研究、病例对照研究、系统评价和 Meta 分析。

（2）研究对象：纳入接受 EGFR－TKI 一线或二线治疗 *EGFR* 敏感突变的 NSCLC 患者，排除其他类型癌症患者。

（3）待评价诊断试验：ctDNA 单用或 ctDNA 联合组织活检检测 *EGFR T790M* 突变。

（4）参考诊断试验：组织活检检测 *EGFR T790M* 突变。

（5）测量指标：敏感度、特异度、阳性预测值、阴性预测值。

（三）文献检索

检索 MEDLINE、Embase、Cochrane Central Register of Controlled Trials、Cochrane Database of Systematic Reviews、Health Technology Assessment 和 National Health Service Economic Evaluation Database 数据库，检索由医学图书馆工作人员基于 PRESS 量表制定和评审检索策略；同时基于 HTA 网站检索灰色文献、临床试验和系统评价注册平台。

（四）文献筛选、资料提取、质量评价

1 名评价员利用 Distiller－SR 管理软件基于文献题名和摘要进行文献筛选，同时基于纳入和排除标准筛选获取的全文，追踪纳入文献的参考文献。

资料提取表提取内容包括文献来源（文献信息、国家和基金资助信息）、方法（研究设计、研究持续时间、分析方法、样本量、纳入和排除标准）、研究对象基本特征（年龄、性别、种族、吸烟史、NSCLC 分期和类型、组织活检部位、血液和组织分析方法、最初 EGFR－TKI 敏感突变，患者以前接受 EGFR－TKI 治疗情况、接受 EGFR－TKI 治疗后疾病进展情况）和测量指标。

分别利用 ROBIS、RoBANS、Cochrane's 偏倚风险和 QUADAS－2 评价工具评价系统评价、观察性研究、随机对照试验和诊断准确性研究的质量，同时利用 GRADE 评价证据体的质量。

（五）数据分析

利用 WinBUGS1.4.3 和 RevMan 5.3 进行数据分析。分析指标包括敏感度、特异度、阳性预测值、阴性预测值、准确度以及 HSROC 曲线。

（六）结果

文献筛选流程图展示了文献筛选过程，研究者主要通过更新系统评价获得准确度评价结果，文中提供系统评价和诊断准确度研究的质量评价结果：ctDNA 的敏感度介于 40%～93%，特异度介于 18%～100%，阳性预测值介于 25%～100%，阴性预测值 25%～95.2%，患病率介于 8%～75.6%。利用 HSROC 曲线获得 Meta 分析结果：敏感度＝68％（95％CI：46％～88％）（GRADE 评价结果：中等）、特异度＝86％（95％CI：62％～98％）（GRADE 评价结果：中等）。同时，文中通过表格比较了 $EGFR$ $T790M$ 阳性和阴性的无进展生存期、总生存率和应答率。

三、经济学评估

（一）转化临床问题

（1）具体临床问题：与组织活检相比，ctDNA 检测晚期 NSCLC 的 $EGFR$ $T790M$ 突变的经济性。

（2）研究对象（P）：晚期 NSCLC。

（3）待评价诊断试验（I）：ctDNA。

（4）参考诊断试验（C）：组织活检。

（5）测量指标（O）：成本、健康结局、增量成本分析、增量效果分析、增量成本－效果分析。

（二）纳入和排除标准

（1）研究设计：2000 年 1 月 1 日至 2018 年 5 月 25 日以英文形式发表的成本－效果分析、成本－效益分析、成本－效用分析、最小成本分析。

（2）研究对象：纳入接受 EGFR－TKI 一线或二线治疗 $EGFR$ 敏感突变的 NSCLC 患者，排除其他类型癌症患者。

（3）待评价诊断试验：ctDNA 单用或 ctDNA 联合组织活检检测 $EGFR$ $T790M$ 突变。

（4）参考诊断试验：组织活检检测 $EGFR$ $T790M$ 突变。

（5）测量指标：成本、健康结局、增量成本分析、增量效果分析、增量成本－效果分析。

（三）文献检索

检索 MEDLINE、Embase、Cochrane Central Register of Controlled Trials、Cochrane Database of Systematic Reviews、Health Technology Assessment 和 National Health Service Economic Evaluation Database 数据库，检索由医学图书馆工作人员基于 PRESS 量表制定和评审检索策略；同时基于 HTA 网站检索灰色文献、临床试验和系统评价注册平台以及 Tufts 成本－效果分析注册平台。

（四）文献筛选、资料提取、质量评价

1 名评价员利用 Distiller－SR 管理软件基于文献题名和摘要进行文献筛选，同时基于纳入和排除标准筛选获取的全文，追踪纳入文献的参考文献。

资料提取表提取内容包括文献来源（文献信息、研究类型）、研究对象基本特征（年龄、样本量、性别）和测量指标。

利用修订的 NICE 经济学评估量表，从应用性和局限性两个维度进行评价。

（五）结果

文献筛选流程图展示了文献筛选过程，最终纳入 1 篇研究。与化疗相比，针对美国患者和中枢神经转移的患者，检测血浆和组织中的泰瑞沙治疗分别额外产生了 0.359 和 0.313 质量调整生命年，增量成本每个患者分别为 83515 美元和 74924 美元，增量成本－效果分析每个质量调整生命年分别为 232895 美元和 239274 美元。对于中国患者和中枢神经转移的患者，增量成本－效果分析每个质量调整生命年分别为 48081 美元和 53244 美元。对于增量成本－效果分析，泰瑞沙治疗超过了化疗，同时也超过了意愿支付法预期，泰瑞沙降价可使治疗获益。

第四节　展望

目前发表的诊断试验 Meta 分析多评估单个诊断试验的诊断价值，而在临床实践中和决策制定时，经常需要同时评估具有多个诊断阈值的多个诊断性试验的准确性，以找出哪个诊断试验在哪个阈值上最有效或有最佳的成本－效益，这时传统诊断试验 Meta 分析便不适用。在诊断试验 HTA 中引入诊断试验间接比较 Meta 分析和诊断试验网状 Meta 分析，以期为 HTA 研究人员开展多个诊断试验评估提供参考。

（田金徽）

【主要参考资料】

[1] 彭晓霞，冯福民. 临床流行病学 [M]. 北京：北京大学医学出版社，2013.

[2] 田金徽，陈杰峰. 诊断试验系统评价/Meta 分析指导手册 [M]. 北京：中国医药科技出版社，2015.

[3] Whiting P F, Rutjes A W, Westwood M E, et al. QUADAS－2：a revised tool for the quality assessment of diagnostic accuracy studies [J]. Annals of Internal Medicine，2011，155 (8)：529－536.

[4] Lijmer J G，Bossugyt P M. Various randomized designs can be used to evaluated medical tests [J]. Journal of Clinical Epidemiology，2009，62 (4)：364－373.

[5] Wu B，Gu X，Zhang Q. Cost－effectiveness of osimertinib for EGFR mutation－positive non－small cell lung cancer after progression following first－line EGFR TKI therapy [J]. Journal of Thoracic Oncology，2018，13 (2)：184－193.

[6] Whiting P，Savovic J，Higgins J P，et al. ROBIS：a new tool to assess risk of bias in systematic reviews was developed [J]. Journal of Clinical Epidemiology，2016 (69)：225－234.

[7] Kim S Y，ParkJ E，Lee Y J，et al. Testing a tool for assessing the risk of bias for nonrandomized studies showed moderate reliability and promising validity [J]. Journal of Clinical Epidemiology，2013，66 (4)：408－414.

[8] Higgins J P，Altman D G，Gotzsche P C，et al. The Cochrane Collaboration's tool for assessing risk of bias in randomised trials [J]. BMJ，2011，343：d5928.

[9] Guyatt G H，Oxman A D，Schunemann H J，et al. GRADE guidelines：a new series of articles in the Journal of Clinical Epidemiology [J]. Journal of Clinical

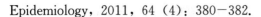

Epidemiology，2011，64（4）：380—382.

［10］National Institute for Health and Care Excellence. Appendix Ⅰ：quality appraisal checklist — economic evaluations. 2012. In：Methods for the development of NICE public health guidance ［EB/OL］. https：//www. nice. org. uk/process/pmg4/chapter/appendix－iquality－appraisal－checklist－economic－evaluations.

第十三章　医疗器械卫生技术评估

在有限的条件下，如何确保医疗资源的使用效率，提升医疗器械的可及性与可负担性，同时促进技术的合理使用，减少过度利用，是医疗器械监管及全周期管理过程中迫切需要解决的问题。

第一节　概述

一、医疗器械的定义

2017 年 5 月，国务院发布的《医疗器械监督管理条例》是我国医疗器械市场最高级别的法规性文件。该文件将医疗器械明确定义为直接或间接用于人体的仪器、设备、器具、体外诊断试剂及校准物、材料及其他类似或相关物品，包括所需的计算机软件；其效用主要通过物理等方式获得，而不是通过药理学、免疫学或者代谢方式，或者虽有这些方式参与但仅起辅助作用；使用医疗器械的目的限定为疾病的诊断、预防、监护、治疗或者缓解，损伤的诊断、监护、治疗、缓解或者功能补偿，生理结构或者生理过程的检验、替代、调节或者支持，生命的支持或者维持，妊娠控制，通过对来自人体的样本进行检查为医疗或者诊断目的提供信息。

二、医疗器械的分类

对于医疗器械的划分目前尚无统一的标准。根据其使用类型，医疗器械可划分为工具型医疗器械和治疗型医疗器械。工具型医疗器械对短期的临床结果影响较为明显；而治疗型医疗器械对临床结果具有滞后性影响，其对医保资金也具有长期的影响。

此外，根据《中国医疗器械蓝皮书（2019 版）》，医疗器械又分为高值医用耗材、低值医用耗材、医疗设备、体外诊断（In Vitro Diagnosis，IVD）。

（一）高值医用耗材

高值医用耗材一般指对安全至关重要、生产使用必须严格控制、限于某些专科使用且价格相对较高的消耗性医疗器械。高值医用耗材主要是相对低值医用耗材而言的，主要是医用专科治疗用材料，如心脏介入、外周血管介入、人工关节、其他器官介入的医用材料。

（二）低值医用耗材

低值医用耗材是指医院在开展医疗服务过程中经常使用的一次性卫生材料，包括一次性注射器、输液器、输血器、引流袋、引流管、留置针、无菌手套、手术缝线、手术缝针和手术刀片等。

（三）医疗设备

医疗设备是指单独或者组合用于人体的仪器、设备、器具或者其他物品，也包括所需要的软件。医疗设备是临床工作最基本的要素，包括医用医疗设备和家用医疗设备。

（四）体外诊断

广义的体外诊断是指在人体之外，通过对人体样本（各种体液、细胞、组织样本等）进行检测而获取临床诊断信息，进而判断疾病或机体功能的产品和服务。狭义的体外诊断主要指体外诊断相关产品，包括体外诊断试剂及体外诊断仪器、设备。

三、医疗器械的特点

医疗器械的生命周期总体可以划分为提供（Provision）、获得（Acquisition）及使用（Utilisation）三个阶段。具体来讲，在医疗器械提供阶段，需经历需求评估、调研与开发、制造、上市及分配，而在获得阶段经历 HTA，并据此进行规划、购买及安置，而在使用阶段，需进行相关人员培训、运行医疗器械、维护及经济学评估（图13-1）。

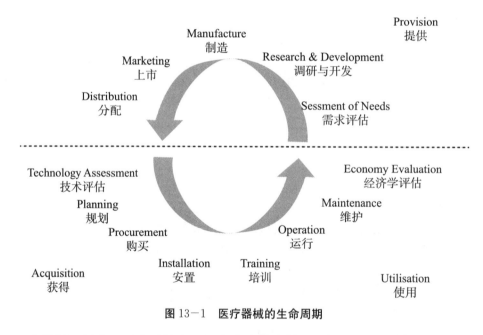

图13-1 医疗器械的生命周期

医疗器械必须出于医疗和健康目的直接或间接用于人体（包括人体的有形组织、抽取物、代谢产物、磁场、电场等）。与药品不同，医疗器械作用于人体所产生的效果不是由药理学、免疫学或其代谢手段获得，这为开展医疗器械 HTA 带来了一定的挑战。医疗器械作用于人体，更新周期较短，因此与报告药品不良反应类似，医疗器械产品必须具有安全（风险）性监管。

四、医疗器械开展 HTA 的意义

自 20 世纪 70 年代以来，HTA 作为卫生体系决策的主要依据，被广泛应用于药品、医疗器械等。HTA 主要运用经济学、医学及循证医学的相关理论，在熟悉相关技术临床信息的基础上，系统全面地评估医疗器械的技术特性、临床安全性、有效性、经济学特性，为政府及临床决策和社会采纳提供依据。

由于医疗器械与药品不同，其作用于人体所产生的效果不是由药理学、免疫学或其代谢手段所获得，故对医疗器械的效果评估不仅受使用者（实际操作者）的影响，也存在相关影响因素权重的考量。因此，医疗器械评估涉及宏观与微观两个层面。医疗器械的效果评估不同于药物评价（常用临床随机对照试验），更多使用真实世界研究方法，故医疗器械的效果评估大部分在产品上市后、在医院运用过程中进行真实世界评价，在资源有限的情况下，为科学决策、政策优化提供循证依据，优化资源配置与使用。如某种疾病存在多种干预治疗方式，涉及多种医疗器械与多种药物治疗，但最终选择何种干预方式进入医保报销目录则需要基于社会视角的卫生资源使用效率最大化考虑。对医院管理者而言，在目前的医疗体制下，主要考虑的是器械的引入与使用为医院带来的效益，医疗器械 HTA 可为医院管理者引入和管理医疗器械提供帮助，也可帮助器械生产商更好地开展技术研发与市场定价。

第二节　医疗器械卫生技术评估的常用方法

一、评估视角

评估视角是 HTA 首先要考虑的最为重要的因素。一方面，不同的评估视角所关注的因素及考量的重点存在较大差异。如某个诊断器械能够减少住院天数，从社会角度来看是正向积极的，但从机构管理人员来看并非如此。某些干预方式从社会角度来看是具成本－效果优势的，但从患者角度出发，则不一定是最优的。另一方面，在经济学评估中，不同的评估视角所考量的成本及结果也是不同的。如在患者视角下开展的经济学评估，仅需考虑患者的自付费用；从医保角度开展的研究，仅需考虑医保的支出；从社会角度开展的研究，则不仅要考虑直接医疗成本（患者自付、第三方支付），还需纳入直接非医疗成本、间接成本及无形成本。因此，评估视角是一个至关重要的考量因素，也是评估工作成败的关键。

二、评估框架

目前，国际社会对 HTA 已进行了深入研究，并基于不同的视角研制了差异化的评估框架，不同视角的价值评估（Value Assessment）框架具有不同的评价方法、价值评估要素与使用人群，但其目标均为比较不同治疗方案的综合价值，以此为医疗卫生决策提供循证依据。基于目前国际主流价值评估框架的适用范围，评估框架可分为通用性价值评估框架和疾病特异性价值评估框架。通用性价值评估框架主要包括国际药物经济学

及结局研究学会（International Society for Pharmacoeconomics and Outcome Research，ISPOR）价值评估框架、HTA Core Model、ICER 价值框架等（表 13-1）。

表 13-1　通用性价值评估框架

	ISPOR 价值评估框架	HTA Core Model	ICER 价值框架
地区	美国	欧盟	美国
决策背景	人群层面准入定价	人群层面准入定价	·治疗指南制定 ·医患共同决策
疾病领域	不限	不限	不限
主要视角	经济学、社会伦理视角	经济学、社会伦理视角	临床伦理视角
方法	多维度框架	多维度框架	特定计分方法
价值要素	·核心价值要素：成本、QALY ·普遍认可但尚未达成一致意见的要素：生产力、依从性 ·创新要素：希望的价值、科学溢出效应	健康问题、当前技术应用、技术描述及其特征、安全性、临床有效性、成本和经济学评估，以及伦理方面、组织方面、患者与社会方面、法律方面	·有效性 ·安全性 ·证据的质量 ·证据的一致性 ·可负担性

注：质量调整生命年（Quality-adjusted Life Year，QALY）。

（1）ISPOR 价值评估框架：在结合以往美国价值评价框架的基础上，遵循微观经济学基本假设条件，以美国公私混合健康保险体系的适用性为出发点，以市场为导向，对价值要素进行整合和分类。ISPOR 价值评估框架将公平性放在要素之外，从经济学角度定义价值的概念，认为总价值是行动主体愿意为一种经济商品或干预支付的金额，净成本则是减去可获得总价值的机会成本。从社会角度评估价值和经济效率时，福利（效用）和成本措施都应该包括所有受行动影响者的结果产出。在充分考虑可能相关的利益主体如患者、健康管理者、服务供给者、专业技术人员、政府监管机构等后，ISPOR 价值评估框架尤其关注患者的价值视角，认为患者不仅是关键利益相关者，也是健康保险的购买者。ISPOR 价值评估框架将价值分为三个维度：核心价值（质量调整生命年、净成本）、存在较多认同的价值（生产力提高、依从性改善）、潜在价值（知识价值、消除恐惧价值、降低风险价值、希望价值、选择价值、公平性）。

（2）HTA Core Model：是用于产生和共享 HTA 信息的方法框架理论。HTA Core Model 的价值要素包括健康问题、当前技术应用、技术描述及其特征、安全性、临床有效性、成本和经济学评估，以及伦理方面、组织方面、患者与社会方面、法律方面。

（3）ICER 价值框架：是经与医生、患者、企业及其他利益相关者讨论，以有效性、安全性、证据的质量、证据的一致性和可负担性为价值要素，得出的增量成本-效果比（Incremental Cost-effectiveness Ratio，ICER）计算框架，通过统计学方法来测量医疗成本和临床收益，进而评估治疗方案的价值，旨在通过建立明确的评估方法对干预方案的价值进行评价，为相关决策提供参考依据。作为协助卫生资源合理分配的评估工具，ICER 价值框架建立了以价值为基础的支付意愿阈值，若新治疗方案 ICER 得分低于标准方案，则不满足经济性。

三、评估方法

（一）安全性与有效性评价

安全性代表了对卫生技术风险可接受程度的价值判断。风险是指人体健康伤害的可能性及严重程度，可以定义为在特定使用条件下，特定人群中患有特定疾病的个体接受医疗保健技术服务后，发生不良反应或意外损害的概率及其严重程度。

WHO将有效性定义为医疗服务措施（服务、治疗方案、药物、预防或控制措施）的效力和效果。效力是在技术的理想使用条件下，特定人群中患有特定疾病的个体接受医疗保健后可能获得的效益；效果是在现实环境中，特定人群利用医疗保健后可能的效应。

安全性与有效性的常用评估方法有临床前期评价法、非正规的临床评价法、流行病学与统计学评价法、临床试验评价法与正规综合法。

（二）经济学评估

经济性是指卫生技术使用的成本（费用）以及技术对疾病的作用所产生的效果与效益的比较。在经济学分析中不仅要研究卫生技术的直接成本，还要研究间接成本，甚至无形成本，同时也要研究直接效益、间接效益与无形效益。常用的经济学评估方法主要有五种：成本分析、最小成本分析、成本-效益分析、成本-效果分析和成本-效用分析。

（三）伦理和社会影响评价

伦理被认为是"对责任、义务、权利、平等观念、善与恶"等若干方面的总体认识与行为规范。社会影响是一项技术发展所引起的社会环境变化，包括对社会、伦理、理论和法律的影响。评价卫生技术社会影响的方法多种多样，但一般都属于社会科学范畴，常采用定性研究方法。

第三节　冠脉支架卫生技术评估实践案例

冠心病是指由于冠状动脉粥样硬化使管腔狭窄、痉挛或阻塞导致心肌缺血、缺氧或坏死而引发的心脏病，全称为冠状动脉粥样硬化性心脏病。冠心病是全世界人类死亡和残疾的主要原因。改善生活方式、药物治疗以及血运重建能最大限度地减少症状和改善预后。血运重建可以通过经皮冠状动脉介入治疗（Percutaneous Coronary Intervention，PCI）或冠状动脉旁路移植术（冠脉搭桥术，Coronary Artery Bypass Grafting，CABG）来完成。自1977年安德烈亚斯·格林特茨格（Andreas Gruentzig）首次提出经皮穿刺冠状动脉球囊成形术以来，冠心病的经皮治疗开始迅速发展。随后，医疗技术水平的提升和药理学的进步极大地提高了PCI的安全性和持久性。

目前，冠脉支架一共经历了三代发展与革新。第一代裸金属支架（Bare Metal Stent，BMS）解决了血管壁外伤引起的急性冠状动脉血管闭塞问题，但无法解决血管内再狭窄的问题。第二代药物洗脱支架（Drug Eluting Stent，DES）最初包括西罗莫司支架（Sirolimus－eluting Stents，SESs）和一代紫杉醇支架（Paclitaxel－eluting Stents，PESs），但血管内再狭窄率的降低效果不是很理想。因此，具有较薄支柱和良好药物洗脱特性的二代 DES，如咗他莫司支架、依维莫司支架（Everolimus－eluting Stents，EES）和二代紫杉醇支架应运而生，并显著降低了患者血管内再狭窄率。然而，有研究发现，将金属支架永久留在患者血管当中也不是一个理想的长期解决方案，可能造成后期不良事件的风险和对正常动脉功能的干扰。第三代支架是生物可吸收支架（Bioabsorbable Stents，BRS），相较于 DES 的不可溶解性，BRS 会在血管恢复自然状态后被降解直至完全吸收。但同时，由于 BRS 所采用的聚合材料拉伸模量远低于不锈钢材料，BRS 可能需要更厚的支杆以达到 DES 一样的效果，这可能会阻碍 BRS 的输送能力。此外，聚合材料有其自身扩张的局限性，可能会因为过度扩张而断裂。

治疗方案不断丰富的同时，也带来了许多新的问题和考验，因此需要及时了解不同治疗方式的安全性、有效性和经济性等，综合分析其对社会、经济、组织、伦理等产生的影响，以更好地辅助决策。

一、冠脉支架 HTA

（一）有效性评价

随机对照试验提供了支架临床有效性的相关证据。试验涵盖 BMS 与 DES 间、每一种 DES 间及 DES 和 BRS 间的比较。随机对照试验中使用的研究结果包括心源性死亡率、总体死亡率、心肌梗死发生率、目标病变血管重建（TLR）、目标血管重建（TVR）、复合事件〔主要不良冠状动脉事件（MACE）和（或）目标血管失败（TVF）〕、血管再狭窄和后期管腔损失（LLL）的比率等。证据多通过多中心试验获得，样本人群 60～1300 人。英国国家卫生与健康优化研究所（NICE）对多项随机对照试验结果进行了 Meta 分析。结果显示，DES 和 BMS 在死亡率、急性心肌梗死率方面没有统计学差异；而在 MACE 和 TVF 方面，DCE 表现出显著优于 BMS 的统计学差异；对于 TLR，Meta 分析结果显示，任何类型的 DES 都与 BMS 有统计学差异，在 3 年以内的所有随访时间点，病变血管再通率都有所提高。

此外，一些非随机对照试验的数据也提供了关于支架的有效性证据。一项非随机试验比较了 DES 和 BMS，结果显示，在接受两种支架的 100 名参与者中，未出现死亡事件，仅 BMS 组发生一次急性心肌梗死，该研究的平均随访时间为 8 个月。研究期间，DES 组的血管再通率为 2%，BMS 组的血管再通率为 10%。血管重建组成的 MACE 综合率，DES 组为 2%，BMS 组为 12%。这些比较均未显示出统计学差异。

梁宇博等在 2019 年系统评价了 BRS 相较于 EES 的安全性和有效性。研究共纳入 7 篇随机对照试验文献，共计 5546 名患者。观察结局指标主要为全因死亡、心源性死亡、MI、TVR、TLR 等。分析结果显示，短时间内二者的安全性、有效性无明显差异。1 年内的随访结果显示，仅靶血管心肌梗死率表现出统计学差异。随着时间的延长，2 年后随访结果在各个指标上均表现出显著的统计学差异。复合事件同样显示出与单独结局指标相似的结果。

（二）经济学评估

大多数有关支架的经济学评估在以美国为主的发达国家开展，发展中国家如巴西、中国等也开展了一些经济学评估。目前，以成本－效果类研究和成本－效用类研究为主，很少开展成本－效益类研究或最小成本类研究。研究视角包括支付方视角、社会视角、医疗系统视角、医院视角、服务专员视角等，其中以支付方视角的研究最多。在已开展的支架类相关经济学评估中，近半数对 BMS 和 DES 的经济性进行了研究。

在所有研究中，随访时间从几个月到几年不等，常为一年。研究效果指标主要为不良心脏事件的减少/发生率，如心脏死亡、TVR、TLR 等，大多数的成本－效用类研究以 QALY 形式报告健康结果。成本指标的选择依据研究视角不同而有一定差别。Ameet Bakhai 等在一项比较 PES 和 BMS 成本－效益的研究中从社会视角进行了成本测算，主要为初次住院和 1 年随访期的医疗费用，其中包括心导管实验室成本（资源购置成本、心导管实验室和非医生人员的额外用品、管理费用和折旧费用等）、非手术住院费用（通过住院时间、重症监护室住院时间、出血并发症和血管再造手术等构建线性模型估计）以及其他费用（住院手术和日常护理的医生服务费）等。Gilles Barone－Rochette 等在对 DES 和 BMS 进行成本－效果比较时则从支付方角度对成本进行了测算，主要基于直接医疗费用，包括初次住院费、植入 SESs 费用、重复住院费和药物治疗费等，通过报销率直接对每个患者的医疗费用成本进行测算。大多数研究对成本支付货币的转换、折现率进行了简单说明。大多数研究认为，对再狭窄风险较高的动脉类型患者来说，DES 比 BMS 更具成本－效益，但这些研究结果也存在很大差异，是否适用于更大范围人群仍有待商榷。

（三）模型分析

João Addison Pessoa 等基于使用 DES 或 BMS 的 PCI 构建了一个短期（一年）决策树模型。该模型使用了从 Polanczyk 等研究中提取的涉及冠状动脉血管成形术与支架植入术的随机临床试验结果的概率数据。每个避免的暂时性再狭窄（Instent Restenosis，ISR）均被考虑用于计算有效性。支架成本选用平均市场价格，ICER 计算方法是将两组之间的成本差异（住院、补充检查、经皮手术和支架价格等）除以两组之间的疗效差异（无再狭窄生存率）。根据植入支架类型（DES 或 BMS）计算手术费用，BMS 费用为 4085.21 雷亚尔，DES 费用为 5722.21 雷亚尔。考虑到 ISR 的发生，DES 比 BMS 有效 8.7%，其 ICER 为 18816.09 雷亚尔。关于 TLR，DES 比 BMS 有效 5.9%，ICER 为 27745.76 雷亚尔。

Mattias Neyt 的决策分析模型比较了真实世界中 DES 和 BMS 的成本－效益。该决策树模型基于专家意见的介入心脏病学临床路径及以前发表的模型设计。研究者依据初始支架类型、糖尿病状态、复杂病变和多血管疾病（Multivessel Disease，MVD）等变量创建了 16 个亚组进行成本－效益分析。模型结果显示，从 BMS 转为 DES 的增量成本是巨大的，而以 QALY 表示的获益却非常小（平均<0.001 个 QALY）。增量成本－效益比非常高：在所有亚组和情景分析中，每获得一个 QALY 都超过 86 万欧元。

祁方家等根据 TARGET Ⅰ临床试验的结果构建了 1 年决策树模型，以比较

Firehawk 支架和 XIENCE V 支架的经济性。研究分析了 PCI 之后 1 个月、6 个月及 12 个月可能产生的死亡、心肌梗死、血运重建、无不良状态等关键事件。结果显示，Firehawk 组可获得 0.84372 个 QALY，而 XIENCE V 组则获得 0.83378 个 QALY，接受 Firehawk 支架的患者 1 年内比接受 XIENCE V 支架的患者多获得 0.01 个 QALY。从成本上来看，Firehawk 组人均消耗医疗费用 46392 元，XIENCE V 组人均消耗医疗费用 47975 元，计算每获得 1 个 QALY 的成本，Firehawk 组为 54985 元，XIENCE V 组为 57539 元，两者相差 2554 元。Firehawk 支架在治疗冠状动脉单支单处病变时，只要价格不高于当前 XIENCE V 支架真实价格的 107%，就更具有成本－效果优势。

二、NICE 支架评估案例介绍

NICE 是英国主要的 HTA 机构，其为独立于政府运行、进行医疗卫生服务标准制定的法定机构，并拥有自己独立的技术评估委员会。作为国家级 HTA 机构，NICE 因其在严密的评估团队、丰富的意见交流、透明的数据管理下所形成的临床指南的权威性和影响力，能够不断发展壮大。现以 SES 和 BMS 的企业提交技术评估报告及 NICE 评估为例进行简要介绍。

2008 年，在企业提交 NICE 的支架 HTA 报告中，共有 10 个完整的经济评价，所有评价都比较了 SES 和 BMS，但有 4 个评价还包括 PES。其中一项评价在英国进行，其余在美国、加拿大或欧洲其他国家进行。7 项评估使用了 1 年的时间范围、1 项使用 2 年、1 项使用 6 个月以及 1 项使用至患者死亡。在这 10 项评价中，有 9 项估计 DES 的成本产生了价格溢价/差异（给定的 BMS 和药物洗脱的等同物之间的成本差异），其范围为 233~1225 英镑。其中 4 项评价以 QALY 的形式报告了健康结果，3 项评价提供了普通人群每个 QALY 的增量成本，这些成本从 27450 美元到 96523 加元（约 93000 美元）不等。第 4 项评价没有包括一般人群，因为亚组差异太大，无法比较。2 项评价报告了避免的每次重复血管重建的增量成本－效益比（ICER）。一项估计为 1 年 1650 美元，另一项估计为 2 年约 7000 美元。大多数评价认为，对于再狭窄风险较高的动脉类型患者来说，DES 比 BMS 更具成本－效益优势，但各评价之间存在很大差异。基于上述 10 项研究结果，NICE 评估小组对 DES 与 BMS 的成本－效用进行了模型构建分析，并设定了两者 600 英镑的价格差异作为基线模拟的标准。

最终 NICE 技术评估委员会认为，在 600 英镑的价格差异下，DES 不能被认为具有成本－效益优势，在考虑评估小组提出的替代参数值后，NICE 技术评估委员会认为，综合考虑 DES 和 BMS 之间不超过 300 英镑的价格差异，DES 可被认为是小血管和长病变患者的成本－效益选择，应推荐在这些患者群体中使用。

第四节　挑战与展望

一、医疗器械 HTA 面临的挑战

与相对成熟的传统药品 HTA 相比，医疗器械的操作方式、临床证据的产生过程及不同产品生命周期的固有差异，为开展医疗器械 HTA 带来了一定挑战。

（一）医疗器械的效果依赖器械操作者的学习曲线

与药品效果评估不同，医疗器械的效果难以衡量，在很大程度上取决于操作者的技术水平及熟练度。最初引进医疗技术时，医生技能生疏，需要系统培训和指导才能使用。医生具有丰富的经验和操作熟练后，可最大化发挥医疗技术的效果。学习曲线的存在不可避免地会干扰 HTA 研究结果，因为新上市器械产品与传统产品之间的效果差异除了产品本身，还有医生对不同产品熟悉程度不一的因素。在开展医疗器械 HTA 过程中，如何平衡不同器械操作者的熟练程度，成为拟解决的重点问题，学习曲线也限制了医疗器械 HTA 结果的外推性，造成医疗器械 HTA 的动力不足。

（二）医疗器械产品升级换代较快，生命周期相对较短

与药品较长的专利保护期相比，医疗器械的研发属于"渐进式"创新，基于适度改进不断迭代出具有"微差异"的新型号和新产品，比如更长的电池寿命、更精细的导管、更完善的用户交互体验等。医疗器械的产品更新换代快，大部分医疗器械的生命周期通常只有 1~3 年。对厂商而言，生命周期过短使得其没有足够时间积累可用于评价的数据，也没有足够动力在单一产品上开展临床研究及 HTA。对研究者而言，产品快速迭代不仅对 HTA 的时效性要求较高，而且增加了选择参照物的难度。

（三）临床证据相对不足

成功的 HTA 需要充分整合相关证据，尤其是随机对照试验证据。随机对照试验是证据等级最强的一种试验设计，然而治疗和诊断器械开展随机对照试验会遇到诸多研究设计、伦理方面的挑战。如医疗器械由于外形的差别，基本无法做到双盲设计。一些植入性医疗器械由于涉及有创操作，植入前需征求患者同意，在一些情况下还会有伦理问题。医疗器械临床试验存在医生资源和临床试验中心资质方面的问题。相比药物试验，医疗器械临床试验同样需要成熟的基础设施（如适合高科技产品的临床试验设备）和经过认证与训练的专业人员，但是具有相应资质的医生资源和临床试验中心较少。

随着我国 HTA 的快速发展，其决策影响与转化能力正在逐渐被发掘，并被纳入医疗及医保体系的决策参考中。国家医疗保障局逐步将 HTA 应用于医保药品准入的价格谈判和采购，并作为必需提交和考虑的部分。而与药品相比，国内关于医疗器械 HTA 的讨论相对较少，医疗器械 HTA 证据应用于国家决策的案例更少。2017 年，国家卫生和计划生育委员会发布《关于开展国家高值医用耗材价格谈判企业申报工作的通知》，要求参加高值医用耗材谈判采购试点的厂家提供 HTA 证据，这是我国首次在国家层面医疗器械采购决策中应用 HTA 证据。

二、医疗器械 HTA 的展望

（一）在开展医疗器械 HTA 中量化和平衡操作者学习曲线的影响

如前所述，医疗器械是指直接或间接作用于人体的相关器械，所以其诊断治疗效果在很大程度上受到操作者的技术水平、熟悉程度及学习曲线的影响。开展高质量的器械HTA，平衡及量化操作者的学习曲线及熟悉程度成为当务之急。虽然实际的操作效果由一定的主观及偶然因素决定，但是构建相对具有代表性的通用技术量化框架及特异性技术评价指标，对于推进医疗器械 HTA 具有非常关键的作用。因此，建议构建通用的评估框架及维度，在此基础上，针对特异性技术的评估增加特异性指标以科学合理地推进医疗器械 HTA，进而为决策提供相应依据。

（二）建立并完善医疗器械 HTA 的决策流程及决策转化机制

明确医疗器械的优先评估重点与选题范围，明确哪些医疗设备需要开展评估。设计公开透明的评审决策流程（包括为提交报告、报告评审、咨询、决议等各个环节设立合理可预测的时间节点）、评估方法和数据要求，简化评估报告，缩短评估时长。在医疗器械准入与管理、耗材报销目录制定与调整、医保支付价格形成等决策程序中引入HTA，设计合理有序的证据生产及转化路径，规范医疗器械 HTA 标准。同时，在技术评估过程中强化各利益相关方（如患者、医疗服务提供方、制造商、决策者）的交流合作和参与，多听取各方意见，完善技术评估报告，从而更好地服务决策。

（三）规范医疗器械 HTA 的研究工具和评估标准

国内现有的 HTA 或经济学评估指南主要以药物为研究对象，未必完全适用于医疗器械、诊断产品的 HTA。因此，建议单独制定关于医疗器械与诊断产品的 HTA 指南，在研究范围界定、对照组选择、评价方法、成本测量、效果/效用测量、证据整合、系统综述、伦理性等方面充分体现针对医疗器械的特殊考量，切实提高 HTA 的科学性。HTA 报告遵循统一的报告范式，建议相关卫生部门决策者参考指南标准来对 HTA 报告进行评估。HTA 指南制定需秉持公开透明的原则，广泛听取所有重要利益相关方的意见。指南应定期更新，以反映 HTA 方法的演变。

（四）真实世界数据指导医疗器械 HTA

医疗器械 HTA 的更多数据来自真实世界。真实世界是指日常的医疗实践环境，其样本量大，覆盖广泛，具有代表性人群，比传统随机对照试验更能反映医疗技术的真实效果。利用真实世界数据弥补医疗器械领域随机对照试验数据缺失已成为国内外学术界的共识。2019 年 12 月颁布的《医疗器械附条件批准上市指导原则》指出，在证据有限的情况下允许特定医疗器械、诊断产品有条件获批上市，并要求开展上市后临床研究，这也在一定程度上为利用真实世界数据开展医疗器械 HTA 提供了机遇。

（魏艳）

【主要参考资料】

［1］刘雨晨，吴斌. 国外抗肿瘤药物价值评估体系的概述［J］. 临床肿瘤学杂志，2018，23（5）：472－475.

［2］Neumann P J，Willke R J，Garrison L P. A health economics approach to US value assessment frameworks－introduction：an ISPOR special task force report ［1］［J］. Value Health，2018，21（2）：119－123.

［3］Garrison L P，Pauly M V，Willke R J，et al. An overview of value，perspective，and decision context－a health economics approach：an ISPOR special task force report ［2］［J］. Value Health，2018，21（2）：124－130.

［4］Gold M R，Siegel J E，Russell L B，et al. Cost－Effectiveness in Health and Medicine ［M］. New York：Oxford University Press，2016.

［5］Lakdawalla D N，Doshi J A，Garrison L P，et al. Defining elements of value in health care—a health economics approach：an ISPOR special task force report ［3］［J］. Value Health，2018，21（2）：131－139.

［6］Bang H，Zhao H. Median－based incremental cost－effectiveness ratios with censored data ［J］. Journal of Biopharmaceutical Statistics，2016，26（3）：552－564.

［7］Nabhan C，Feinberg B A. Value－based calculators in cancer：current state and challenges ［J］. Journal of Oncology Practice，2017，13（8）：499－506.

［8］Carrera P，IJzerman M J. Are current ICER thresholds outdated? valuing medicines in the era of personalized healthcare ［J］. Expert Review of Pharmacoeconomics & Outcomes Research，2016，16（4）：435－437.

［9］Ramsay C R，Grant A M，Wallace S A，et al. Statistical assessment of the learning curves of health technologies ［J］. Health Technology Assessment，2001，5（12）：1－79.

［10］Cookson R，Hutton J. Regulating the economic evaluation of pharmaceuticals and medical devices：an European perspective ［J］. Health Policy，2003，63（2）：167－178.

［11］Chaikledkaew U，Teerawattananon Y，Kongpittayachai S，et al. Guidelines for Health Technology Assessment in Thailand ［M］. Nonthaburi：Wacharin Publications，2013.

［12］Neyt M，De Laet C，De Ridder A，et al. Cost effectiveness of drug－eluting stents in Belgian practice：healthcare payer perspective ［J］. Pharmacoeconomics，2009，27（4）：313－327.

［13］Gruntzig A R，Senning A，Siegenthaler W E. Nonoperative dilatation of coronary－artery stenosis：percutaneous transluminal coronary angioplasty ［J］. The New England Journal of Medicine，1979，301（2）：61－68.

［14］Simard T，Hibbert B，Ramirez F D，et al. The evolution of coronary stents：a brief review ［J］. Canadian Journal of Cardiology，2014，30（1）：35－45.

[15] Ang H Y, Bulluck H, Wong P, et al. Bioresorbable stents: current and upcoming bioresorbable technologies [J]. International Journal of Cardiology, 2017 (228): 931-939.

[16] 梁宇博, 林欣, 车千秋, 等. 经皮冠状动脉介入治疗术中应用生物可吸收支架的安全性和有效性的系统评价 [J]. 中国循证心血管医学杂志, 2019, 11 (2): 148-154.

[17] Bakhai A, Stone G W, Mahoney E, et al. Cost effectiveness of paclitaxel-eluting stents for patients undergoing percutaneous coronary revascularization: results from the TAXUS-Ⅳ Trial [J]. Journal of American College of Cardiology, 2006, 48 (2): 253-61.

[18] Barone-Rochette G, Machecourt J, Vanzetto G, et al. The favorable price evolution between bare metal stents and drug eluting stents increases the cost effectiveness of drug eluting stents [J]. International Journal of Cardiology, 2013, 168 (2): 1466-1471.

[19] Pessoa J A, Ferreira E, Araujo D V, et al. Cost-effectiveness of drug-eluting stents in percutaneous coronary intervention in Brazil's Unified Public Health System (SUS) [J]. Arquivos Brasileiros de Cardiologia, 2020, 115 (1): 80-89.

[20] 祁方家, 冯莎, 吴伟栋, 等. 药物洗脱支架火鹰 (Firehawk) 与 XIENCE Ⅴ 治疗单支单处冠状动脉病变的卫生经济学评价 [J]. 中国卫生资源, 2015, 18 (4): 283-286.

[21] 徐菲, 刘国恩. 真实世界研究与药物经济学评价 [J]. 中国药物经济学, 2015 (10): 10-12, 24.

[22] Wei M L, Ruether A, Hailey D, et al. The Newcomer's Guide to HTA: Handbook for HTAi Early Career Network [EB/OL]. https://www.htai.org.

[23] 胡善联. 医疗器械的经济学评价 [EB/OL]. https://www.sohu.com/a/160148981_377310.2017-7-26/2020-7-8.

第十四章　罕见病的常用诊治技术

第一节　概述

一、罕见病的定义

罕见病（Rare Diseases，RD）与其他常见疾病相比在人群中患病率低，也被称作孤儿病（Orphan Diseases）。罕见病在不同国家和地区的流行病学数据不同，定义也有所不同。1983 年美国出台了《孤儿药法案》，其中罕见病定义为患病人数不超过 20 万人的疾病。1999 年《欧盟孤儿药品条例》中将危及生命或慢性渐进性疾病等患病率不超过 50/100000 的疾病定义为罕见病。2021 年我国发布了《中国罕见病定义研究报告 2021》，把新生儿发病率小于 1/10000、患病率小于 1/10000、患病人数小于 140000 的疾病划入罕见病。2020 年一项基于罕见病数据库（www.orpha.net）的研究显示，在全世界范围内罕见病的点患病率为 3.5%～5.9%，约 3 亿人罹患罕见病。

二、罕见病的特征

（一）遗传性特征

罕见病的病因以遗传因素为主。迄今为止，在已知的 7000 多种罕见病中，80% 由基因或染色体变异引起，而感染（细菌或病毒）、环境因素等也可能在其发生发展中发挥作用。在罕见病中占大多数的遗传性疾病大多为先天发病，少数也可后天发病。根据发生变异的遗传物质类型，遗传性疾病可分为单基因遗传病、多基因遗传病、染色体病、体细胞遗传病及线粒体遗传病等。

（二）异质性特征

罕见病具有较高的异质性。同一疾病的患者可能具有不同的症状和体征，一些相对常见的症状和体征可掩盖潜在的罕见病，从而导致诊断困难、误诊和延误治疗。罕见病很难预防或治愈，可累及全身各器官、系统。罕见病患者所处地理位置不同，其疾病特征也不完全相同。

（三）慢性病特征

罕见病多为慢性病。罕见病患者常因疾病长期的发病过程、全身系统和器官功能进展性损害，生活质量显著降低，社会功能受到影响，造成个人、家庭以及社会的严重经济负担。

三、罕见病的问题与挑战

中国的罕见病患者人群庞大，随着社会经济的不断发展，罕见病防治和医疗保障问题逐渐成为公众关注的焦点。2018 年 5 月 22 日，国家卫生健康委员会、科技部、工信部、国家药监局以及中医药管理局等部门联合发布了《第一批罕见病目录》，纳入包括 21-羟化酶缺乏症、肌萎缩侧索硬化、自身免疫性脑炎等在内的 121 种疾病，为这些疾病的管理、诊断、治疗和医疗保障等提供了依据。然而，目前全世界范围内罕见病在各个层面均存在较多挑战。面对患者、临床医生、流行病学及公共卫生专家等的需求，从 HTA 角度来看，罕见病诊断、治疗、管理等方面仍有很多问题亟待解决。

（一）罕见病诊断及分类管理困难

大部分罕见病的遗传、分子或生理机制尚不清楚，并且具有发病率低、异质性大等特征，增加了疾病的诊断难度，常出现误诊、漏诊以及诊断延误等问题。不必要的咨询也会造成个人及医疗系统负担。罕见病不仅诊断困难，而且部分罕见病无法使用国际疾病分类（International Classification of Diseases，ICD）代码归类，导致疾病纵向数据收集、患病率统计困难，更难以在国家和国际层面的卫生信息系统中进行追踪、管理。因此，建立完善的罕见病辅助诊断系统、编码登记系统和罕见病数据库将有助于了解其对卫生保健途径和公共卫生预算的影响。

首先，明确罕见病的诊断是疾病编码、构建数据库的基础。目前基因检测等辅助诊断技术已在临床实践中应用，每年有很多新的辅助诊断技术出现。诊断决策支持系统（Diagnostic Decision Support Systems，DDSSs）可以促进诊断推理，帮助医生诊断疾病并提高准确性。目前大部分 DDSSs 为免费资源，如 FindZebra、PhenoTips 以及 Rare Disease Discovery 等。这类系统通过大数据库的支持综合分析患者症状、体征，能在一定程度上减少误诊并缩短诊断明确时间。但是由于罕见病单病种发病率低的本质特征，这类系统建立的数据基础以及验证过程均存在局限性。人工智能（Artificial Intelligence，AI）在罕见病诊断领域也有很多应用。例如，利用 AI 深度学习来分析面部框架，识别遗传性罕见病的面部表型以辅助诊断；AI 结合全外显子测序能辅助筛选候选基因，提高诊断准确性，简化基因检测结果阐释过程。

建立完善的罕见病数据库及编码体系有利于疾病管理。1983 年美国国家罕见病组织（National Organization for Rare Disorders，NORD）创建了罕见病数据库。该数据库收录了 1200 多份罕见病报告及其他资源，数据规模相对较小，登记注册的数据库范围和容量有限，存在局限性。1997 年法国国家健康和医学研究院（French National Institute for Health and Medical Research，INSERM）成立。欧盟委员会共同出资建立了包括 40 个国家数据库的 Orphanet（www. orpha. net），用以收集罕见病相关资料，提高罕见疾病的诊断、护理和治疗水平。同时，Orphanet 基于多种国际通用疾病编码系统及数据库，如 ICD-10、ICD-11、SNOMED-CT 等，构建了罕见病命名法（ORPH Acode）。每种罕见病都有一个唯一且稳定的标识符，即 ORPH Acode，提高了对罕见病的认识，规范了罕见病疾病编码。目前，大部分罕见病数据库及研究均基于 Orphanet。

（二）罕见病治疗困难

罕见病药物治疗一直以来都是全社会面临的难题。其特效药物研发周期长，投入成本高，而接受治疗的患者相对少且治疗周期长，导致患者个体的治疗费用昂贵，而药企因市场需求小、研发风险高、成本－效益比低等因素减少相关特效药物的开发。通过HTA制定相关政策、法案，明确罕见病医保政策以及保障孤儿药研究开发，能从根本上提高对罕见病的关注，解决治疗难等问题。1983年美国国立卫生研究院颁布实施了《孤儿药法案》，该法案从行政政策、经济、法律等方面支持药企研发孤儿药，保障药企利益。该法案颁布后，孤儿药从几十种增加到了700多种，相应地罕见病患者得到治疗的机会显著增加。此后，1993年日本颁布了《罕见病用药管理制度》，1999年欧盟实施了《欧盟孤儿药品条例》。这一系列针对性的措施使孤儿药受到了前所未有的关注，平衡了药企药物研发前期投入与市场回报，同时具有经济价值和社会意义，大幅提高了可治疗的罕见病比例，丰富了药物选择。

各大国际组织、网站也提供了罕见病药物治疗等方面的信息。Orphanet针对不同人群的需求提供了全面且高质量的信息，包括与罕见病、孤儿药相关的数据集，专门针对特殊罕见病或一组罕见病的不同发展阶段提供的药物清单，罕见病领域的专业人员注册信息（临床医生、研究人员、患者代表、临床试验研究人员、注册中心和生物库的负责人或联系人以及同行评审专家）等。美国国家前沿转化中心（National Center for Advancing Translational Sciences，NCATS）设立了遗传与罕见病（Genetic and Rare Diseases，GARD）项目，GARD官方网站上可查询到由美国食品药品监督管理局批准的孤儿药。这些服务为罕见病患者及家庭提供了极大便利，也为临床医生、政府部门及卫生政策决策者提供了丰富的信息。

综上所述，由于罕见病单病种发病率低，导致诊治经验匮乏、药物进展缓慢、高质量循证学证据少等系列问题。目前，在罕见病的诊断技术、药物研发、政策制定等方面仍然困难重重。HTA是目前公认的公共卫生决策方法，能系统评估技术特性、安全性、有效性、经济性和社会法律、伦理的影响，能对罕见病筛查、诊断、治疗全过程的技术以及相关政策进行评估。在卫生技术方面，有利于减少无效技术，淘汰有害技术，获得成本－效益比、性价比高的卫生技术；在政策方面，有助于卫生决策科学化，利用有限的医疗资源尽力获得前沿技术，以取得技术本身和经济效益之间的平衡，综合对患者、公共卫生系统及社会的影响。

第二节　罕见病的防控和诊治

一、三级防控

罕见病中大部分为遗传性疾病，也称为先天性疾病（Congenital Diseases），多数患者出生时即患病。罕见病通常病情严重且进展迅速，常致残、致畸、致死。早预防、早诊断、早干预可在一定程度上预防出生缺陷，有效延缓病程，尽可能降低不良预后的发生率。目前可根据不同时期将出生缺陷所适用的检出方法分为三级。

一级防控（孕前）：主要是防止缺陷儿的产生，包括婚前检测、孕前保健、染色体筛查、携带者筛查等，提前预测生育患儿风险。

二级防控（产前）：可在出生前对胎儿的发育状态及是否患有疾病等方面进行检测，减少严重缺陷儿的出生，包括无创产前检测（Non-invasiveprenatal Testing，NIPT）、血清学筛查、影像学筛查、扩展型携带者筛查等。按有无创伤分类，创伤性检测包括羊膜腔穿刺、绒毛取样、脐血取样、胎儿镜和胚胎活检等，非创伤性检测包括植入前诊断、孕妇血清筛查、DNA分离诊断、超声诊断等。通过产前筛查检出严重影响生命质量的单基因病，避免严重的出生缺陷，对可治性疾病进行及时的宫内治疗，对不可治疗性疾病，帮助父母进行知情选择。

三级防控（产后）：主要是早诊早治，包括传统新生儿筛查、新生儿基因组筛查等。确诊后可治的患儿能获得针对性的治疗，不可治的患儿可通过尽量减少加重因素来延缓不良预后的出现。

三级防控分别涉及孕前、产前及产后，是基于人群的基因筛查项目，不同于其他个体化基因检测，对公共卫生防控具有积极意义。一、二级防控中的非创伤性检测安全性高，在普筛中能平衡成本-效益比。创伤性检测需在非创伤性检测阳性的基础上，在孕妇自愿的前提下完成。目前三级防控涉及社会、法律、伦理相关问题。孕前/产前筛查的主要目的是为孕妇及家庭提供有效信息以完成生育决定（非创伤性检测、继续/终止妊娠等），然而也存在着"提供生育信息"与"防止残缺患儿出生"这两种观点在伦理道德层面的争议。新生儿筛查主要是用临床干预达到早诊断、早治疗的目标，并为父母再孕育、未来子代婚育等提供有效的遗传信息，与此同时，可能产生对假阳性诊断患儿的心理健康影响以及对无症状的基因携带患儿的歧视问题等。因此，三级防控是有效且必要的，但应当避免过度使用。

二、基因测序技术

基因测序贯穿三级防控，是最常用、有效的技术手段。对表现为出生缺陷的先天性疾病及后天发病的遗传性疾病均有十分重要的辅助诊断作用。基因测序技术历经三代发展，具有不同的适用范围，第一、二代基因测序技术现今仍被广泛使用。现着重介绍常用的基因测序技术。

（一）第一代测序技术

1975 年弗雷德里克·桑格（Frederick Sanger）和阿兰·库尔森（Alan·R. Coulson）发明了利用 DNA 聚合酶的双脱氧核苷酸（Dideoxynucleotide Triphosphates，ddNTP）末端终止测序法（Sanger 法/链合成终止法），这是第一代测序技术的标志。Sanger 法的原理是精确扩增目标 DNA 片段，利用双脱氧核苷酸缺少 3'－OH 基团在 DNA 合成过程中不能形成磷酸二酯键来中断 DNA 合成反应。在 4 个 DNA 合成反应体系中分别加入一定比例带有放射性同位素标记的 ddNTP（ddATP、ddTTP、ddGTP 和 ddCTP），通过凝胶电泳和放射显影，根据电泳带的位置确定待测 DNA 序列。此外还有一些基于 Sanger 法中的可中断 DNA 合成反应的 dNTP 的测序技术，如焦磷酸测序法、链接酶法等。Sanger 法的读长较长，可达 1000bp，准确度较高，但是 Sanger 法依赖聚合酶链反应（Polymerase Chain Reaction，PCR）扩增，只能逐段分析单个 DNA 片段，通量低，成本高，自动化程度低，难以大规模应用。目前临床可应用于二代测序后的父母验证，即先证者模式，或是检测具有典型临床表现的已明确致病基因的遗传病。

（二）第二代测序技术

第二代测序（Next－generation Sequencing，NGS），又称高通量测序（High－throughput Sequencing），是基于 PCR 和基因芯片发展而来的 DNA 测序技术。该技术可以实现多基因大规模平行测序，从根本上解决单基因遗传病因异质性、基因多、表型复杂造成诊断难等实际问题。第二代测序技术引入了可逆终止末端，实现了边合成边测序。虽然其读长较短，不超过 500bp，但具有通量高、准确度高、自动化程度高的优势。根据测序覆盖范围，其可以细分为靶向区域测序（Targeted/Panel Sequencing）、全外显子组测序（Whole－exome Sequencing，WES）和全基因组测序（Whole－genome Sequencing，WGS）。

1. 靶向区域测序

靶向区域测序即目标疾病捕获，常简称为 Panel 测序。Panel 测序主要针对某一特定类别疾病的相关基因，如遗传性皮肤病相关基因、遗传性神经系统疾病相关基因等。遗传病可能累及多个系统，合并多种异常，各个 Panel 也可能存在重叠基因。因此，Panel 测序主要适用于诊断基因研究清楚的特定表型、部位重叠疾病表型以及具有同一类致病机制或分子途径的疾病。Panel 测序能检测基因数目相对较少，在蛋白编码区对目标序列的覆盖率高达 99％，平均测序更深，准确率较高，在数据质量方面优于 WES 及 WGS，具有检出率高、检测成本低、数据分析快、检测周期短等优势。但是 Panel 测序在一定程度上存在测序范围限制，如果致病基因不在 Panel 中，则不能被检出，需考虑采用 WES，并且随着新致病基因逐渐被发现，对非典型表现的认识程度加深，可能需要重新组装 Panel。如表型十分典型，还可选择以单个疾病表型为中心、更小范围的 Panel 检测，其测序深度及准确性更好。

2. 全外显子组测序

WES 利用探针杂交富集外显子区域的 DNA 序列，通过高通量测序对变异进行识别，其检测不局限于特定选择的基因，囊括了人类已知 20000 多种基因的编码区序列。由于外显子区域仅约占全基因组序列的 1%，所包含的致病性变异高达 85%，相比全基因组测序，WES 能有效降低工作量和成本，具有高通量、高测序深度、高精确度、高性价比等优点。其适用于诊断遗传异质性较强的疾病、一个患者出现两种及以上完全独立系统疾病、全身多系统受累等复杂情况。相较于 Panel 测序，WES 更能发现新致病基因，可以检测到编码区意义不明的变异（Variants of Uncertain Significance，VUS），这对于人类基因组外显子研究非常重要。WES 能够高效检出特定基因及外显子点突变、小片段插入变异，同时可作为染色体及拷贝数检测的重要补充，进一步提高遗传病检出率。但 WES 对于"假基因、重复区域、高度同源、富含 GC 区域"的基因测序，某些大片段重排，非整倍体，低度嵌合，重复扩增的检测能力有限，表观遗传相关变异也不能检出。

3. 全基因组测序

WGS 指对人类不同个体或群体进行全基因组测序，是检测范围最全面的测序方法。它可以对整个基因组进行检测，不用捕获，涵盖编码区、非编码区、调控区及部分结构变异，还包括较大的结构变异。WGS 会检测到许多未知功能的内含子和基因间区域内变异，检测成本较高，检测周期较长，缺乏大样本罕见变异参考，给数据分析带来极大挑战。

（三）第三代测序技术

第三代测序技术又称为单分子测序技术（Single Molecule Sequencing），该技术仍运用边合成边测序的原理，解决了第二代测序技术中噪声污染导致的读长很短的问题，同时不需要 PCR 模板扩增。目前应用相对广泛的是单分子实时测序技术（Single Molecule Real Time Sequencing，SMRT）和纳米孔单分子测序技术（Nanopore Sequencing）。部分学者将纳米孔单分子测序技术称为第四代测序技术，其主要以 DNA 单链（Single-stranded DNA，ssDNA）或 RNA 模板分子通过纳米孔带来的"电信号"变化推测碱基组成进行实时测序。第三代测序技术提高了信噪比，具有高通量、长读长的优点，但其准确度欠佳。

（四）其他遗传病检测技术

1. 染色体核型分析（Karyotype Analysis）

染色体核型分析通常简称为染色体检查，除了能检测染色体形态、数目异常外，还能检测染色体缺失、重复和倒置等变异，主要用于染色体病。染色体核型分析只能检出染色体较大片段的缺失，对染色体微缺失的检出能力有限。

（1）GRQ 带技术：包括 G 显带（最常用）、Q 显带和 R 显带，通过特殊的染色方法、变性和（或）酶消化、再染色等，使染色体的不同区域着色，在光镜下呈现出明暗相间的带纹。由于每个染色体都有特定的带纹，每个染色体的长臂和短臂都有特异性。根据染色体的不同带纹，可以更细致地识别染色体的个性。染色体特定带纹发生变化，表示该染色体发生了结构改变。该技术可以检出染色体平衡易位、染色体微小变异等。

（2）基于荧光原位杂交（Fluorescence In Situ Hybridization，FISH）的染色体核

型分析：FISH 可大幅提高染色体核型分析的分辨率，辅以端粒探针和核糖体探针荧光原位杂交，能够准确获得染色体数量、倍性等信息，能检测到大片段的拷贝数变异，对小片段的拷贝数变异不敏感。

2. 拷贝数变异（Copy Number Variation，CNV）检测

CNV 指长度为 1kb 到几 Mb 基因组大片段的拷贝数复制、缺失等，在人类基因组中分布广泛，是人类疾病的重要致病因素之一。致病性 CNV 可导致智力障碍、生长发育迟缓、自闭症、白血病和肿瘤等多种疾病。目前 CNV 检测主要有染色体微阵列分析（Chromosomal Microarray Analysis，CMA）、基因组拷贝数变异测序（Copy Number Variation Sequencing，CNV－seq）、多重连接依赖式探针扩增（Multiplex Ligation－dependent Probe Amplification，MLPA）等。

（1）CMA：一种高分辨率的全基因组染色体变异检测技术，根据芯片设计与检测原理，分为比较基因组杂交微阵列（Array－based Comparative Genomic Hybridization，aCGH）和单核苷酸多态性微阵列（Single Nucleotide Polymorphisms，SNP－array）。

1）aCGH：可以检测全基因组水平上的 CNV，但其检测到的 DNA 重复或缺失 3～5Mb，对于低水平 DNA 重复或缺失会出现漏检。另外，aCGH 无法检测拷贝数不变的染色体异常，如单亲二倍体（Uniparental Disomy，UPD）和杂合性缺失（Loss of Heterozygosity，LOH）。

2）SNP－array：含有 CNV 和 SNP 双重高分辨率探针，在进行 CNV 分析时可以同时提供 SNP 信息，具有显著的优势。其分辨率可以达到几十 kb，能发现 CNV－seq 无法检测的中性拷贝数杂合性缺失（Copy Neutral Loss of Heterozygosity，cnLOH）、染色体纯合区域（Regions of Homozygosity，ROH）、长片段连续延伸纯合子（Long Continuous Stretches of Homozygosity，LCSH）、UPD、多倍体、嵌合体、基因组污染等染色体异常。

CMA 可被认为是一种分子水平的染色体核型分析技术，显著提升了染色体检出分辨率，可以检测低至 20kb 的基因组变异，分辨率较核型分析高几个数量级，可以发现基因组非常微小的重复或缺失，为 G 显带核型分析提供了有力补充，在染色体异常检测中具有十分重要的地位。在国内外多个指南中，CMA 被推荐作为产前诊断（B 超异常、发育迟缓等）、产后发育迟缓、智力障碍、多发畸形等可能提示染色体异常的一线检测手段。虽然 CMA 分辨率较高，但其不能检测易位、倒位等染色体平衡性结构异常和单个碱基突变，以及小片段缺失、重复所导致的单基因疾病。另外，受背景噪声影响，CMA 对于小于 30% 的嵌合体检测不准确，并且其探针的分布并非 100% 的全基因组覆盖，并未覆盖高度重复序列、端粒区、着丝粒等。因此，CMA 不能完全取代染色体核型分析及其他测序技术。

（2）CNV－seq：低深度全基因组拷贝数变异检测技术，检测原理与 aCGH 相似，能检测全基因组水平上的大片段 CNV 及检测低至 10% 的染色体非整倍体嵌合体。CNV－seq 也不能检测易位、倒位等染色体平衡性结构异常和单个碱基突变及小片段缺失、重复所导致的单基因疾病，也不能检出 ROH、UPD 及多倍体异常。CNV－seq 检

测基于高通量测序平台，而并非如同 CMA 基于芯片平台，其分辨率可因测序深度不同而改变，能均匀覆盖全基因组，这意味着该技术会检测出更多临床意义不确定的 CNV 或其他变异，增加了遗传咨询难度。

（3）MLPA：一次反应可检测多达数十个碱基的小片段 CNV，具有分辨率高、准确率高、速度快等优势，可用于验证高度怀疑的特定基因的点突变、甲基化、CNV 等变异，但是不能对染色体组进行全局分析。

（4）其他 CNV 检测技术：WES 在检测编码区的点突变的同时，能够检出外显子水平的 CNV，但是不能检测非编码区，其检测结果准确性较低。细菌人工染色体标记－磁珠分离法（Bacterial Artificial Chromosomes on Beads，BoBs）基于液相芯片技术，可快速检测染色体非整倍体异常和基因微缺失、微重复，是一种为了弥补染色体核型分析程序复杂、耗时长等不足所开发的快速产前诊断技术。BoBs 对胎儿 21、18、13 及性染色体数目异常的检出率和分析结果与传统染色体核型分析无差异，其检测范围还包括染色体核型分析所不能检出的 9 种常见微缺失综合征。但 BoBs 不能检测染色体结构异常，如染色体平衡易位、倒位等。

在临床实际运用中，除对先证者（家系中第一个发现该病的患者）进行基因检测外，往往还需要对其一级亲属，尤其是父母进行验证，这时需要选择特定的验证模式。先证者模式是只对先证者一个人进行检测，数据分析后有疑似致病性位点，再进行父母或其他患病成员的家系 Sanger 法验证。家系模式（Trio 模式）是对先证者及其父母三个人全部进行 NGS 测序，可提高阳性诊断率，通过家系筛查可以判断变异致病性，如 De novo 突变、纯合突变、复合杂合突变、X 连锁疾病半合子突变、单亲二倍体、家系表型－基因型共分离等，有更强的遗传学证据，同时可以避免先证者模式可能造成的假阳性结果。在临床实践中必须明确检测手段各自的优缺点，结合患者的临床表现、基本检查情况、家族史等，在确保覆盖范围及测序深度的前提下，选择合适的检测手段，或者结合不同的检测方法。

事实上，基因组学相关检测的应用不仅推进了罕见病的诊治，也对 HTA 提出了新的挑战。基因组学用于遗传咨询、基因变异与药物研发关联等，对患者、医生、药物研发企业都具有确切帮助。但是在公共卫生层面，如何保证高质量的基因检测、合理的成本－效益比是非常重要的。为了完善基因组学相关检测 HTA，全世界范围内的政府、组织制定了相应措施。欧盟委员会资助建立了 EuroGentest 项目（www. EuroGentest. org），旨在指导咨询、采样、检测全过程，为患者提供高质量的基因检测结果。该项目还采用了基因临床效用卡（Clinical Utility Gene Cards，GUGCs）来评估基因检测对不同疾病及患者个体结局的价值。GUGCs 包含与基因检测相关的多种效用评价，但缺少对公共卫生预算的评估。在 GUGCs 的基础上，澳大利亚医疗服务咨询委员会（Medical Services Advisory Committee，MSAC）开发了临床效用卡（Clinical Utility Card，CUCs）。一份完整的 CUCs 提供了检测个体的经济评估、家庭成员的边际成本－效益分析以及预算影响。但是，目前基因组学的 HTA 证据仍然是非常有限的，其经济、社会价值有待进一步探究。

三、罕见病的其他检测手段

实践中，有些罕见病并不一定要进行基因测序，根据临床表现或其他检测手段也可辅助诊断。例如，自身免疫性疱病是一类危及生命的罕见皮肤疾病，明确诊断需联合多种常用实验室检验技术。其中组织病理学检测可观察水疱位置、浸润细胞类型；免疫荧光法可观察免疫球蛋白（IgG、IgA、IgM）和补体（C3）在皮肤组织中的沉积情况；酶联免疫吸附实验（Enzyme-linked Immunosorbent Assay，ELISA）可检测特异性自身抗体滴度，反应疾病活跃程度（如 BP180、Dsg1、Dsg3）。这些常规检测技术不仅能用于皮肤疾病的诊断，而且在免疫相关性疾病中也有重要作用。而在累及其他器官、系统的罕见病诊断中，神经系统的罕见病临床异质性强且鉴别诊断困难，电生理、影像学、病理学检测等有利于进行初步诊断。临床质谱分析也在罕见病辅助诊断中起到重要作用，它能检测人体内酶、生物标志物表达情况，氨基酸谱，脂肪酸含量等，有利于代谢相关罕见病靶向诊断，同时还能快速筛查严重免疫缺陷性疾病相关标志物。

第三节　罕见皮肤病的实践案例

一、Panel 测序联合 Sanger 法验证的先证者模式

患儿男，出生后全身即有一层广泛的火棉胶状的膜紧紧地包裹，膜逐渐脱落后，皮肤呈广泛弥漫性潮红，上有灰棕色四边形或菱形大片鳞屑，中央固着，边缘游离，伴睑外翻、甲营养不良、色素性视网膜炎。其父母为近亲结婚，家系中无与患者类似表现者（图 14-1）。

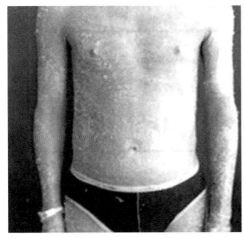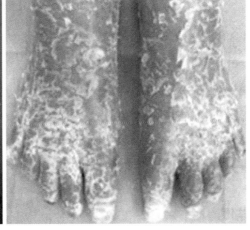

图 14-1　先天性非大疱性鱼鳞病样红皮病患儿

皮损表现为全身火棉胶状鳞屑，其下皮肤潮红（图片已获作者及患者知情同意）。

拟诊断：板层状鱼鳞病？先天性非大疱性鱼鳞病样红皮病？

检测：先证者血液样本做遗传性皮肤病 Panel 检测，检出患者 *NIPAL4* 基因上一

纯合无义突变，父母采用 Sanger 法证实为杂合携带者。该变异既往报道为致病性变异。

分析：板层状鱼鳞病为常染色体隐性遗传，偶尔为常染色体显性遗传，致病基因包括 *TGM1*、*ABCA12*、*CYP4F22* 等。先天性非大疱性鱼鳞病样红皮病为常染色体隐性遗传，致病基因包括 *TGM1*、*ALOX12B*、*ALOXE3*、*ABCA12*、*CYP4F22*、*NIPAL4* 等。二者均为单基因遗传性皮肤病，遗传性皮肤病 Panel 检测包含相关基因，先证者进行 NGS 测序检出可疑致病位点，父母通过 Sanger 法进行验证，结合患者典型临床表现确诊。

二、WES 发现新的基因变异位点

患儿男，8 岁，因双手脱屑 2 个月就诊。既往有喂养困难、上呼吸道感染史，曾诊断为生长激素缺乏，无智力障碍。右侧隐睾手术史。父母非近亲结婚，否认家族史。专科查体：短睑裂、苦笑、额线低、眉弓高、上睑下垂、眼距过宽、鼻宽、颌小等面部畸形表现；额部、双足多毛；双手脱屑，拇指宽，远端指骨短。检查：X 光片示手指/足趾宽短（图 14-2）。

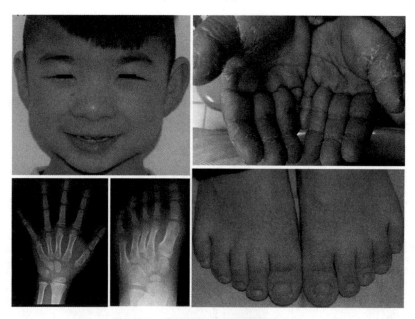

图 14-2　鲁宾斯坦－泰必综合征患儿

表现为面部畸形、手指/足趾宽短、双手脱屑（图片已获患者知情同意）。

拟诊断：鲁宾斯坦－泰必综合征（Rubinstein-Taybi Syndrome，RSTS），又称宽拇指巨趾综合征。

检测：患者染色体核型检测正常。先证者血液做 WES，在 *CREBBP* 基因第 18 外显子中发现一个新杂合突变（c. 3503A＞G, p. N1168S）。使用 Sanger 法进一步证实了在先证者中的基因突变，但在其父母和 100 名健康对照组中没有发现这种突变。使用预测软件 Mutation Taser（http://www. mutationtaster. org）和 PolyPhen-2（http://

genetics. bwh. harvard. edu/pph2）分析发现该突变位点可影响 CBP 蛋白功能，与 RSTS 发病机制相关。

分析：RSTS 为单基因或多基因常染色体隐性遗传病，患儿具有面部畸形、多毛、手指/足趾宽短等典型临床特征，未表现出该病特征性的智力障碍及双手脱屑。该例患者在诊治过程中通过 WES 发现了 RSTS 新的基因突变位点。该发现拓展了 RSTS 相关基因突变谱和临床表现，但其是否与患者出现独特临床表现和体征有关还有待探究。由此可以看出，在罕见病诊疗过程中，WES 等技术手段能帮助认识罕见病，同时准确识别罕见病的临床表现和体征。

第四节　展望

罕见病是一类世界范围内极少部分人患有的疾病，往往较为严重，诊断及治疗困难，给患者及家庭乃至整个社会造成严重的负担。本章阐述了罕见病的定义、常用诊治技术等内容，综合前述内容结合 HTA，将有利于国家制定罕见病相关政策。在此方面，我国已发布了相关文件并进行了罕见病定义研究等，提升了对罕见病的认识和关注，加强了罕见病的管理。药物研发是罕见病的难点、痛点，制定孤儿药相关法案为罕见病特效药物研发企业保驾护航能有力推动罕见病治疗的发展。结合我国现阶段国情，相关部门需要通过 HTA 来平衡患者、医疗卫生机构、公共卫生部门、企业以及社会等，制定适合的政策。

由于罕见病多为遗传性疾病，选择合适的基因测序技术，落实好孕前检查、产前检查、产后检查以及对患者的合理检查，具有重大意义。近年来，高通量测序技术的发展、分子诊断技术的进步，衍生出许多检测方案，诊断灵敏度、准确度以及检出率得到了快速提升。各类检测方案有其适应证及优缺点，可互相补充，因此，不能完全依靠一种检测技术，特别是基因测序技术关乎国家安全和社会伦理，应审慎使用。选择方案时要充分考虑患者临床表型、疾病与基因相关性及各个检测方案的适用范围，借助工具和网络资源有助于选择合理诊断的检测方案，避免因选择不当而造成漏诊和误诊。

我国罕见病诊疗与保障事业发展大致分为三个阶段：①2010 年前为多领域探索尝试期；②2010—2018 年为罕见病诊疗与保障事业推进阶段；③2018 年后为罕见病诊疗与保障融入"健康中国 2030"阶段。主要大事包括首本罕见病学术期刊《罕见病杂志》在深圳创刊（1994 年）、首个学术组织——中华医学会深圳分会罕见病委员会成立（1998 年）、首个政策《新药审批办法》首次公开提出罕见病用药的审评审批措施（1999 年）、首个患者组织——"血友病"之家成立（2000 年）等。如何确保罕见病患者获得及时足量的治疗，避免因病致贫、代际贫困，合理公平地使用有限的公共财政资源，提高医疗保障水平，不仅是公共卫生治理问题，而且关乎人人享有健康目标的实现和社会安定，需要国家和社会从制度、产业、社会保障体系等方面重视罕见病群体的生活质量。

（黎静宜　肖月　汪盛　李薇　卫茂玲）

【主要参考资料】

[1] Richter T，Nestler－Parr S，Babela R，et al．Rare disease terminology and definitions－a systematic global review：Report of the ISPOR Rare Disease Special Interest Group [J]．Value Health，2015，18（6）：906－914．

[2] 张学，李定国，王琳，等．中国罕见病定义研究报告 [R]．2021．

[3] Nguengang W S，Lambert D M，Olry A，et al．Estimating cumulative point prevalence of rare diseases：analysis of the Orphanet database [J]．European Journal of Human Genetics，2020，28（2）：165－173．

[4] Cui Y，Han J．Defining rare diseases in China [J]．Intractable & Rare Diseases Research，2017，6（2）：148－149．

[5] 丁若溪，张蕾，赵艺皓，等．罕见病流行现状——一个极弱势人口的健康危机 [J]．人口与发展，2018，24（1）：72－84．

[6] 中华人民共和国国家卫生健康委员会．关于公布第一批罕见病目录的通知 [EB/OL]．http：//www. nhc. gov. cn/yzygj/s7659/201806/393a9a37f39c4b458d6e830f40a4bb99. shtml．

[7] Aymé S，Bellet B，Rath A．Rare diseases in ICD11：making rare diseases visible in health information systems through appropriate coding [J]．Orphanet Journal of Rare Diseases，2015（10）：35．

[8] De La Vega F M，Chowdhury S，Moore B，et al．Artificial intelligence enables comprehensive genome interpretation and nomination of candidate diagnoses for rare genetic diseases [J]．Genome Medicine，2021，13（1）：153．

[9] Orphan Products Development Support Program [EB/OL]．https：//www. nibiohn. go. jp/en/activities/orphan－support. html．

[10] 马端，李定国，张学，等．中国罕见病防治的机遇与挑战 [J]．中国循证儿科杂志，2011，6（2）：81－82．

[11] 左伋．医学遗传学 [M]．7 版．北京：人民卫生出版社，2018．

[12] 朱海燕．单基因遗传病实验室诊断的现状与思考 [J]．中华检验医学杂志，2015，38（8）：508－510．

[13] 中华人民共和国卫生部．中国出生缺陷防治报告 [R/OL]．http：//www. gov. cn/gzdt/2012－09/12/content_2223373. htm．

[14] 杨建滨，尚世强．分子生物学技术在出生缺陷三级预防中的临床应用及思考 [J]．中华预防医学杂志，2021，55（9）：1028－1032．

[15] 闫有圣，王一鹏，刘妍，等．无创产前检测在特殊人群中应用的研究进展 [J]．中华医学遗传学杂志，2021，38（7）：694－698．

[16] 中华人民共和国国家卫生和计划生育委员会．孕妇外周血胎儿游离 DNA 产前筛查与诊断技术规范 [S]．2016．

[17] 黄荷凤，乔杰，刘嘉茵，等．胚胎植入前遗传学诊断/筛查技术专家共识 [J]．中华医学遗传学杂志，2018，35（2）：151－155．

[18] Van Dijk E L，Auger H，Jaszczyszyn Y，et al．Ten years of next-generation

sequencing technology [J]. Trends in Genetics, 2014, 30 (9): 418-426.

[19] 周秉博, 郝胜菊, 闫有圣, 等. 高通量测序技术在常见遗传性疾病中的应用进展 [J]. 中国优生与遗传杂志, 2017, 25 (11): 1-3, 72.

[20] 徐丽霞, 王秦秦. 染色体核型分析技术的发展 [J]. 医学综述, 2009, 15 (2): 188-190.

[21] Riggs E R, Andersen E F, Cherry A M, et al. Technical standards for the interpretation and reporting of constitutional copy-number variants: a joint consensus recommendation of the American College of Medical Genetics and Genomics (ACMG) and the Clinical Genome Resource (ClinGen) [J]. Genetics in Medicine, 2020, 22 (2): 245-257.

[22] 陈铁峰, 毛倩倩, 张玉鑫, 等. BoBs 技术在产前诊断中的应用价值分析 [J]. 中华医学遗传学杂志, 2017, 34 (2): 289-291.

[23] 汪丹, 何永萍, 李仲桃, 等. 先天性非大疱性鱼鳞病样红皮病 1 例及其家系突变基因的检测 [J]. 中国皮肤性病学杂志, 2016, 30 (11): 1116-1119.

[24] Wei M L, Kang D Y, Gu L J, et al. Chemotherapy for thymic carcinoma and advanced thymoma in adults [J]. Cochrane Database of Systematic Review, 2013 (8): CD008588.

中英文名词对照索引

Accuracy（Ac）　准确度

Adverse Outcome（AO）　有害结局

Alternatives Animal Research（Nonanimal alternatives）　替代动物研究

Alternative to Animal Testing（AAT）　动物替代方法

Animal Testing Alternatives　替代动物的检测

Animal Use Alternatives　替代动物的使用

Assisted Reproductive Technology（ART）　辅助生殖技术

"3Rs"（Replacement，Reduction，Refinement）　"3Rs"原则（替代、减少和优化）

Caries　龋齿

Certification and Accreditation Administration of the People's Republic of China
（CNCA）　中国国家认证认可监督管理委员会

Centre for Documentation and Evaluation of Alternative Methods to Animal
Experiments（ZEBET）　（德国）动物替代品文献和评估中心

Chinese Center for Alternative Research and Evaluation（CCARE）　中国替代方
法研究评价中心

Computer Assisted Learning（CAL）　计算机辅助学习

Cost-effectiveness Analysis（CEA）　成本-效果分析

Cost-benefit Analysis（CBA）　成本-效益分析

Cost-utility Analysis（CUA）　成本-效用分析

Define Approaches（DA）　规定性方法

Diabetic Retinopathy（DR）　糖尿病视网膜病变

Diagnosis Test　诊断试验

Diagnostic Odds Ratio（DOR）　诊断比值比

Disability Adjusted Life Year（DALY）　伤残调整寿命年

Diagnostic Accuracy Test（DAT）　诊断准确性试验

Diagnosis Test Assessment　诊断试验评估

Elevated Hydrostatic Pressure（EHP）　体外高静水压模型

Enzyme-linked Immunosorbent Assay（ELISA）　酶联免疫吸附实验

Evidence-based Medicine（EBM）　循证医学

Evidence-based Toxicology（EBT）　循证毒理学

Health Technology Assessment（HTA）　卫生技术评估

Health-related Quality of Life（HRQL）　健康相关生存质量

Human-on-a-chip（HOC）　人体芯片

Induced Pluripotent Stem Cells（iPSCs）　诱导性多能干细胞

Inner Blood-retinal Barrier（iBRB）　内血视网膜屏障

Integrated Assessment and Testing Approaches（IATA）　整合评估和测试方法

Integrated Medicine　整合医学

Intraoperative Echocardiography（IE）　术中心脏超声

In Vitro Diagnosis（IVD）　体外诊断

Judged Based Approaches（JBA）　测试和评估的判断性方法

Likelihood Ratio（LR）　似然比

Medical Device　医疗器械

Microphysiological Systems（MPS）　微生理系统

Multicellular Spheroids（MCS）　多细胞球体模型

Negative Likelihood Ratio（LR⁻）　阴性似然比

Organization for Economic Co-operation and Development（OECD）　经济合作与发展组织

Organs-on-a-chip（OC）　器官芯片

Periodontal Disease　牙周病

PICOS 原则，研究对象（Participants，P）、干预措施/暴露因素（Intervention/Exposure，I/E）、对照措施（Control/Comparator，C）、结局指标（Outcomes，O）、研究类型（Study Design，S）

Physiologically Based Pharmacokinetic（PBPK）　生理药物代谢动力学模型

Positive Likelihood Ratio（LR⁺）　阳性似然比

Pragmatic Clinical Trial（PCT）　实效性临床试验

Preimplantationgenetic Testing for Aneuploidy（PGT-A）　胚胎植入前染色体非整倍体检测

Predictive Value（PV）　预测值

Prediction Model（PM）　预测模型

Quantitative Structure-activity Relationship（QSAR）　定量构效关系

Randomized Controlled Trial（RCT）　随机对照试验

Rare Diseases（RD）　罕见病

Receiver Operator Characteristic Curve（ROC Curve）　ROC 曲线，受试者工作特性曲线

Relevance　相关性

Reliability　可靠性

Registration，Evaluation，Authorization and Restriction of Chemicals（REACH）（欧盟）"化学品安全性注册、风险评估、授权和限制"制度

Sensitivity（SEN）　敏感度

Specificity（SPE）　特异度

Stomatology　口腔

Systematic Review（SR）　系统评价

Threshold of Toxicological Concern（TTC）　毒理学关注阈值

Trial of Labor after a Previous Cesarean（TOLAC）　剖宫产后阴道试产

Tooth Loss　牙缺失

Ultrasonic Simulator（US）　超声模拟人

Uterine Transplantation　子宫移植

Value Assessment　价值评估

Virtual Reality（VR）　虚拟现实技术

附　录

常用的数据库与网络资源

（一）替代动物研究资源信息

替代医学实验动物慈善基金会（Fund for Replacement Animal in Medical Experiments，FRAME）：https://www.frame.org.uk/

欧洲替代动物检测协会（European Society for Alternatives to Animal Testing，EUSAAT；The European 3Rs Society）：https://www.eusaat.eu

美国约翰·霍普金斯大学替代动物实验方法研究中心（The Johns Hopkins Center for Alternatives to Animal Testing，CAAT）：https://www.caat.jhsph.edu

德国动物实验替代方法文献和评估中心（Centre for Documentation and Evaluation of Alternative Methods to Animal Experiments，ZEBET）：https://www.bfr.bund.de/en/department _ experimental _ toxicology _ and _ zebet－53864.html

德国实验动物保护中心（German Centre for the Protection of Laboratory Animals，Bf3R）：https://www.bfr.bund.de/en/german _ centre _ for _ the _ protection _ of _ laboratory _ animals.html

英国国家反活体解剖协会（National Anti-Vivisection Society，NAVS）：https://www.navs.org

中国国家药品监督管理局（National Medical Products Administration，NMPA）：https://www.nmpa.gov.cn

美国国家替代毒理学方法评估跨机构中心（The NTP Interagency Center for the Evaluation of Alternative Toxicological Methods，NICEATM）：https://www.ntp.niehs.nih.gov/whatwestudy/niceatm/index.html

日本替代方法验证中心（Japan Center for Validation of Alternative Methods，JaCVAM）：https://www.jacvam.jp/en/index.html

韩国替代方法验证中心（Korea Center for Validation of Alternative Methods，KoCVAM）：http://www.nifds.go.kr/kocvamen/

国际人性化教育网络（The International Network for Humane Education，InterNICHE）：http://www.interniche.org

ALTEX杂志（The Journal of Alternatives to Animal Experimentation）：https://www.altex.org/index.php/altex

挪威替代资源数据库（A Norwegian Inventory of Alternatives，Norecopa）：https://www.norecopa.no/global3r

动物保护与兽医医学联合会（the Humane Society Veterinary Medical Association，HSVMA）：https://www.hsvma.org/

经济合作与发展组织（Organization for Economic Co-operation and Development，OECD）：https://www.oecd.org/

（牟鑫　方骥帆　卫思翼）

（二）卫生技术评估资源信息

国际 HTA 网络机构（International Network of Agencies for Health Technology Assessment，INAHTA）：https://www.inahta.org

国际 HTA 协会（Health Technology Assessment international，HTAi）：https://www.htai.org

国际药物经济学与结局协会（International Society for Pharmacoeconomics and Outcomes Research）：https://www.ispor.org

国际卫生经济协会（International Health Economics Association，iHTEA）：https://www.healtheconomics.org

瑞典卫生保健技术评价网（Swedish Health Care Technology Evaluation Network）：https://www.sbu.se

英国国家卫生与健康优化研究所（National Institute for Health and Care Excellence，NICE）：https://www.nice.org.uk

苏格兰医药协会（Scottish Medicines Consortium，SMC）：https://www.scottishmedicines.org.uk

美国卫生服务研究与质量局（Agency for Healthcare Research & Quality，AHRQ）：https://www.ahrq.gov

美国国家指南库（National Guideline Clearing House，NGC）：https://www.guideline.gov

国际 Cochrane 协助网（Cochrane Collaboration）：https://www.cochrane.org

国际 Campbell 协作网（Campbell Collaboration）：https://www.campbellcollaboration.org

加拿大卫生研究院（The Canadian Institutes of Health Research，CIHR）－知识转化网络信息（External Web Links Related to Knowledge Translation）：https://www.cihr-irsc.gc.ca/e/7517.html

欧洲卫生技术评估网络（European Network for HTA，EUnetHTA）：https://www.eunethta.eu

预防过度诊断（Preventing Overdiagnosis）：https://www.preventingoverdiagnosis.net.

（方骥帆　卫思翼）

图1 2019年7月，四川大学本科生选修课"首届国际生命医学替代动物研究与卫生技术评估前沿"师生合影

图2 2021年7月，四川大学本科生选修课"Frontiers in Health Technology Assessment"师生合影（线上/线下）